“十三五”国家重点出版物出版规划项目
可靠性新技术丛书

设备剩余寿命预测与最优维修决策

Residual Life Prediction and Optimal Maintenance Decision for a Piece of Equipment

胡昌华　樊红东　王兆强　著

国防工業出版社
·北京·

内容简介

本书主要内容包括带非线性漂移的维纳退化过程建模与剩余寿命预测、含突变点维纳性能退化过程建模与剩余寿命预测、伽玛退化过程建模与剩余寿命预测、逆高斯退化过程建模与剩余寿命预测、基于支持向量机的性能退化建模与剩余寿命预测、基于相关向量机模糊模型的性能退化建模与剩余寿命预测、基于证据推理的性能退化建模与可靠性预测、权值选优粒子滤波性能退化建模与剩余寿命预测、基于灰色预测模型的性能退化建模与剩余寿命预测、基于寿命预测信息的退化设备最优检测策略及应用、资源有限情形下两部件系统的合作预测维修等。

本书可为从事设备故障诊断与容错控制、寿命预测与维修决策等方面理论研究或应用研究的科研人员提供参考。

图书在版编目(CIP)数据

设备剩余寿命预测与最优维修决策/胡昌华,樊红东,王兆强著.—北京:国防工业出版社,2018.11(2022.9重印)
(可靠性新技术丛书)
ISBN 978-7-118-11658-8

Ⅰ.①设…　Ⅱ.①胡…　②樊…　③王…　Ⅲ.①机械设备-预期寿命　②机械设备-可维修性　Ⅳ.①TH17

中国版本图书馆CIP数据核字(2018)第256343号

※

国防工業出版社 出版发行
(北京市海淀区紫竹院南路23号　邮政编码100048)
北京虎彩文化传播有限公司印刷
新华书店经售

*

开本 710×1000　1/16　**印张** 15　**字数** 261千字
2022年9月第1版第3次印刷　**印数** 2501—3000册　**定价** 90.00元

国防书店:(010)88540777　　书店传真:(010)88540776
发行业务:(010)88540717　　发行传真:(010)88540762

可靠性新技术丛书

编审委员会

主 任 委 员：康　锐

副主任委员：周东华　左明健　王少萍　林　京

委　　　员（按姓氏笔画排序）：

朱晓燕　任占勇　任立明　李　想

李大庆　李建军　李彦夫　杨立兴

宋笔锋　苗　强　胡昌华　姜　潮

陶春虎　姬广振　翟国富　魏发远

丛书序

可靠性理论与技术发源于20世纪50年代，在西方工业化先进国家得到了学术界、工业界广泛持续的关注，在理论、技术和实践上均取得了显著的成就。20世纪60年代，我国开始在学术界和电子、航天等工业领域关注可靠性理论研究和技术应用，但是由于众所周知的原因，这一时期进展并不顺利。直到20世纪80年代，国内才开始系统化地研究和应用可靠性理论与技术，但在发展初期，主要以引进吸收国外的成熟理论与技术进行转化应用为主，原创性的研究成果不多，这一局面直到20世纪90年代才开始逐渐转变。1995年以来，在航空航天及国防工业领域开始设立可靠性技术的国家级专项研究计划，标志着国内可靠性理论与技术研究的起步；2005年，以国家863计划为代表，开始在非军工领域设立可靠性技术专项研究计划；2010年以来，在国家自然科学基金的资助项目中，各领域的可靠性基础研究项目数量也大幅增加。同时，进入21世纪以来，在国内若干单位先后建立了国家级、省部级的可靠性技术重点实验室。上述工作全方位地推动了国内可靠性理论与技术研究工作。当然，随着中国制造业的快速发展，特别是《中国制造2025》的颁布，中国正从制造大国向制造强国的目标迈进，在这一进程中，中国工业界对可靠性理论与技术的迫切需求也越来越强烈。工业界的需求与学术界的研究相互促进，使得国内可靠性理论与技术自主成果层出不穷，极大地丰富和充实了已有的可靠性理论与技术体系。

在上述背景下，我们组织撰写了这套可靠性新技术丛书，以集中展示近5年国内可靠性技术领域最新的原创性研究和应用成果。在组织撰写丛书过程中，坚持了以下几个原则：

一是**坚持原创**。丛书选题的征集，要求每一本图书反映的成果都要依托国家级科研项目或重大工程实践，确保图书内容反映理论、技术和应用创新成果，力求做到每一本图书达到专著或编著水平。

二是**体系科学**。丛书框架的设计，按照可靠性系统工程管理、可靠性设计与试验、故障诊断预测与维修决策、可靠性物理与失效分析4个板块组织丛书的选题，基本上反映了可靠性技术作为一门新兴交叉学科的主要内容，也能在一定时期内保证本套丛书的开放性。

三是**保证权威**。丛书作者的遴选，汇聚了一支由国内可靠性技术领域长江学者特聘教授、千人计划专家、国家杰出青年基金获得者、973项目首席科学家、国家级奖获得者、大型企业质量总师、首席可靠性专家等领衔的高水平作者队伍，这些高层次专家的加盟奠定了丛书的权威性地位。

四是**覆盖全面**。丛书选题内容不仅覆盖了航空航天、国防军工行业，还涉及了轨道交通、装备制造、通信网络等非军工行业。

本套丛书成功入选"十三五"国家重点出版物出版规划项目，主要著作同时获得国家科学技术学术著作出版基金、国防科技图书出版基金以及其他专项基金等的资助。为了保证本套丛书的出版质量，国防工业出版社专门成立了由总编辑挂帅的丛书出版工作领导小组和由可靠性领域权威专家组成的丛书编审委员会，从选题征集、大纲审定、初稿协调、终稿审查等若干环节设置评审点，依托领域专家逐一对入选丛书的创新性、实用性、协调性进行审查把关。

我们相信，本套丛书的出版将推动我国可靠性理论与技术的学术研究跃上一个新台阶，引领我国工业界可靠性技术应用的新方向，并最终为"中国制造2025"目标的实现做出积极的贡献。

康锐

2018年5月20日

序

复杂工程装备剩余寿命预测与维修决策是一个亟待解决的重大工程问题，尤其对于航空航天等领域应用要求而言，该问题更是一个具有极大挑战性的问题。一方面，由于航空航天这类高可靠、长寿命设备的成本高、寿命周期长，难以通过试验获得大量的关于设备的失效数据或寿命数据，传统的基于失效分布统计分析的剩余寿命预测与最优维修方法变得不可用或不好用；另一方面，这类设备在研制、定型试验、储存使用过程中又积累了一些反映设备运行状态和性能的监检测数据，这些数据中包含了丰富的关于设备剩余寿命的相关信息，遗憾的是现有的剩余寿命预测方法对这些数据没有加以合理的运用。令人欣喜的是，本书作者胡昌华教授及其所率领的研究团队早在2002年就开始探索综合运用设备历史监检测信息中的寿命数据和退化数据进行设备的性能退化规律建模、剩余寿命预测和最优维修决策，并取得了一批原创性成果。例如，非线性维纳退化过程首达时间分布及剩余寿命预测，突变点自检测和多阶段退化建模与剩余寿命预测，融合主客观信息的证据推理退化建模与剩余寿命预测，基于寿命预测信息的退化设备最优检测策略，资源有限情形下两部件系统合作预测维修等。这些研究成果在领域内顶级学术期刊 *IEEE Trans On Reliability*、*European Journal of Operational Research*、《中国科学》、《自动化学报》等刊物上发表，引起了国内外同行的广泛关注，表明该书理论成果已经产生较广泛的国际学术影响力，具有很好的前沿性、系统性和原创性。同时，胡昌华教授及其所率领的研究团队非常重视理论联系实际，运用书中所提方法解决航天产品如陀螺、平台等的剩余寿命预测与维修决策，取得了一些更加贴近工程实际的预测与决策结果。该书有很强的应用针对性和很高的应用参考价值，是近年来不可多得的一部关于设备剩余寿命预测与最优维修决策方面的专著。该书的出版必将推动和促进基于退化建模的复杂工程装备剩余寿命预测与维修决策技术的发展，为解决这一重大工程难题也提供了重要的理论基础。该书不失为一本可靠性工程、维修工程与管理工程领域优秀的专著，对从事相关领域研究的广大科技工作者有重要的理论和应用参考价值。

房建成

房建成，中国科学院院士。

前言

保障复杂工程设备安全可靠地运行是设备研制、使用人员共同的目标，设备性能退化规律建模、故障预报、剩余寿命预测与维修可以把设备故障的发现、预防、维护做在事前，成为设备可靠性工程、安全性工程、维修性工程与管理工程的前沿研究方向，但这个研究方向所涉及的问题也是一些有相当难度、富有挑战的问题。

本书作者及团队早在2002年就开始探索基于设备历史监检测数据建立设备性能退化规律模型、剩余寿命预测模型和最优维修决策模型。其主要动因有几个方面：一是因为缺少科学的定寿基础理论的支持，许多设备的设计给定寿命非常保守（被严重低估），导致超过给定寿命的“超期”服役产品继续使用缺少依据，报废又造成严重浪费，工程实践迫切想要破解科学确定设备准确寿命这一难题，呼唤提出准确确定设备科学寿命的方法。二是已有的一些定寿方法因为各类原因，在解决工程问题时碰到了不好用或无法用的困难，例如，机理模型定寿方法获得的设备寿命信息很准确，但对复杂工程设备而言，要建立或获得设备的机理模型不仅十分困难，而且代价很高，有时几乎不可能实现。加速实验统计分析的寿命分析方法也可以在相对较短的时间内获得关于设备寿命的较准确信息，但对于航空航天领域高成本、长寿命设备类型而言，注定不可能投入大量的子样进行寿命试验，基于小子样数据得到的统计寿命结果必然存在较大的偏差。近年来逐步得到发展的基于性能退化数据的设备健康管理、性能退化规律建模、剩余寿命预测与维修决策分析方法，为解决上述困境提供了一条可行的解决思路，因为设备的性能退化数据可以通过设备研制、定型试验、储存使用中对反映设备性能状况的参量进行监检测而获得，这样就大大拓宽了可用数据的来源，数据来源的丰富为获得更贴近工程实际的寿命预测结果提供了可能，但随之而来的问题是需要新的处理这类数据以获得关于设备性能退化规律建模、剩余寿命预测与维修决策分析的基础理论方法来支撑。从2002年开始，作者带领研究生开展了这方面的探索，先后有30余名博士、硕士研究生开展有关研究，他们的学位论文工作为本书的完成提供了重要的参考，本书内容正是作者团队在该领域十多年研究成果的系统总结。他们包括吕瑛洁等的一些早期的探索，张正新、张建勋、王志远等在维纳退化过程建模方面的一些工作，陈亮、张佳等在伽玛退化过程建模方面的工作，司小胜、李明福等在逆高斯退化过程建模方面的工作，张琪在权值优选粒子滤波方面的工作，蔡艳玲、胡友涛、陈伟等在支持向量机方面的工作，司小胜、周志杰等在基于证据推理的退化建模方面的工作等。这些研究工作中的有些内容已经单独出版，如博士生司小胜的博士论文“随机退化系统的剩余寿命预测”已经单独出版，没有包括在本书中。有些研究工作，随着时间的推移在其他同类书中已经有所反映，也没有包括在本书中。还有些最新成果，限于时间的关系，还来不及纳入本书当中。这些没有纳入本书的研究，对于推动相关技术的发展也做出了重要的贡献，对这些同志如洪贝、胡友涛、郑建飞、杜党波、张会会、吕瑛洁、蔡曦、王鑫、郑光宇、黄莹等，作者表示由衷的感谢！

全书共分12章。第1章概述了寿命预测和维修决策方法研究现状。第2章针对非线性退化设备给出了基于维纳过程的剩余寿命实时预测方法。第3章针对退化过程中存在突变点的情形介绍了突变点检测算法并给出了剩余寿命实时预测方法。第4章、第5章分别研究了基于伽玛过程和逆高斯过程的性能退化建模与剩余寿命预测方法。第6章针对退化数据样本较小的情形研究了基于支持向量机的剩余寿命预测方法。第7章提出了一种基于相关向量机的模糊模型辨识方法，研究了相应的性能退化建模与预测方法。第8章系统研究了融合主客观信息的证据推理退化建模与剩余寿命预测。第9章介绍了粒子滤波相关算法，提出了一种权值选优粒子滤波算法并应用于设备剩余寿命预测。第10章介绍了灰色模型理论及在性能退化建模与预测中的应用。第11章研究了基于剩余寿命预测信息的最优检测策略。第12章针对失效模式相互影响情形提出了一种合作预测维修模型。

本书的研究工作得到了国家杰出青年科学基金[数据驱动的导弹故障诊断与预测维护技术(61025014)]、国家自然科学基金重点项目[复杂工程系统故障预报与预测维护若干关键问题研究(60736026)]、国家自然科学基金面上项目[考虑多状态交互影响的设备剩余寿命预测方法(61573365)]、国家自然科学基金青年项目[维修次数有限情形下复杂可修系统最优维修策略研究(61304101)、随机服役环境下阈值时变设备剩余寿命预测与维修库存决策(61603398)]的资助，感谢国家自然科学基金对于作者及其研究团队的支持，特别感谢国家自然科学基金信息学部王成红教授、宋苏处长的支持。

在本书相关研究过程中，清华大学周东华教授给予了无私的支持和帮助，在我们合作开展国家自然科学基金重点项目研究、联合培养博士研究生的过程中，周东华教授毫无保留地将研究资料、研究心得与我们交流，而在发表论文等取得成果的时候，周东华教授总是将自己的名字往后排，体现了一个科技工作者崇高的品格，在此向周东华教授表示由衷的感谢和崇高的敬意！

该书能够纳入国防工业出版社策划的“十三五”国家重点出版物出版规划项

目《可靠性新技术》丛书，北京航空航天大学康锐教授、国防工业出版社白天明编辑给予了热情推荐和大力支持。中国科学院院士、北京航空航天大学房建成教授欣然举荐本书并作序，清华大学叶昊教授也热情举荐了本书，对这些同志给予的帮助与支持表示由衷的感谢！

由于作者水平有限，书中不妥之处在所难免，恳请广大读者批评指正。

胡昌华

目录

第1章

绪　　论

1.1 引　　言

随着技术的进步和社会化大生产的发展,出现了一些要求高可靠、长寿命、长期在线使用或多运行状态交替转换的大型复杂系统,如卫星需要空间在轨连续运行10余年甚至更长时间,核电站、水电站、大型石化生产线等也需要连续长时间高可靠运行。这些系统不仅投资规模大,而且对系统的安全可靠运行提出了非常高的要求,一旦出现问题,其后果往往是灾难性的!但这类系统有时又很脆弱,往往一个局部的微小的故障,就可能引发整个系统的灾难性的后果[1]。比如,1994年9月8日,美国航空公司的一架波音737飞机由于飞机的方向舵发生非指令性的偏斜而在匹兹堡附近坠毁,导致131人遇难[2];2005年,吉林石化公司双苯厂由于其苯胺装置硝化单元的P-102塔发生堵塞导致重大爆炸事故,造成了非常大的经济损失[3]。如何保证大型复杂系统安全可靠运行成为一个亟待解决的重大工程问题。容错可以部分地解决这类问题,但需要增加系统的成本、复杂性和硬件开销。利用在线故障检测诊断机构,可以及时检测系统中存在的故障,同时配合合适的维修策略,对系统中发生的故障可以做到及时处置,但这类方法常常需要故障发展到相当程度且当其能够在故障显现或暴露时才会有较好的效果。实际上,人们更希望把故障的处置措施做在事前,即如果能在系统出现故障的苗头和趋势时就提前对系统进行预防性的维修措施,对于避免或预防灾难性事故发生将更有效且代价最小。设备性能退化规律建模、剩余寿命预测与预测维护是支撑前述目标实现的三大相互关联的核心关键技术。

通过维修可以提高系统的可靠性、使用性和安全性,减少或避免灾难性事故,保障人员、设备安全,降低因事故造成的损失。但维修也需要巨大的费用支持,据统计,维修费用一般占制造业生产成本的15%,钢铁业的40%;在美国,整个工业界每年的维修费用都大约在2000亿美元以上[4],其中大约30%的维修成本是由低效率的维修方式造成的[5]。

为了既能使维修在保证系统正确运行中发挥有效作用，又能使其消耗尽可能少的费用，研究人员对维修策略进行了大量的研究，维修理念也从当初的事后维修发展过渡到基于时间的计划性维修，再到目前应用广泛的视情维修。随着传感器技术和预测技术的迅速发展，从视情维修中又发展出一个重要的方向：预测维修。国外，预测维修在20世纪末就已经得到了重视。目前，预测维修也引起了国内学者的密切关注。在我国，2006年2月国务院颁布的《国家中长期科学和技术发展规划纲要（2006-2020年）》以及“863”计划先进制造技术领域都将“重大产品和重大设施寿命预测技术”列为亟待发展的前沿技术之一[6,7]。

作为实现预测维修的核心技术，寿命预测近年来已经成为国内外研究的热点之一[8-12]。传统的寿命预测技术是以一类产品为研究对象，通过统计方法对其寿命数据进行统计分析，进而得到其寿命分布。然而，这种方式并没有考虑设备运行过程中环境等因素的影响，从而使统计得到的寿命分布并不能准确刻画设备的寿命变化，进而导致维修活动的安排不够合理。另一方面，随着科技的发展，设备的寿命越来越长，可靠性越来越高，很难搜集到大量的寿命数据，从而影响统计结果的准确性。

随着传感器技术的发展，通过监测数据对设备的剩余寿命进行在线评估就显得异常迫切，并得到了众多学者的关注。Jardine 等[13]总结了近年来寿命预测领域的主要研究成果，并指出当前对剩余寿命预测的研究主要是预测其概率分布和期望，主要有统计方法、人工智能方法和机理模型方法。统计方法和人工智能方法同属数据驱动的方法。对于统计数据驱动的剩余寿命预测方法，司小胜等在文献[14]中进行了系统的综述，根据状态监测数据的类型，将获取到的数据分为直接监测数据和间接监测数据，基于此，将现有的方法划分为基于直接监测数据的方法和基于间接监测数据的方法，并且从剩余寿命建模的角度，对现有的各种预测方法进行了详细的归纳和评述。本书从新研设备定寿、工作状态下设备剩余寿命预测及设备存储寿命预测这几个方面对寿命预测方法进行了更为全面的总结和评述[15]。

1.2 设备寿命预测

1.2.1 寿命预测的基本概念

剩余寿命，通常称为剩余有效寿命（Remaining Useful Life，RUL），也称为剩余工作寿命（remaining service life）、残余寿命（residual life），是从当前时刻开始设备还能继续正常工作的时间。而寿命预测是指在当前设备状态和历史状态数据已知的条件下，去预测在一个（或多个）失效发生之前还剩下多少时间。通常情况下，剩余寿命被定义为条件随机变量[13]：

$$T-t \mid T>t, Z(t) \tag{1.1}$$

式中：T 为失效时间的随机变量；t 为当前运行时间；$Z(t)$ 为到当前时刻为止的历史监测条件。

由于 RUL 是随机变量，其分布对于全面理解 RUL 是很有意义的。在相关的参考文献中，剩余有效寿命估计（Remaining Useful Life Estimate，RULE）通常有两种意思，一种情况是求 RUL 的概率分布，然而在某些情况中只是求 RUL 的期望，即[13]

$$E(T-t \mid T>t, Z(t)) \tag{1.2}$$

利用性能退化数据进行寿命预测的一个重要前提就是对设备的失效进行准确的定义。通常认为，当性能退化数据达到一个事先给定的失效阈值时即认为其发生了失效。比如，发生疲劳断裂的设备即可定义其失效为疲劳裂纹数据达到一个事实给定的阈值这样一个事件。

1.2.2 新研设备定寿技术

这里的新研设备主要包括两类：一类是在已有设备基础上升级而来的设备；另一类是通过重新设计获得的设备。对于前者，可利用的信息主要是相似设备信息，通常使用相似产品类推法进行设备的寿命预测；对于后者，可利用的信息主要有机理信息、部件及整个设备结构信息、通过加速寿命试验获得的信息以及环境测试中的寿命信息，相应的寿命预测方法包括机理分析法、部件可靠性综合法、加速寿命试验法以及环境因子折合法。

一、基于相似设备信息的寿命预测方法

综合利用相似设备在长时间工作过程中获得的先验信息以及新研设备寿命试验中的信息进行寿命预测。此类方法的基本模型如下：

$$h(\lambda)=\rho h(\lambda \mid H)+(1-\rho) h(\lambda \mid N)$$

式中：$h(\lambda)$ 表示与新研设备可靠性相关的验后信息；$h(\lambda \mid H)$ 表示由在相似设备工作过程获得的信息；$h(\lambda \mid N)$ 表示新研设备在试验过程中获得的新信息；ρ 表示继承因子，反映了新设备和老设备在可靠性方面的相似程度，可由试验信息或专家给出；$1-\rho$ 为更新因子，反映了新设备在改进老设备时引入的不确定性。

二、基于机理分析的寿命预测方法

此类方法需要分析导致设备失效的物理、化学上的原因，通过失效物理分析、理化分析，建立设备失效与部件磨损量等物理、化学原因之间的关系，得到寿命演变规律，从而对设备寿命进行预测。这类方法的优点在于其能够更准确地预测设备的寿命。Tanaka 和 Mura 提出了一种能够描述沿滑移带疲劳开裂的机理模型[16]。Mu 和 Lu 进一步建立了一种三维仿真模型以描述疲劳开裂，并在此基础上对寿命进行预测[17]。

但是,由于工程领域中设备通常非常复杂,很难获取其机理模型,限制了此类方法的应用。

三、基于部件可靠性综合的寿命预测方法

该类方法通常首先建立设备与其组件之间的可靠性关系,然后根据部件的可靠性,通过可靠性综合的方法对整个设备的可靠性进行评估分析。文献[18]提出了一种基于可靠性竞争关系的可靠性评估和寿命预测方法,并将该方法应用到了某些电路的可靠性评估和寿命预测。陈云霞等对文献[18]中的方法进行了进一步的改进,并将其应用于航空电源电路的可靠性评估和寿命预测[19]。

这种方法的不足就在于需要建立设备与其所有部件之间的关系,这对于某些非常复杂的设备来说通常比较困难。

四、基于加速寿命试验的寿命预测方法

如果设备在不同应力水平下的失效机理保持不变,那么可以在高于正常应力水平下进行寿命试验,在较短时间内获得寿命试验数据,对这些寿命数据进行分析,获取设备在加速环境下的寿命分布和环境因子,将其转换为正常环境下的寿命分布。该方法已经被广泛应用于航空航天等领域[20]。

此方法的主要困难在于:一是如何保证加速试验与正常状态失效机理的一致性,二是如何将加速试验的结果外推到正常状态。建立加速状态与正常状态转换关系模型是其难点。

五、基于环境因子折合的寿命预测方法

该方法需要将不同环境下的试验数据折合到同一环境下的试验结果,然后再利用这些数据进行可靠性预测。与加速寿命试验方法一样,该方法能够使用的前提是不同环境下的失效机理保持不变,而其关键在于确定不同环境下的环境影响因子。由于可以折合不同环境下的试验数据,因此拓宽了可用数据的来源。但不足之处在于需要知道寿命分布的类型。实际工程中,通常假设电子设备和机械设备的寿命分别服从指数分布和威布尔(Weibull)分布。潘文庚[21]利用环境因子法,结合成败型产品讨论了弹药贮存可靠性抽样试验数据处理,并利用贝叶斯方法进行折合前后的评估。洪东跑等[22]利用比例风险模型来描述可靠性与环境因素的关系,并给出了一种综合利用变环境试验数据的环境折合系数确定方法。

1.2.3 工作状态下设备剩余寿命预测研究现状

工作状态下设备剩余寿命预测是指在设备已经工作一段时间后利用相关信息对设备的剩余有效寿命进行预测。这里的相关信息包括工作这段时间内的历史信息、相似设备的寿命信息以及通过加速寿命试验获取的寿命信息。进一步,这三类信息主要包括两种类型的数据:失效时间数据和性能退化数据。相应地,剩余寿命预测方法可分为基于失效时间数据的剩余寿命预测方法、基于性能退化数据的剩余寿命预测方法及基于多源信息融合的剩余寿命预测方法。具体分类如图 1.1 所示。

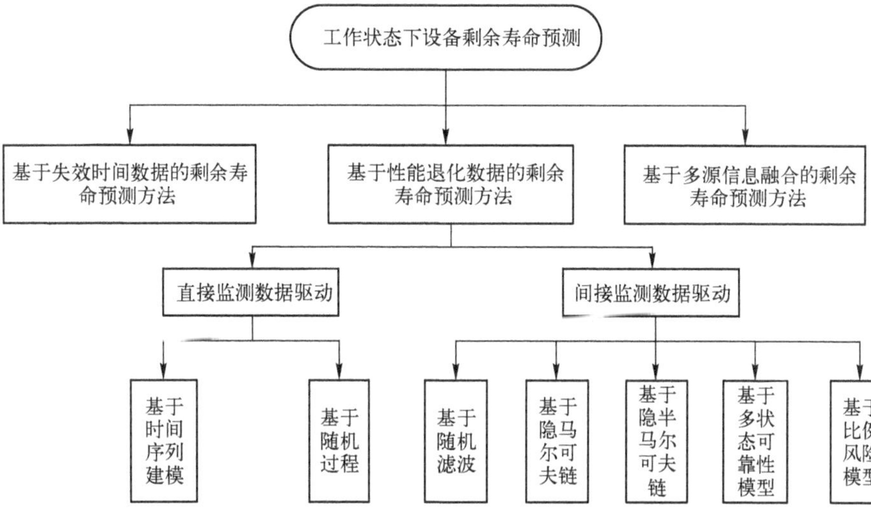

图 1.1 工作状态下设备剩余寿命预测方法分类

一、基于失效时间数据的剩余寿命预测方法

如果获得了设备的失效时间数据,那么可以在假设设备寿命分布形式的基础上利用统计推断的方法对设备寿命分布的参数进行估计,进而获得该设备工作一段时间后的剩余寿命分布。常用的寿命分布形式有指数分布、正态分布和威布尔分布等。设备寿命分布形式选择是否合适直接影响寿命预测的结果精度。Marshall 和 Olkin[23] 总结了常用的寿命分布函数,并讨论了相应分布函数的参数估计方法。但是,该方法只能对该设备的总体寿命分布,并没有考虑设备运行过程中的退化信息,导致其不能很好地反映设备工作一段时间后的剩余寿命分布。

二、基于性能退化数据的剩余寿命预测方法

根据设备的历史工作信息,可以建立设备的性能退化轨迹。在此基础上,确定设备的性能退化量超过失效阈值的时刻,进而确定设备的剩余有效寿命。该方法又可细分为基于直接监测数据驱动的方法和基于间接监测数据驱动的方法。

(一) 基于直接监测数据驱动的剩余寿命预测方法

直接监测数据主要指可以直接反映设备的性能或健康状态的监测数据,通常提到的性能退化数据如磨损、疲劳裂纹数据等就属于这一类。因此,利用这类数据进行剩余寿命预测就是预测监测数据首次达到失效阈值的时间。基于直接监测数据驱动的剩余寿命预测方法又可分为基于时间序列建模的方法和基于随机过程的方法。

1. 基于时间序列建模的剩余寿命预测方法

在监测时刻获取的直接监测数据构成了一个时间序列,因而,可以利用时间序列建模方法去建立设备的性能退化规律,最后在此基础上确定设备性能退化值首次达到失效阈值的时间,于是就可以得到设备的剩余寿命。常用的时间序列模型包括自回归滑动模型、灰色模型、人工神经网络、支持向量机及这些方法的组合预测模型。尽管该方法已经被广泛应用于轴承、陀螺等设备的剩余寿命预测,但由于此类方法只能获取剩余寿命的大小,而不是其分布形式,因而不能很好反应预测结果的不确定性。

2. 基于随机过程的剩余寿命预测方法

该类方法认为设备的性能退化规律可以利用随机过程进行刻画,然后,确定性能退化量首次达到失效阈值的时间的分布,即可获得设备的剩余寿命分布。与基于时间序列建模方法不同,该方法是在概率框架下讨论设备的寿命问题,因此,所得的结果是概率分布,能够很好地描述预测结果的不确定性及为后续的维修决策提供方便。具体地,该类方法中常用的随机过程模型包括随机系数模型、伽玛(Gamma)过程、逆高斯过程、维纳(Wiener)过程及马尔可夫(Markov)链等。

随机系数模型是性能退化数据建模中最早使用的一类模型之一。1993 年,Lu 和 Meeker[24]首先提出了随机系数回归模型,之后 Lu[25]、Tseng[26]等将其发展并应用于对半导体工业和 LED 灯亮度退化建模中。Wang[27]和 Bae[28]分别对具有共性特征同一类设备的建模和退化非线性条件下的剩余寿命预测问题进行了研究;Gebraeel[29-32]等在此基础上进一步提出了基于 Bayesian 更新的剩余寿命预测方法,并用以描述刹车片厚度的变化情况;Park[33]等分析了加速退化模型的剩余寿命预测问题。对于随机系数回归模型,若设备的失效阈值已知,则可以很容易得到随机系数回归模型,由于随机系数回归模型和统计分析方法都较为简单,因此广泛的应用于工业和化工产业。

Gamma 过程是一种常用于设备剩余寿命预测的随机过程模型。该过程通常用于单调数据的退化轨迹建模,如金属磨损、裂纹增长等。Abdel-Hameed 最早于 1975 年提出并通过 Gamma 过程来对连续单调的退化数据进行建模[34];2000 年,Wang 等将 Gamma 过程应用于大型水泵的剩余寿命研究[35];2000 年,Bagdonavicius 将动态环境的影响考虑进退化模型中,提出了一种考虑动态环境的基于 Gamma 过程的剩余寿命预测方法[36];2004 年,Lawless 和 Crowder 考虑了 Gamma 过程中参数为随机变量问题[37];2009 年,Noortwijk 总结了 Gamma 过程近年来在寿命预测领域的相关研究与应用[38]。

逆高斯过程的基本思想是假设退化严格单调,其退化的增量服从一个逆高斯分布,通过增量的变化来描述退化过程。逆高斯过程是 1968 年由 Wasan[39]首次提出,但是直到 2010 年才被 Wang[40] 首次应用于设备的退化建模中。逆高斯过程用于描述单调的退化过程,由于逆高斯分布和线性漂移的 Wiener 过程的联系性,相比于 Gamma 过程,逆高斯过程在数学上更容易推导和实现,而且更加灵活、适用性更广。

基于维纳过程的方法主要适用于设备性能退化过程非单调情形。该方法主要采用如下形式的数学模型对退化过程进行描述。

$$X(t)=x_0+\int_0^t \lambda(s)\mathrm{d}s+\sigma B(t)$$

式中:x_0 为初始性能退化值;$\lambda(t)$ 为漂移参数;σ 为扩散系数;$B(t)$ 为标准的布朗运动。在获得设备性能退化过程模型后,可以在给定其失效阈值的基础上,利用维纳过程相关理论计算出设备的剩余寿命分布。为了实现对设备剩余寿命进行准确实时预测,通常可以利用该设备的实时监测信息对剩余寿命预测结果进行动态更新。Gebraeel 等[29] 最先基于带线性漂移(或可线性化)的维纳过程建立设备的退化模型,并假定漂移系数服从正态分布,根据实时观测到的退化数据,利用贝叶斯推理的方法实现了随机漂移系数的在线更新。Gebraeel 方法在设备寿命预测和健康管理领域产生了较大影响。但是,Gebraeel 方法获得的剩余寿命预测结果仅适用于线性退化设备或性能退化数据可直接线性化的设备,而且该方法所采用退化模型中的布朗运动项仅作为观测误差对待,使得所得到的剩余寿命分布并非首达时间意义下的精确解。因此,本书第 2 章针对 Gebraeel 方法存在的不足,研究了一类带非线性漂移的维纳过程建模与剩余寿命预测方法,以解决非线性退化设备的剩余寿命预测问题。

Markov 链的方法常用于具有连续时间离散状态特性过程的退化建模,该方法基于两个假设:一是认为未来的退化状态仅由当前的退化状态决定,即无记忆性;二是认为系统监测数据可以反映其工作状态[41]。基于 Markov 链的剩余寿命预测方法,通过退化过程首次达到失效状态的时间来定义首达时间,并根据首达时间来计算剩余寿命。2003—2012 年,Kharoufeh 对该方法展开了一系列的研究,提出了考虑环境影响的基于 Markov 链的退化模型[41-44];2010 年,Lee 等将退化过程中的 Markov 性融入进基于回归模型的剩余寿命预测中[45]。

(二) 基于间接监测数据驱动的剩余寿命预测方法

间接监测数据主要指只能间接或部分反映设备的性能或健康状态的监测数据,这类数据主要包括振动分析数据、油液分析数据等。基于间接监测数据驱动的剩余寿命预测方法包括随机滤波、比例风险模型(Proportional Hazard Model, PHM)、隐马尔可夫模型及隐半马尔可夫模型等。

1. 基于随机滤波的剩余寿命预测方法

该方法已经成为当前研究的一个热点,吸引了众多研究人员的注意。该方法通常针对没有经过维修和替换操作且一直在发生退化过程的设备。另外,设备的性能退化数据呈现出一定的趋势。该方法通常使用的模型为

$$x_t = \alpha x_{t-1} + \varepsilon_t$$
$$y_t = \beta x_t + \eta_t$$

式中:x_t,y_t 分别为 t 时刻设备的实际性能退化量和性能监测数据;ε_t,η_t 为相应的噪声;α,β 为模型相关的参数。Wang 和 Zhang 根据专家知识和间接监测数据利用随机滤波方法对轴承的剩余寿命进行了预测[46-47]。

2. 基于比例风险模型的剩余寿命预测方法

比例风险模型是由 Cox 在 1972 年提出来的,该模型开始是用于医疗领域的。在 20 世纪 80 年代才被引入可靠性领域,从此引起了研究人员的关注,且在寿命预测领域中广泛应用。通常比例风险模型可以将工作设备的失效率函数与该设备总体的失效率函数及性能监测数据联系起来,进而根据该设备的失效率函数计算设备的剩余寿命分布[48]。在该模型的基础上,Jardine 研究了视情维修决策问题,确定了设备的最优替换时间[49]。

3. 基于隐马尔可夫模型的剩余寿命预测方法

隐马尔可夫模型(Hidden Markov Model,HMM)是在马尔可夫链的基础上发展而来,常被用来对存在隐含性能退化过程的设备寿命进行预测。Bunks 等[50]提出了一种基于 HMM 和期望极大化算法的剩余寿命预测方法。为能够更好地对复杂系统进行建模,Baruah 和 Chinnam[51]将 HMM 与动态贝叶斯网络组合,并将其用于剩余寿命预测。

4. 基于隐半马尔可夫模型的剩余寿命预测方法

隐半马尔可夫模型(Hidden Semi-Markov Model,HSMM)是一种改进的隐马尔可夫模型,该模型假设设备在某个退化状态逗留时间服从任意分布,如正态分布等。Dong 和 He[52-53]将该模型应用到设备的寿命预测中,得到了良好的效果。Liu 等[54]利用 HSMM 描述设备的退化状态转移概率及每个状态的逗留时间,然后在序贯 Monte Carlo 仿真的基础上对设备的剩余寿命进行预测。

(三)基于多源信息融合的剩余寿命预测方法

在对设备进行寿命试验时,通常只有一部分设备在规定的时间内发生了失效,而另一部分设备仍能正常工作。此时,获得的数据不但有设备的失效时间数据,还有未失效设备的性能退化数据。尽管只利用失效时间数据也可以获得该类设备总体的寿命分布,但若能将性能退化数据也利用起来,那么将可以获得更加准确的剩余寿命预测结果。因此,基于多源信息融合的剩余寿命预测方法主要考虑充分利用失效时间数据和性能退化数据这两类信息进行设备剩余寿命预测。通过利用维纳过程的首达时间分布为逆高斯分布的特性,Pettit 和 Young[55]在贝叶斯框架下将

失效时间数据和性能退化数据进行融合,并对设备的剩余寿命分布进行预测。Lee 和 Tang[56]进一步利用 EM 算法对 Pettit 和 Young 提出的模型中的参数进行估计,并将其应用到了发光二极管的剩余寿命预测中。

1.2.4 设备贮存寿命预测研究现状

早在20世纪50年代,美国就针对导弹进行了多次贮存试验,获得了大量导弹的失效时间数据和性能退化数据[55]。20世纪80年代,苏联针对导弹也进行了多次加速寿命试验,并对导弹进行了改进,使导弹能够在10年内不测试的情况下正常使用[56]。

针对处于贮存状态的设备,可以利用两个方面的信息。一是该设备的失效时间数据;二是对设备定期检测过程中得到的性能退化信息。随着科学技术的发展,出现了许多高可靠性、长寿命的设备,尤其是导弹等设备,其贮存寿命一般都比较长,导致很难在短期内获得足够多的贮存寿命数据。因此,常常需要利用加速贮存寿命试验或加速退化试验来缩短试验时间以获得贮存寿命数据或性能退化数据。根据所获取数据类型的不同,可将当前的贮存寿命预测方法分为两大类:一类是基于失效时间数据的贮存寿命预测方法;另一类为基于性能退化数据的贮存寿命预测方法。

一、基于失效时间数据的设备贮存寿命预测方法

通过对贮存期间设备的失效时间数据进行统计分析,可以获得设备贮存寿命分布形式。由于有些设备寿命较长,很难通过现场贮存试验在短时间内获得足够多的失效时间数据,因此,可以通过加速贮存寿命试验解决失效时间数据难以获取的问题。相应地,该类方法又可分为:基于现场贮存试验的方法和基于加速贮存寿命试验的方法。

(一)基于现场贮存试验的方法

将设备贮存在正常条件下,直到其发生失效。通过对这些失效时间数据进行分析可以获得设备贮存期间的寿命分布。通过此方法获得的设备寿命与实际寿命非常接近,因此,该方法在20世纪被广泛应用于军事设备的贮存寿命预测。但是,由于贮存期间性能退化缓慢,因此需要消耗大量的时间以获取足够多的试验数据。

(二)基于加速贮存寿命试验的方法

针对现场贮存试验方法存在的不足,人们考虑利用加速贮存寿命试验来获得失效时间数据,进而对设备贮存寿命进行预测。该方法在超过正常贮存环境条件的应力水平下对设备进行贮存寿命试验。由于设备的试验环境变得恶劣,从而加速了设备的退化,缩短了试验时间,降低了费用,因此得到了广泛的应用。针对机械设备,van Dorp[59]研究了当失效数据服从指数分布和威布尔分布情形下设备的统计性质。进一步,周秀峰等[60]提出了一种新方法用于电子通信设备的贮存寿命预测。需要指出的是,加速贮存寿命试验的研究对象可以是具有退化失效模式的设备,也可以是具有突发失效模式的设备,但该试验主要记录设备的失效时间数据,而不是性能退化数据。

二、基于性能退化数据的贮存寿命预测方法

对具有退化失效模式的设备,可以通过分析其性能退化数据以获得其贮存寿命。但是,正常贮存条件下,设备的性能退化过程非常缓慢,性能退化数据变化不明显,难以用其进行贮存寿命预测。为解决该问题,加速退化试验应运而生。加速退化试验的目的是研究设备的性能退化规律,确定其性能退化轨迹,通过外推的方法获得设备的贮存寿命信息。由于不需要大量的试验样本,也不需要将设备试验至失效状态,使得该方法得到了迅猛的发展。Nelson 首先研究了加速退化试验[61]。Padgett 等将该方法推广应用到发光二极管、逻辑集成电路、电源等设备[62]。

1.3 设备最优维修决策

1.3.1 维修的定义和分类

维修是指“为保持或恢复产品处于能执行规定功能的状态所进行的所有技术和管理,包括监督活动”。维修是维护与修理的简称[63]。维护是系统仍然正常工作情形下,为保持系统完好工作状态所采取的一切活动,包括清洗擦拭、润滑涂油等。而修理则是系统失效后采取的活动,比如,检测故障、排除故障及修理等。研究人员于 20 世纪 50 年代就开始注重考虑这个问题,并提出大量的维修模型来解决不同系统的维修问题。直至今天,每年仍然有大量的与维修相关的研究文献,这表明维修决策建模与优化仍然是当前的一个热点与难点。

根据维修发生的时机可以将维修分为修复性维修(Corrective Maintenance,CM)和预防性维修(Preventive Maintenance,PM)。

修复性维修,又叫失效后维修,是 20 世纪 40 年代以前的主要维修方式,主要考虑在系统已经发生失效后再对其实施修理。显然,这种维修是失效事件驱动的,这曾使得人们错误地认为事后维修是比较节约费用的一种维修方法[64]。后来,人们才逐步认识到如果任由微小故障发展直至失效后再进行维修的话,所需要的费用相对于在失效前就安排相关维修操作所需要的费用来说要小得多。这是因为系统一旦发生了失效就需要立即对其维修,而这会打断正常的生产计划并带来损失。而且,由于当时并没有预测方法,管理人员根本无法知道何时发生失效,导致失效事件的发生具有突然性,使得企业也就无法及时准备好维修所需要的材料、工具和维修人员,这会在一定程度上加大由失效导致的损失[65]。事后维修存在的这些不足,促进了预防性维修策略的产生和发展。不过由于失效过程的不确定性,在系统运行过程中,一般都会发生失效,因此,后来发展起来的维修理论也将事后维修考虑到策略制定过程中。

预防性维修是指在系统仍然能正常工作的前提下,通过检查和检测发现故障征兆,并采用适当的维修动作来消除将来可能发生的故障。根据维修决策中所利用的信息类型,可以进一步将维修方式分为计划性维修(Scheduled Maintenance,SM)和视情维修(Condition-Based Maintenance,CBM)。近年来,在视情维修的基础上,预测维修也逐步引起了研究人员的重视。

计划性维修是指管理人员依据基于失效时间数据统计而获得的失效率或寿命分布等特征量来安排维修活动。第二次世界大战发生后,物资和人员短缺,为了提高物资供应能力,自动化程度高的设备相继被投入了应用。同时,战争的紧迫性就要求生产设备必须尽量少停机,因此对这些设备的维修就变得重要起来。而由于传统的失效后维修是由失效事件驱动的,只有当系统发生失效后才对其进行那些旨在恢复系统指定功能的维修操作。显而易见,这种维修方式已经不适应当时的需求。为了预防失效的发生,研究人员提出了预防性维修思想[66],即按预定的时间间隔或按规定的准则对系统实施维修操作,以降低系统失效的概率或防止其功能退化。需要指出的是,此时的预防性维修实际上指的是单纯根据时间来安排的维修,即基于时间的预防性维修(Time-Based PM,TBPM),也称为计划性维修。当时,我国也从苏联引进了计划性维修制度,并将其应用于电力工业[67]。和失效后维修比较起来,这种维修方式的优点在于它能够通过一系列维修操作(检测、修理、替换、清洗和润滑等)来达到提高系统可靠性,减少故障发生频率和提高生产率的目的。

然而,计划性维修的引入在提高设备可靠性与可用性的同时,也增加了企业的维修费用。据调查,美国国内企业在1981年花费了将近6000亿美元来维修其关键设备,而且这个数字在20年内翻了一番[67]。德国用于维修方面的费用占到其GDP的13%~15%,而荷兰则占到14%[68,69]。具体到企业而言,其总支出的15%~70%被用于生产设备的维修[70]。更值得注意的是,如此高的维修费用中的1/3在维修实施过程中被浪费掉[64],这主要是由于下面一些原因造成的。首先,在实施计划性预防性维修时,主要是通过对同类型系统失效时间数据的统计分析来确定实施维修的间隔,而没有考虑系统运行时的实际性能状况,导致得到的维修间隔对同类型系统总体来说是最优的,但具体到单个设备来讲可能就不是最优的间隔。其次,一味地按照既定的时间间隔来实施维修,而不管系统的实际健康状态,容易造成大量不必要的维修,不该维修时而实施了维修;或者导致维修不足,需要维修时而不进行维修,从而不能有效避免失效的发生。此外,由于传统计划性维修是每隔一段时间对系统中的各个设备进行拆卸维修,而刚维修过后的部件的失效率一般都比较高,累加后则会导致整个系统的失效率变得非常高[65]。根据统计,1996 年我国的 100MW、125MW 和 200MW 火电机组由于维修不当造成非计划性停机和出力下降的比重分别占到 36%、31%和 41%[67]。

考虑到计划性预防维修存在效率不高等缺点,并得益于传感器技术的迅速发展,视情维修(CBM)逐渐引起了研究人员的重视。视情维修本质上也属于预防性维修,但该维修方式主要是通过对与设备健康状态密切相关的一些指标(比如,温度、压力和油液中的金属含量等)进行监测和分析来评估当前系统的健康状态,并在此基础上做出最优的维修决策[71]。这种立足于系统运行时状态的维修方式大大地提高了维修的效率,减少了不必要的维修,节省了维修费用。目前,机械、电力和石化等生产制造领域及军事领域都已经广泛采用了视情维修。据报道,为了能够实时监测武器装备的健康状况,美国陆军已经在 2004 年为其“黑鹰”直升机装备了状态与使用监控系统[72]。

根据基于状态的维修中状态含义的不同,可以将视情维修进一步分为狭义的视情维修和广义的视情维修。这里将狭义的视情维修仍然称为视情维修,这类维修强调的是仅仅利用监测得到的即时结果来确定是否需要维修以及安排什么样的维修方式(修理、替换等操作)。而广义的视情维修,即预测维修(Predictive Maintenance,PdM)是指“通过一种预测与状态管理系统提供出关于设备维修的正确时间、正确原因、正确措施等有关信息,可以在机件使用过程中安全地确定退化机件的剩余寿命,清晰地指示何时该进行维修,并自动提供使任何正在产生性能或安全极限退化的事件恢复正常所需的零部件清单和工具”[73]。

维修方式具体分类如图 1.2 所示。

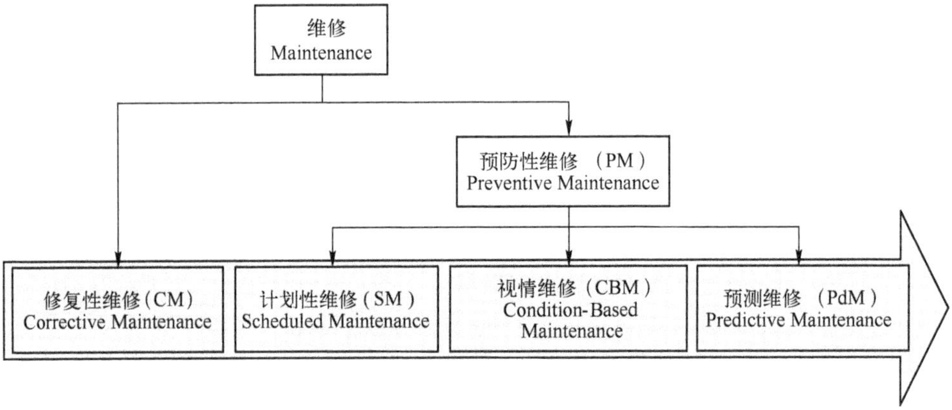

图 1.2　维修方式具体分类

下面将对单部件系统和多部件系统的维修决策文献进行简单的总结。考虑到维修理论已经发展了几十年,与维修决策相关的文献非常多,每篇文献之间总会存在着千丝万缕的联系,因此,这里的总结只能力求能够基本全面地阐述维修决策中的基本问题。

1.3.2　单部件系统维修决策

1.3.2.1　计划性维修

通过对文献进行大量调研后发现,计划性维修活动通常在系统的某个特征量达到阈值后被启动。下面将基于特征量的种类分述计划性维修。

一、役龄依赖维修策略

役龄依赖维修策略(age-dependent maintenance policy)是指根据系统投入运行后的役龄来安排维修活动的策略。对基于役龄的维修策略的研究最早可以追溯到 1958 年 Morse 的工作[74]。后来,Barlow[75] 提出了一种至今仍然被广泛使用的策略——役龄替换策略(age replacement policy),即指当部件的役龄达到事先设定的 T 时就进行预防性替换,而如果在达到 T 前就发生了失效的话,则进行失效后替换。1965 年,Barlow[76] 总结了前人的研究成果,并详细地研究了最优的策略。后来,不完美维修(imperfect maintenance)[77] 概念的引入极大丰富了役龄替换策略,产生了许多扩展模型[78,79]。不完美维修是针对维修的效果来说的,表示维修产生了一定的效果,使系统恢复了一定的功能,但并非是"修复如新"的完美维修(perfect maintenance)。这些扩展模型在核心思想上与基本的役龄替换策略相差不大,只不过根据维修效果的不同,采用不同的维修方式,即小修(minimal repair)、不完美维修和完美维修,来代替基本役龄替换策略中预防性替换与失效后替换而进行维修建模和优化。针对不同质部件组中的一个部件,Scarf 等[80] 提出了一个基于役龄的检测与替换策略。通过最小化单位时间内维修损失得到最优维修年龄 T、最优检测间隔 Δ 和对部件进行检测的次数 K。

二、周期性维修策略

周期性维修策略(periodic maintenance policy)是指每隔一段固定的时间 T 就对部件进行维修操作。这里,T 是一个常数。如果对在两次维修之间发生的失效进行事后维修的话,这种维修策略就变为成批替换策略(block replacement policy)[79]。同年龄替换策略一样,将周期性维修策略中的维修分别用小修、不完美维修和完美维修进行替代的话,也会产生多种多样的扩展模型。比如,Berg 和 Epstein[81] 通过引入年龄限制而对成批维修策略进行了修改。在这种策略下,当部件失效时就进行替换,而在计划性替换时间点 $kT(k=1,2,\cdots,N)$ 上,如果部件的年龄仍然小于或等于 $t_0(0\leqslant t_0\leqslant T)$ 则不进行预防性替换,让部件继续运行至失效或下一个计划性替换时间点$(k+1)T(k=1,2,\cdots,N)$。显然,当$t_0=T$时,这种策略就退化成成批替换策略。Tango[82]考虑在计划安排的时间到来之前如果发生失效的话,就用使用过的部件来替换已经失效的部件。Brezavscek等[83]同时考虑周期性维修策略与备件供应策略时的联合优化问题。Huang等[84]在其基础上考虑了部件到达时间为随机时的情况,并给出了解析结果。其他扩展模型可以参考相应的文献[85-89]。

三、失效限制维修策略

失效限制维修策略(failure limit policy)是指只有在系统的失效率或其他可靠性指标达到一个指定的阈值后才对其实施预防性维修[90]。由于在这种策略中可以根据失效率信息来安排维修,而不完美维修常常也用失效率和有效年龄(effective age)来进行刻画[91,92],因此,自然而然地可以将各种不完美维修模型与故障限制策略结合,从而形成多种多样的维修模型。在针对失效率和有效年龄引入调整因子的基础上,Lie和Chun[93]考虑当部件的失效率达到某个阈值时就进行预防性维修,而部件运行过程中发生的失效则通过小修来校正。Lin等[94]则提出了一种混合失效率模型,并在此基础上研究了失效限制策略。

四、序贯维修策略

如果按照不等的时间间隔相继对单部件系统进行预防维修的话,那么这种策略就被称为序贯维修策略(sequential maintenance policy)。Barlow和Proschan[95]将序贯维修策略与年龄更换策略进行了比较,并认为序贯维修策略的灵活性使其在维修过程中产生的费用相对于最优的年龄更换策略而言较低。在序贯维修策略框架下,下一个维修周期是通过最小化剩余时间内的期望费用而得到的。因此,未来时间内的维修间隔并没有在一开始就被确定,而是在每次预防性维修后才确定下一个维修间隔。Nakagawa[96,97]讨论了一种在时刻$x_k(k=1,2,\cdots,N)$实施预防性维修的策略,并且在第N次预防性维修时对部件进行替换,而在两次预防性维修之间发生的失效都通过小修的方式来使其恢复到失效前的状态。在这里,决策变量分别为N和$x_k(k=1,2,\cdots,N)$。由于随着年龄的增长,大部分部件都需要频繁地维修,这就使得序贯性维修策略显得更加实用。与失效限制策略相比,序贯维修策略直接对变量x_k进行控制,而前者则是直接控制失效率、可靠性等指标。

五、维修限制策略

维修限制策略(repair limit policy)是指当某个部件发生失效后,首先评估在采用维修情况下给定指标的值,当该指标值超过事先设定的阈值时就进行替换,否则对系统采取维修。这里,给定的指标通常被选为损失和时间,相应的策略也被分别称为维修损失限制策略(repair cost limit policy)和维修时间限制策略(repair time limit policy)。维修损失限制策略有一个明显的缺点,就是只根据一次维修的费用来确定是对部件进行维修还是替换部件。鉴于此,Beichelt[98]考虑将维修费用率作为一个标准来决定是需要进行替换还是维修:当维修费用率达到或超过一个阈值时就替换部件,否则就对其进行维修。Yun 和 Bai[99]在 Beichelt 工作的基础上考虑了不完美维修的情形。维修时间限制策略最初由 Nakagawa 和 Osaju[100]提出,并考虑当在 T 时间内仍然没有完成对失效部件维修的话,就将其替换,否则将维修好的部件投入运行。这里,T 即为维修时间阈值。

1.3.2.2 视情维修

由于视情维修主要根据系统的性能状态来进行维修决策,那么就需要对系统的性能变量的退化规律进行建模。考虑到系统的退化过程具有随机性,现有的视情维修文献大都采用概率相关的退化模型来做决策的基础。需要说明的是,虽然有些视情维修相关文献中也同时利用了传统的计划性维修的策略,但我们仍将这些文献归于视情维修相关研究文献中。下面根据视情维修中采用的退化模型种类分述视情维修。

一、基于回归模型的视情维修

利用回归分析方法对系统的性能退化过程进行建模,在此基础上给出最优的视情维修策略。Wang[27]利用系数为随机变量且服从某个已知分布的回归模型来刻画系统的退化轨迹,而且假设当系统退化值超过其维修阈值时就启动维修操作。然后,作者根据需要选择合适的目标函数,如损失费用、停机时间或者系统可靠性等,并在此基础上提出了一种视情维修模型来给出最优的维修阈值和检测时间间隔。Jardine[101]提出了一种以威布尔分布为基准失效率函数,并用马尔可夫过程来描述状态变化规律的比例故障率模型(Proportional Hazards Model,PHM),并在此基础上进行最优维修决策。这里采用的策略是当系统发生失效后就将其立即替换掉;如果没有发生失效,则在其失效率达到某个阈值时对其实施替换。Ghasemi[71]考虑了监测信息带噪声时的视情维修问题,作者利用连续时间离散状态马尔可夫过程来刻画系统的真实状态变化规律,并认为该真实状态是未知的,只能通过观测信息来估计,利用 PHM 模型在系统真实状态与失效率之间建立联系,并用来刻画系统的退化过程,将问题转化为部分可观马尔可夫决策过程(Partial Observed Markov Decision Process,POMDP),并通过动态规划方法进行求解。其他相关文献有[102,103]。虽然 PHM 模型利用到了系统运行状态数据,但通过模型最终得到的仍然是可靠性等统计信息。因此,基于 PHM 模型的视情维修常常用到传统的计划性维修策略,只不过将其中的可靠性等信息由通过历史失效时间数据获得变为通过 PHM 获得。而且,PHM 模型中需要事先给定基准失效率函数,而该失效率函数只与时间有关。此外,PHM 模型也只用到了当前时刻的状态信息,而没有将历史信息全部用上。Sun 等[104]指出系统的协变量变化是由其失效率的变化导致的,并在此基础上提出了一种比例协变量模型(Proportional Covariates Model,PCM)来对系统的失效率进行估计。与PHM相比,PCM不需要历史的失效数据。基于概率统计模型的视情维修将状态的变化考虑进了维修决策过程当中,所得结果是随着状态的变化而动态更新的,但是由于只用到了当前时刻这一点的状态信息,导致所得结果的不确定性比较大。

二、基于马尔可夫过程的视情维修

这是一类将系统的退化过程用马尔可夫过程描述时的维修决策问题。目前,基于马尔可夫过程的视情维修主要采用控制限准则(Control Limit Rule,CLR),即当系统的退化程度到达某个阈值时就进行预防性维修,否则,让其继续运行。这里,该阈值被称为预防性维修阈值。

马尔可夫过程,包括布朗运动、伽马过程和泊松过程等,作为一类特殊的随机过程,具有良好的数学性质,这使其在维修中被广泛应用[105]。文献[106-109]研究了用伽马过程刻画系统退化过程时的视情维修策略。在这几篇文献中,不但有预防性维修阈值,还有一个失效阈值。当系统的退化程度超过失效阈值时,则判定该系统已经失效,并立即采取替换操作。此外,状态检测时间间隔是不固定的,下一个检测时间由当前系统的退化状态所决定。最后,作者通过最小化单位时间内的期望维修费用或最大化可用性来确定最优的预防性维修阈值和下一次检测的时间。Liao 等[110]针对一类退化过程可以用伽马过程描述的系统,在维修不完美的情况下,提出了一种基于状态的可用性限制策略(condition-based availability limit policy)。其中,维修不完美体现在系统在经过维修后,其退化状态不会降到0,而是一个服从正态分布的随机量。最后,作者通过搜索算法来找到最优的维修阈值。Monplaisir 和 Arumugadasan[111]就考虑用一个有7个离散状态的连续时间马尔可夫过程来描述机车柴油引擎的曲轴箱的退化过程,然后将该过程用于维修支持。针对受周期性监测的退化系统,Amari 和 McLaughlin[112]将其退化过程离散成多个状态,然后利用离散状态马尔可夫链进行维修建模,最后通过最大化系统的可用性来获得最优的预防维修阈值和检测频率。Chen 和 Trivedi[113]提出用半马尔可夫决策过程(Semi-Markov Decision Process,SMDP)来对视情维修中的检测速率与维修类型的变化进行联合建模,并给出了优化方法,即将检测率作为SMDP的输入参数,然后,针对每一种检测率,给出一种最优的视情维修策略。其他一些相关文献有[114-117]。

基于马尔可夫过程的视情维修在建模过程中将退化过程用马尔可夫过程来刻画,在此基础上建立相关目标函数,然后优化得到最优预防维修阈值。但在这些阈值被确定后,就不会随着系统状态的变化而更新。而且由于利用马尔可夫过程对退化过程建模时,需要系统的真实退化过程具有马尔可夫性,这就缩小了该方法的应用范围。此外,在对马尔可夫过程进行建模时需要大量的历史数据来支持,因此,在使用马尔可夫过程作为视情维修的基础前,需要做大量数据收集与分析。

1.3.2.3 预测维修

本书所说的预测维修是指那些侧重于利用预测信息来安排将来维修操作的活动。预测维修主要通过对系统的性能退化过程进行实时监测和分析,并通过一定的技术手段来预测出其未来的变化趋势,然后在此基础上,根据指定的需求,设计出一种有效的维修策略。与视情维修相比,预测维修在建模过程中充分地利用了历史性能退化信息,而且,其决策结果是能够随着系统状态的变化而实时更新的,能够根据设备的健康状况的变化来安排相应的维修操作。此外,预测维修能够进一步减少维修损失,延长设备使用寿命。在预测维修策略下,管理人员可以根据预测信息来判断失效何时发生,从而可以安排人员在系统失效发生前某个合适的时机对系统实施维修以避免重大事故的发生,同时,还可以减少备件存储数量,降低存储费用。由于在实施预测维修时必须要有预测信息,所以寿命预测技术在最近几年得到了较快的发展。周东华等[7]就对工程系统的实时可靠性评估与预测技术进行了详细的综述。Heng 等[66]则对旋转机械相关的寿命预测文献进行了总结。虽然近些年寿命预测相关的文献越来越多,但是利用这些预测信息进行维修策略安排的文献比较少,发展比较缓慢。Christer 等[118]在线性状态空间模型框架下,利用 Kalman 滤波对感应熔炉的感应器的腐蚀程度进行预测,并在此基础上给出了采用替换维修策略时的费用损失模型,最后通过仿真给出了最优替换时间。Lu 等[119]也考虑了与文献[118]类似的工作,但采用了不同的目标函数。针对非线性非高斯系统,Cadini[120]利用粒子滤波(particle filter)对隐含的性能变量进行估计,然后给出了部件最优替换策略。Kaiser 等[121]在 Gebraeel 提出的指数型退化轨迹模型的基础上,提出了一种基于退化模型的预测维修策略。作者首先根据实时监测得到的信息,利用贝叶斯更新方法估计指数退化模型中的随机参数,并给出系统的剩余寿命分布,最后据此来安排维修操作。Elwany 等[122]也用了指数型退化轨迹模型来估计剩余寿命分布,并利用传感器数据进行实时更新,在此基础上,作者同时考虑了部件维修替换策略和备件定购策略。最后,通过仿真获得了最优部件替换时间和最优备件订购时间。

Li 等[123]针对连续监测的退化系统,考虑用时间序列预测技术对设备可靠性进行实时预测,在此基础上设计出一种能够对维修阈值进行动态更新的预测维修策略。Sun 等[124]在文献[123]的基础上进一步考虑利用修改的两阶段退化模型来刻画系统退化过程,并在此基础上动态地确定维修阈值及其置信区间。针对一类被连续监测且连续退化的系统,Zhou 等[125]考虑将序贯不完美维修策略与预测维修策略结合起来,提出了一种以可靠性为中心的预测维修策略。这里,通过在失效率模型中引入年龄消减因子和失效率增长因子来对不完美维修进行建模,并且采用了故障限制策略,即当失效率达到某个阈值时就进行预防性维修。通过仿真,作者给出了最优的预防维修阈值。You 等[126]在以上几篇文献的基础上同时考虑了基于性能退化数据的预测可靠性和基于失效时间统计得到失效率在维修决策中的应用,并且通过理论推导给出了最优解的存在性和唯一性。

Djurdjanovic[127]在故障预测的基础上,提出了一种智能维修系统,以达到使系统停机时间近乎为零这样一个目标。针对性能退化量按照指数规律增长的一类单部件不可修系统,Elwany[128]首次将根据传感器测量信息得到的性能退化量预测分布与马尔可夫决策过程结合起来考虑,并证明了最优替换策略为阈值型策略。

1.3.3 多部件系统维修决策

工业生产、交通、国防等领域中涉及的实际工程系统通常为多部件系统。在研究人员对单部件系统维修决策进行研究的同时,多部件系统的维修决策逐步得到了重视和发展。所谓多部件系统是指由多个相同或不同的部件以一定的关系(串联、并联和串并联)组织而成的系统。如果这些部件之间不存在任何的相关性,那么对多部件系统的维修完全可以根据每个部件自身的统计特性来安排与其对应的维护行为。但实际上,部件之间总存在依赖关系。Thomas[129]指出了多部件系统中存在的三类依赖关系,分别为:经济依赖、随机依赖和结构依赖。目前多部件系统相关的研究主要是围绕前两类依赖关系展开,因此,这里只对与前两类依赖相关的文献进行总结。

1.3.3.1 经济依赖

经济依赖表现在对系统中的若干个部件联合实施维修时所需费用与对这些部件进行单独维修时所需维修费用并不相等。通常情况下,由于对部件同时进行维修时只需要进行一次拆卸与安装,因此同时维修会节约费用。但有些情况下,对部件同时进行维修则会增加维修费用。比如,对部件进行分组维修时会需要更多的维修人员,从而会增加劳动力成本。Nicolai[130]将前一种情况下的经济依赖称为积极经济依赖(positive economic dependence),而将后一种情况称为消极经济依赖(negative economic dependence)。鉴于针对后一种情形的研究文献较少,本书只对积极经济依赖相关研究进行总结,而不再考虑消极经济依赖。为了方便计,在以后的行文中所说的经济依赖即为积极经济依赖。

正由于对部件进行联合维修会节约费用,因此,维修管理人员就千方百计地考虑如何才能实现联合维修。于是,又产生了两大类维修策略:分组维修(group maintenance)和机会维修(opportunistic maintenance)。

1. 分组维修

分组维修是指对属于同一分组的部件实施联合维修以节约维修费用。

Okumoto 和 Elsayed[131]针对一类多部件并联系统提出了 T-寿命维修策略：系统已经投入运行的时间超过某一阈值 T 就对全部失效部件实施替换。该系统中的每个部件的寿命为独立同分布的随机变量，且当部件失效后若不对其进行替换则会导致生产上出现损失。Okumoto 和 Elsayed 给出了存在确定、唯一且有限维修时间 T 的充分条件。

Assaf 和 Shanthikumar[132]研究了与文献[131]类似的系统，在进一步假设部件的寿命为独立同指数分布的随机变量的基础上，他们给出了 m-失效维修策略存在的充分条件。所谓 m-失效维修策略是指系统中的失效部件总数超过 m 时就对所有失效部件实施分组替换。Ritchken 和 Wilson[133]综合考虑了 T-寿命维修策略和 m-失效维修策略的优缺点，提出了一种 (m,T) 分组维修策略，即只要系统运行时间达到时间 T 或失效部件数目达到 m 就对系统实施替换。针对由相互独立且可修部件组成的一类系统，Sheu 和 Jhang[134]提出了一种两阶段分组维修策略 (T,W,k)。在第一个阶段 $(0,T]$ 内对发生微小失效的部件采用最小维修来矫正而对发生灾难性失效的部件则实施替换。在第二个阶段 $(T,T+W]$ 内对微小失效同样采用小修，但对灾难性失效则采取暂时搁置直到时刻 $T+W$ 或第二阶段内灾难性失效次数达到 k 次。

最近，Heidergott[135]针对多部件系统提出了一种新的分组维修策略：一旦系统中失效部件的数目达到 F 就对系统中已经失效的和仍未失效但年龄超过阈值 θ 的部件进行替换。作者利用测度值微分法（measure-valued differentiation approach）给出各种无偏的估计量。

针对传统的分组策略没有考虑短期信息变动的情形，Dekker、Wildeman 和 Smit 等提出了动态分组维修的策略[136-139]。他们研究的核心思想就是基于滚动时域法考虑一有限时间段内的分组维修，首先确定每一个部件的最优替换时间，然后推迟或提前维修时间所产生的惩罚费用函数，最后在此基础上找出节省费用最多的维修分组。

2. 机会维修

由于分组维修是对同一组内的部件联合进行维修而不考虑部件的实际退化状态，因此容易造成过度维修。如果利用因对某个部件进行事后维修或预防性维修而停机的机会对其他部件也实施预防性维修的话，维修费用也会相应地减少，这就是机会维修。

Jorgenson[140]最先对弹道导弹的机会维修进行了研究。Berg[141,142]针对由两个寿命服从指数分布的部件组成的系统提出了一种机会维修策略：当两个部件中的一个发生失效时，若另一个部件的年龄超过阈值 L，就也对该部件实施替换。

Zheng 和 Fard[143]针对由 k 种部件组成的系统提出了一种基于失效率的 $(L-u,$

L)策略。当某个部件的失效率达到阈值 L 或发生失效且失效率在区间($L-u,L$)内时就将其替换,同时,检查其他正常工作部件的失效率,并将位于区间($L-u,L$)内的部件也替换掉。与文献[143]中采用的策略类似,Tian 和 Liao[144]在视情维修框架下考虑了基于比例失效率模型的多部件系统机会维修问题。为了优化得到策略中的两个阈值,作者给出了计算实施该策略带来费用的近似计算方法。

国防科技大学的程志君和陈波[145]研究了一类两部件串联系统在部件间存在经济依赖前提下的机会维修优化模型。在该文献中,作者推导出了在(t,T)机会维修策略下的系统可靠性模型,并给出了用于求解单位时间内的期望费用和稳态可用度的解析方法。

上海交通大学的侯文瑞等[146]针对部件故障可能会导致带个系统失效这种情况,提出了一种考虑风险的机会维修优化模型。

考虑到核电站事故停机所带来的巨大经济损失和核岛外设备可以实施同时维修的情况,海军工程大学的陈砚桥等[147]研究了核岛外设备的机会维修策略,并利用蒙特卡罗仿真求解了最优维修间隔时间长度和机会维修的系数。

与前面几篇文献不同,Dekker[148,149]考虑了维修机会时间间隔服从指数分布而与系统中的部件没有任何关联的情形下的机会维修问题。Dagpunar[150]则考虑了机会到达过程为强度函数 λ 的泊松过程时的机会维修。视情维修框架下,多部件系统的机会维修中阈值的解析表达式一般很难获得。此时,通常是利用启发性算法或 Monte Carlo 仿真加随机模拟的方法来对目标函数进行优化求解。

Camci[151]利用预测可靠度研究了部件间存在经济依赖的多部件系统维修安排问题。不同于传统的 CBM,这里没有控制限,而是利用预测得到的可靠性来表示维修风险(maintenance risk),然后利用遗传算法对其进行优化,最终得到最优的维修时间点。但该方法只针对不可修系统,而且只考虑了未来一段有限长度时间内的维修安排。

1.3.3.2 随机依赖

随机依赖是指多部件系统中某个部件的失效会对其他部件的性能指标产生影响。这里,性能指标通常为部件的年龄、失效率、状态变量和失效与否等。Murthy 和 Nguyen[152]针对一类两部件系统提出了两种基本的随机依赖描述模型:一是系统中某个部件的失效会导致其他的部件也以一定的概率 p 发生失效,而以概率 $1-p$ 不发生失效;另一种是系统中某个部件的失效会在一定程度上增大其他部件的失效率。针对存在上述类型一随机依赖和经济依赖的两部件系统,Scarf 和 Deara 在文献[153]和[154]中分别研究了基于年龄的替换策略和成组替换策略。Nakagawa 和 Murthy[155]则具体针对类型二随机依赖进行了研究。Lai 和 Chen[156]则研究了同时存在类型一和类型二随机依赖的两部件系统。该系统中的部件 1 发生失效时会使部件 2 的失效率增加一定的量,而部件 2 一旦发生失效则使部件 1 立即发生失效。在类型二随机依赖的基础上,Zequeira 和 Bérenguer 研究了系统中存在可修和不可修这两种竞争失效模式时周期性的不完美维修策略。Castro[157]研究了类似的情形并提出了一种新的随机依赖模型。

参考文献

[1] 周东华,叶银忠. 现代故障诊断与容错控制[M]. 北京:清华大学出版社,2000.

[2] National Transportation Safety Board. Uncontrolled Descent and Collision with Tarrain USAir Flight 427 Boeing 737-300, N513AU Near Aliquippa, Pennsylvania, September, 1994: Aircraft Accident Report, A850073[R]. Springfield: National Technical Information Service, 1999.

[3] 徐正国. 动态系统可靠性实时预测方法[D]. 北京:清华大学,2008.

[4] Chu C, Proth J M, Wolff P. Predictive maintenance: The one-unit replacement model [J]. International Journal of Production Economics, 1998, 54(3):285-295.

[5] Mobley R K. An introduction to predictive maintenance [M]. Burlington, MA: Elsevier Butterworth-Heinemann, 2002.

[6] 邵新杰,曹立军,田广,等. 复杂装备故障预测与健康管理技术[M]. 北京:国防工业出版社,2013.

[7] 周东华,徐正国. 工程系统的实时可靠性评估与预测技术[J]. 空间控制技术与应用,2008,34(4):3-10.

[8] Cui, L R, Loh, H T, Xie, M. Sequential inspection strategy for multiple systems under availability requirement[J]. European Journal of Operational Research, 2004, 155:170-177.

[9] Lee J, Ni J, Djurdjanovic D, et al. Intelligent prognostics and e-maintenance[J]. Computers in Industry, 2006. 57:476-489.

[10] Wang W. A two-stage prognosis model in condition based maintenance[J]. European Journal of Operational Research, 2007, 182:1177-1187.

[11] Wang W. A prognosis model for wear prediction based oil-based monitoring[J]. Journal of the Operational Research Society, 2007, 58:887-893.

[12] Wang W, Zhang W. An asset residual life prediction model based on expert judgments[J]. European Journal of Operational Research, 2008, 188:496-505.

[13] Jardine A K S, Lin D, Banjevic D. A review on machinery diagnostics and prognostics implementing condition-based maintenance [J]. Mechanical Systems and Signal Processing, 2006, 20(7):1483-1510.

[14] Si X S, Wang W, Hu C H, et al. Remaining useful life estimation-A review on the statistical data driven approaches[J]. European Journal of Operational Research, 2011, 213:1-14.

[15] Hu C H, Zhou Z J, Zhang J X, et al. A survey on life prediction of equipment[J]. Chinese Journal of Aeronautics, 2015, 28(1):25-33.

[16] Tanaka K, Mura T. A dislocation model for fatigue crack initiation[J]. Journal of Applied Me-

chanics,1981,48(1):97-103.

[17] 牟园伟,陆山．基于材料微观特性的涡轮盘疲劳裂纹萌生寿命数值仿真[J]．航空学报,2013,34(2):282-90.

[18] CALCE Electronic Products and Systems Center. Reliability prediction of electronic parts and products. College Park(MD):University of Maryland; 2006. Report No. :MD20742.

[19] 陈云霞,谢汶姝,曾声奎．功能分析与失效物理结合的可靠性预计方法[J]．航空学报,2008,29(5):1133-1138.

[20] Zhang C H,Wen X S,Chen X. A comprehensive review of accelerated life testing[J]. Acta Armamentarii,2004,25(4):485-90.

[21] 潘文庚．环境因子法在弹药储存可靠性评估中的应用[J]．弹箭与制导学报,1997,(3):26-30.

[22] 洪东跑,马小兵,赵宇,等．基于比例风险模型的环境折合系数确定方法[J]．北京航空航天大学学报,2010,36(4):443-446.

[23] Marshall A W,Olkin I. Life distributions[M]. New York:Springer,2007.

[24] Lu C J,Meeker W Q. Using degradation measures to estimate a time-to-failure distribution[J]. Technometrics,1993,35(2):161-174.

[25] Lu J C,Park J,Yang Q. Statistical inference of a time-to-failure distribution derived from linear degradation data[J]. Technometrics,1997,39(4):391-400.

[26] Tseng S T,Tang J,Ku I H. Determination of Burn-in parameters and residual life for highly reliable products[J]. Naval Research Logistics,2003,50(1):1-14.

[27] Wang W. A model to determine the optimal critical level and the monitoring intervals in condition-based maintenance[J]. International Journal of Production Research,2000,38(6):1425-1436.

[28] Bae S J,Kvam P H. A nonlinear random-coefficients model for degradation testing[J]. Technometrics,2004,46(4):460-469.

[29] Gebraeel N Z,Lawley M A,Li R,et al. Residual-life distributions from component degradation signals:a Bayesian approach[J]. IIE Transactions,2005,37(6):543-557.

[30] Elwany A,Gebraeel N. Real-time estimation of mean remaining life using sensor-based degradation models[J]. Journal of Manufacturing Science and Engineering,2009,131(5):051005-1-051005-9.

[31] Gebraeel N,Pan J. Prognostic degradation models for computing and updating residual life distributions in a time-varying environment[J]. Reliability,IEEE Transactions on,2008,57(4):539-550.

[32] Gebraeel N. Sensory-updated residual life distributions for components with exponential degradation patterns[J]. IEEE Transactions on Automation Science and Engineering,2006,3(4):382-393.

[33] Park J I,Bae S J. Direct prediction methods on lifetime distribution of organic light-emitting diodes from accelerated degradation tests[J]. IEEE Transactions on Reliability,2010,59(1):

74-90.

[34] Abdel-Hameed M. A Gammawear process[J]. IEEE Transactions on Reliability,1975,24(2):152-153.

[35] Wang W,Christer A H. Towardsageneral condition based maintenance model for astochastic dynamic system[J]. Journal of the Operational Research Society,2000,51:145-155.

[36] Bagdonavicius V,Nikulin M S. Estimation in degradation models with explanatory variables[J]. Lifetime Data Analysis,2001,7(1):85-103.

[37] Lawless J, Crowder M. Covariates and random effects in a Gamma process model with application to degradation and failure[J]. Lifetime Data Analysis,2004,10(3):213-227.

[38] Van Noortwijk J M. Asurvey of the application of Gamma processes in maintenance[J]. Reliability Engineering & System Safety,2009,94(1):2-21.

[39] Wasan M T. On an inverse Gaussian process[J]. Scandinavian Actuarial Journal,1968,1968(1-2):69-96.

[40] Wang X,Xu D. Aninverse Gaussian process model for degradation data[J]. Technometrics,2010,52(2):188-197.

[41] Kharoufeh J P. Explicitresults for wear processes in a Markovian environment[J]. Operations Research Letters,2003,31(3):237-244.

[42] Kharoufeh J P,Sipe J A. Evaluating failure time probabilities for a Markovian wear process[J]. Computers & Operations Research,2005,32(5):1131-1145.

[43] Kharoufeh J P,Mixon D G. On a Markov-modulated shock and wear process[J]. Naval Research Logistics(NRL),2009,56(6):563-576.

[44] Kharoufeh J P,Cox S M,Oxley M E. Reliability of manufacturing equipment in complex environments[J]. Annals of Operations Research,2013,209(1):1-24.

[45] Lee M L T,Whitmore G A,Rosner B A. Threshold regression for survival data with time-varying covariates[J]. Statistics in Medicine,2010,29(7-8):896-905.

[46] Wang W. A two-stage prognosis model in condition based maintenance[J]. European Journal of Operations Research,2007,182(3):1177-87.

[47] Wang W,Zhang W. An asset residual life prediction model-based on expert judgments[J]. European Journal of Operations Research,2008,188(2):496-505.

[48] Cox D R. Regression models and life-tables[J]. Journal of the Royal Statistical Society:Series B,1972,34(2):187-220.

[49] Jardine A K S,Banjevic D,Montgomery N,et al. Repairable system reliability:recent developments in CBM optimization[J]. International Journal of Performability Engineering,2008,4(3):205-214.

[50] Bunks C,McCarthy D,AI-Ani T. Condition-based maintenance of machines using hidden Markov models[J]. Mechanical Systems and Signal Processing,2000,14(4):597-612.

[51] Baruah P,Chinnam R B. HMMs for diagnostics and prognostics in machining processes[J]. International Journal of Production Research,2005,43(6):1275-1293.

[52] Dong M, He D. Hidden semi-Markov model-based methodology for multi-sensor equipment health diagnosis and prognosis[J]. European Journal of Operations Research, 2007, 178(3): 858-878.

[53] Dong M, He D. A segmental hidden semi-Markov model(HSMM)-based diagnostics and prognostics framework and methodology[J]. Mechanical Systems and Signal Processing, 2007, 21(5): 2248-2266.

[54] Liu Q, Dong M, Peng Y. A novel method for online health prognosis of equipment based on hidden semi-Markov model using sequential Monte Carlo methods[J]. Mechanical Systems and Signal Processing, 2012, 32: 331-348.

[55] Pettit L I, Young K D S. Bayesian analysis for inverse Gaussian lifetime data with measures of degradation[J]. Journal of Statistical Computation and Simulation, 1999, 63(3): 217-234.

[56] Lee M Y, Tang J. A modified EM-algorithm for estimating the parameters of inverse Gaussian distribution based on time censored Wiener degradation data[J]. Statistica Sinica, 2007, 17(3): 873-893.

[57] Malik, Dennis F. Storage reliability of missile material program: storage analysis summary report[J]. Raytheon Company, Huntsville al life cycle analysis group; 1976. Report No.: ADA026275.

[58] 侯希久. 国外导弹贮存可靠性技术概述[J]. 质量与可靠性, 1997(4): 44-46.

[59] van Dorp J R, Mazzuchi T A, Fornell G E, et al. A Bayes approach to step-stress accelerated life testing[J]. IEEE Transactions on Reliability, 1996; 45(3): 491-498.

[60] 周秀峰, 姚军, 张俊. 电子整机加速贮存试验的 Dirichlet 分析方法[J]. 航空学报, 2012, 33(7): 1305-1311

[61] Nelson W. Analysis of performance-degradation data from accelerated tests[J]. IEEE Transactions on Reliability, 1981, 30(2): 149-55.

[62] Padgett W J, Tomlinson M A. Inference from accelerated degradation and failure data based on Gaussian process models[J]. Lifetime Data Analysis, 2004, 10(2): 191-206.

[63] 国家技术监督局. GB/T3187-94 可靠性、维修性术语[S]. //北京: 中国标准出版社, 1994.

[64] Mobley R. An introduction to predictive maintenance[M]. USA: Butterworth-Heinemann, 2002.

[65] Stephens M. Productivity and reliability-based maintenance management[M]. Indiana: Purdue University Press, 2004.

[66] Heng A, Zhang S, Tan A, et al. Rotating machinery prognostics: State of the art, challenges and opportunities[J]. Mechanical Systems and Signal Processing, 2009, 23(3): 724-739.

[67] 王健. 电力市场环境下发电机组检修计划的研究[D]. 北京: 中国农业大学, 2004.

[68] Christer A. Developments in delay time analysis for modelling plant maintenance[J]. Journal of the Operational Research Society, 1999, 50(11): 1120-1137.

[69] 张友诚. 德国企业中的设备管理与维修(上)[J]. 中国设备工程, 2001, (12): 50-52.

[70] Bevilacqua M, Braglia M. The analytic hierarchy process applied to maintenance strategy selection[J]. Reliability Engineering and System Safety, 2000, 70(1): 71-83.

[71] Ghasemi A, Yacout S, Ouali M. Optimal condition based maintenance with imperfect information and the proportional hazards model[J]. International Journal of Production Research, 2007, 45(4): 989-1012.

[72] 夏良华,贾希胜,刘玉利. CBM 系统的发展趋势及特点[C] //王志欣,张敏. 第一届维修工程国际学术会议论文集. 北京:科学出版社,2006.

[73] 陈学楚. 现代维修理论[M]. 北京:国防工业出版社,2003.

[74] Morse P. Queues, inventories and maintenance[M]. New York: Iohn Wiley & Sons, 1958.

[75] Barlow R, Hunter L. Optimum preventive maintenance policies[J]. Operations Research, 1960, 8(1): 90-100.

[76] Barlow R, Proschan F. Mathematical theory of reliability[M]. New York: Wiley & Sons, 1965.

[77] Nakagawa T. Optimum policies when preventive maintenance is imperfect[J]. IEEE Transactions on Reliability, 1979, 28(4): 331-332.

[78] Valdez-Flores C, Feldman R. A survey of preventive maintenance models for stochastically deteriorating single-unit systems[J]. Naval Research Logistics, 1989, 36(4): 419-446.

[79] Pham H, Wang H. Imperfect maintenance[J]. European Journal of Operational Research, 1996, 94(3): 425-438.

[80] Scarf P, Cavalcante C, Dwight R, et al. An age-based inspection and replacement policy for heterogeneous items[J]. IEEE Transactions on Reliability, 2009, 58(4): 1-8.

[81] Berg M, Epstein B. A modified block replacement policy[J]. Naval Research Logistics Quarterly, 1976, 23(1): 15-24.

[82] Tango T. Extended block replacement policy with used items[J]. Journal of Applied Probability, 1978, 15(3): 560-572.

[83] Brezavscek A, Hudoklin A. Joint optimization of block-replacement and periodic-review spare-provisioning policy[J]. IEEE Transactions on Reliability, 2003, 52(1): 112-117.

[84] Huang R, Meng L, Xi L, et al. Modeling and analyzing a joint optimization policy of block-replacement and spare inventory with random-leadtime[J]. IEEE Transactions on Reliability, 2008, 57(1): 113-124.

[85] Nakagawa T. A summary of imperfect preventive maintenance policies with minimal repair[J]. RAIRO Operations Research, 1980, 14(3): 249-255.

[86] Nakagawa T. A summary of periodic replacement with minimal repair at failure[J]. Journal of the Operations Research Society of Japan, 1981, 24(3): 213-227.

[87] Nakagawa T. Modified periodic replacement with minimal repair at failure[J]. IEEE Transactions on Reliability, 1981, 30(2): 165-168.

[88] Chun Y. Optimal number of periodic preventive maintenance operations under warranty[J]. Reliability Engineering and Systems Safety, 1992, 37(3): 223-225.

[89] Wang H, Pham H. Some maintenance models and availability with imperfect maintenance in production systems[J]. Annals of Operations Research, 1999, 91(0): 305-318.

[90] Bergman B. Optimal replacement under a general failure model[J]. Advances in Applied Prob-

ability, 1978, 10(2): 431-451.

[91] Jayabalan V, Chaudhuri D. Cost optimization of maintenance scheduling for a system with assured reliability[J]. IEEE Transactions on Reliability, 1992, 41(1): 21-25.

[92] Jayabalan V, Chaudhuri D. Optimal maintenance and replacement policy for a deteriorating system with increased mean downtime[J]. Naval Research Logistics(NRL), 2006, 39(1): 67-78.

[93] Lie C, Chun Y. An algorithm for preventive maintenance policy[J]. IEEE Transactions on Reliability, 1986, 35(1): 71-75.

[94] Lin D, Zuo M, Yam R. Sequential imperfect preventive maintenance models with two categories of failure modes[J]. Naval Research Logistics, 2001, 48(2): 172-183.

[95] Barlow R, Proschan F. Planned replacement[M]. //ARROW K J. Studies in Applied Probability and Management Science. Stanford University Press: California, 1962: 63-87.

[96] Nakagawa T. Periodic and sequential preventive maintenance policies[J]. Journal of Applied Probability, 1986, 23(2): 536-542.

[97] Nakagawa T. Sequential imperfect preventive maintenance policies[J]. IEEE Transactions on Reliability, 1988, 37(3): 295-298.

[98] Beichelt F. A replacement policy based on limits for the repair cost rate[J]. IEEE Transactions on Reliability, 1982, 31(4): 401-403.

[99] Yun W, Bai D. Repair cost limit replacement policy under imperfect inspection[J]. Reliability Engineering and System Safety, 1988, 23(1): 59-64.

[100] Nakagawa T, Osaki S. The optimum repair limit replacement policies[J]. Operational Research Quarterly(1970-1977), 1974, 25(2): 311-317.

[101] Jardine A, Makis V, Banjevic D, et al. A decision optimization model for condition-based maintenance[J]. Journal of Quality in Maintenance Engineering, 1998, 4(2): 115-121.

[102] Vlok P, Coetzee J, Banjevic D, et al. Optimal component replacement decisions using vibration monitoring and the proportional-hazards model[J]. The Journal of the Operational Research Society, 2002, 53(2): 193-202.

[103] Samrout M, Chatelet E, Kouta R, et al. Optimization of maintenance policy using the proportional hazard model[J]. Reliability Engineering and System Safety, 2009, 94(1): 44-52.

[104] Ma L, Mathew J, Sun Y, et al. Mechanical systems hazard estimation using condition monitoring [J]. Mechanical Systems and Signal Processing, 2006, 20(5): 1189-1201.

[105] Van Noortwijk J. A survey of the application of gamma processes in maintenance[J]. Reliability Engineering and System Safety, 2009, 94(1): 2-21.

[106] Grall A, Bérenguer C, Dieulle L. A condition-based maintenance policy for stochastically deteriorating systems[J]. Reliability Engineering and System Safety, 2002, 76(2): 167-180.

[107] Grall A, Dieulle L, Bérenguer C, et al. Continuous-time predictivemaintenance scheduling for a deteriorating system[J]. IEEE Transactions on Reliability, 2002, 51(2): 141-150.

[108] Castanier B, Bérenguer C, Grall A. A sequential condition-based repair/replacement policy with non-periodic inspections for a system subject to continuous wear[J]. Applied Stochastic

Models and Data Analysis,2003,19(4):327-347.

[109] Dieulle L,Berenguer C,Grall A,et al. Sequential condition-based maintenance scheduling for a deteriorating system[J]. European Journal of Operational Research,2003,150(2):451-461.

[110] Liao H,Elsayed E,Chan L. Maintenance of continuously monitored degrading systems[J]. European Journal of Operational Research,2006,175(2):821-835.

[111] Monplaisir M,Arumugadasan N. Maintenance decision support:analysing crankcase lubricant condition by Markov process modelling[J]. The Journal of the Operational Research Society,1994,45(5):509-518.

[112] Amari S,Mclaughlin L. Optimal design of a condition-based maintenance model[C]//Reliability and Maintainability, 2004 Annual Symposium - RAMS. January 26 - 29, 2004, Los Angeles,CA,USA. New York:IEEE,2004:528-533.

[113] Chen D,Trivedi K. Optimization for condition-based maintenance with semi-Markov decision process[J]. Reliability Engineering and System Safety,2005,90(1):25-29.

[114] Wijnmalen D,Hontelez J. Coordinated condition-based repair strategies for components of a multi-component maintenance system with discounts[J]. European Journal of Operational Research,1997,98(1):52-63.

[115] Glazebrook K,Mitchell H,Ansell P. Index policies for the maintenance of a collection of machines by a set of repairmen[J]. European Journal of Operational Research,2005,165(1):267-284.

[116] Barata J,Soares C,Marseguerra M,et al. Simulation modelling of repairable multi-component deteriorating systems for‘on condition’maintenance optimisation[J]. Reliability Engineering and System Safety,2002,76(3):255-264.

[117] 王凌. 维护决策模型与方法的理论与应用研究[D]. 杭州:浙江大学,2006.

[118] Christer A,Wang W,Sharp J. A state space condition monitoring model for furnace erosion prediction and replacement[J]. European Journal of Operational Research,1997,101(1):1-14.

[119] Lu S,Tu Y,Lu H. Predictive condition-based maintenance for continuously deteriorating systems[J]. Quality and Reliability Engineering International,2007,23(1):71-81.

[120] Cadini F,Zio E,Avram D. Model-based Monte Carlo state estimation for condition-based component replacement[J]. Reliability Engineering and Systems Safety,2009,94(3):752-758.

[121] Kaiser K,Gebraeel N. Predictive maintenance management using sensor-based degradation models[J]. IEEE Transactions on Systems, Man and Cybernetics, Part A: Systems and Humans,2009,39(4):840-849.

[122] Elwany A,Gebraeel N. Sensor-driven prognostic models for equipment replacement and spare parts inventory[J]. IIE Transactions,2008,40(7):629-639.

[123] Li L,Asme M,You M,et al. Reliability-based dynamic maintenance threshold for failure pre-

vention of continuously monitored degrading systems[J]. Journal of Manufacturing Science and Engineering,2009,131(3):1010-1018.

[124] Sun J,Li L,Xi L. Modified two-Stage degradation model for dynamic maintenance threshold calculation considering uncertainty[J]. IEEE Transactions on Automation Science and Engineering,2012,9(1):209-212.

[125] Zhou X,Xi L,Lee J. Reliability-centered predictive maintenance scheduling for a continuously monitored system subject to degradation[J]. Reliability Engineering and Systems Safety,2007,92(4):530-534.

[126] You M Y,Li L,Meng G,et al. Cost-effective updated sequential predictive maintenance policy for continuously monitored degrading systems[J]. IEEE Transactions on Automation Science and Engineering,2010,7(2):257-265.

[127] Djurdjanovic D,Lee J,Ni J. Watchdog agent—an infotronics-based prognostics approach for product performance degradation assessment and prediction[J]. Advanced Engineering Informatics,2003,17(3-4):109-125.

[128] Elwany A,Gebraeel N,Maillart L. Structured replacement policies for components with complex degradation processes and dedicated sensors[J]. Operations Research,2011,59(3):684.

[129] Thomas L. A survey of maintenance and replacement models for maintainability and reliability of multi-item systems[J]. Reliability Engineering and System Safety,1986,16(4):297-309.

[130] Nicolai R,Dekker R. Optimal maintenance of multi-component systems:a review[J]. Complex System Maintenance Handbook,2008:263-286.

[131] Okumoto K,Elsayed E. An optimum group maintenance policy[J]. Naval Research Logistics Quarterly,1983,30(4):667-674.

[132] Assaf D,Shanthikumar J. Optimal group maintenance policies with continuous and periodic inspections[J]. Management Science,1987,33(11):1440-1452.

[133] Ritchken P,Wilson J. (m,T) group maintenance policies[J]. Management science,1990,36(5):632-639.

[134] Sheu S,Jhang J. A generalized group maintenance policy[J]. European Journal of Operational Research,1997,96(2):232-247.

[135] Heidergott B,Farenhorst-Yuan T. Gradient estimation for multicomponent maintenance systems with age-replacement policy[J]. Operations Research,2010,58(3):706-718.

[136] Dekkert R,Smit A,Losekoot J. Combining maintenance activities in an operational planning phase:a set-partitioning approach[J]. IMA Journal of Mathematics Applied in Business and Industry,1992,3(4):315-331.

[137] Dekker R,Wildeman R,Van Egmond R. Joint replacement in an operational planning phase[J]. European Journal of Operational Research,1996,91(1):74-88.

[138] Wildeman R. The art of grouping maintenance[D]. Rotterdam:Erasmus University Rotterdam,1996.

[139] Wildeman R,Dekker R,Smit A. A dynamic policy for grouping maintenance activities[J]. European Journal of Operational Research,1997,99(3):530-551.

[140]　Jorgenson D, Mccall J, Radner R. Optimal replacement policies for a ballistic missile[M]. Amsterdam: North-Holland, 1967.
[141]　Berg M. Optimal replacement policies for two-unit machines with increasing running costs: I [J]. Stochastic Processes and Their Applications, 1976, 4(1): 89-106.
[142]　Berg M. Optimal replacement policies for two-unit machines with running costs: II[J]. Stochastic Processes and Their Applications, 1977, 5(3): 315-322.
[143]　Zheng X, Fard N. A maintenance policy for repairable systems based on opportunistic failure-rate tolerance[J]. IEEE Transactions on Reliability, 1991, 40(2): 237-244.
[144]　Tian Z, Liao H. Condition based maintenance optimization for multi-component systems using proportional hazards model[J]. Reliability Engineering and System Safety, 2011, 96(5): 581-589.
[145]　程志君,郭波. 多部件系统机会维修优化模型[J]. 工业工程,2007,10(5):66-69.
[146]　侯文瑞,蒋祖华,金玉兰. 一种考虑风险的机会维修模型[J]. 上海交通大学学报,2008,42(7):1095-1099.
[147]　陈砚桥,金家善,黄政. 基于使用可用度的核岛外设备机会维修策略研究[J]. 核动力工程,2009,30(6):108-111.
[148]　Dekker R, Smeitink E. Opportunity-based block replacement[J]. European Journal of Operational Research, 1991, 53(1): 46-63.
[149]　Dekker R, Dijkstra M. Opportunity-based age replacement: exponentially distributed times between opportunities[J]. Naval Research Logistics, 1992, 39(2): 175-190.
[150]　Dagpunar J. A maintenance model with opportunities and interrupt replacement options[J]. Journal of the Operational Research Society, 1996, 47(11): 1406-1409.
[151]　Camci F. System maintenance scheduling with prognostics information using genetic algorithm [J]. IEEE Transactions on Reliability, 2009, 58(3): 1-14.
[152]　Murthy D N P, Nguyen D G. Study of two-component system with failure interaction[J]. Naval Research Logistics Quarterly, 1985, 32(2): 239-247.
[153]　Scarf P A, Deara M. On the development and application of maintenance policies for a two-component system with failure dependence[J]. IMA Journal of Management Mathematics, 1998, 9(2): 91-107.
[154]　Scarf P A, Deara M. Block replacement policies for a two-component system with failure dependence[J]. Naval Research Logistics, 2002, 50(1): 70-87.
[155]　Nakagawa T, Murthy D N P. Optimal replacement policies for a two unit system with failure interactions[J]. RAIRO. Recherche Opérationnelle, 1993, 27(4): 427-438.
[156]　Lai M T, chen Y C. Optimal periodic replacement policy for a two-unit system with failure rate interaction[J]. The International Journal of Advanced Manufacturing Technology, 2006, 29(3): 367-371.
[157]　Castro I. A model of imperfect preventive maintenance with dependent failure modes[J]. European Journal of Operational Research, 2009, 196(1): 217-224.

第2章

带非线性漂移的维纳退化过程建模与剩余寿命预测

维纳过程，也称作布朗运动（brownian motion），最初是由英国生物学家 Robert Brown 于 1827 年根据观察花粉微粒在液面上作“无规则运动”的物理现象而提出的。爱因斯坦于 1905 年首次对这一现象的物理规律给出了一种数学描述，使这一课题有了显著的进展。这方面的物理理论工作在 Smolucliowski，Fokker，Planck，Burger，Furth Ornstein，Ublenbeck 等的努力下迅速发展起来，但数学方面却由于精确描述过于困难而进展缓慢，直到 1918 年才由维纳（Wiener）对这一现象在理论上作出了精确数学描述，并进一步研究了维纳过程轨道的性质，提出了在维纳过程空间上定义测度与积分，使对维纳过程及其泛函的研究得到迅速而深入的发展，并逐渐渗透到概率论及数学分析的各个领域中，使之成为现代概率论的重要部分。

由于维纳过程在数学上和物理意义上的优势，使其成为一种得到广泛应用的退化建模和剩余寿命预测方法[1-3]。为简化模型，早期的基于维纳过程的剩余寿命预测模型均假定同类设备的退化率是固定常数，即同类不同的退化个体具有相同的退化率，没有考虑退化过程的不确定性。显然同类设备由于设计、制造、材料、功能等的相似性，其退化轨迹也会具有一定的相似性。然而，从工程实际中经常看到，由于在制造、运输和使用过程中的可变性以及随机环境的影响（如设备制造的差异性、使用强度的不同、随机动态环境等），尽管属于同类设备，但不同退化个体间的退化率或退化轨迹具有明显的差异性。换句话说，同类不同个体的退化设备间的退化轨迹可能存在较大差异性，常称为异质性[4]。为同时刻画退化设备的相似性和个体差异性，基于混合效应的（包括共性效应和随机效应）维纳过程模型在文献中得到了广泛关注，其中共性效应用来描述同类设备间的相同特征，随机效应用来刻画同类不同个体之间的异质性[4,5]。这里需要指出的是，退化模型中随机效应的引入，将会对设备剩余寿命的预测结果产生直接影响，即增加了一层不确定性。

现有维纳过程驱动的退化模型大致可分为以下两类:离线模型和在线模型。前者主要侧重于拟合一类设备的整体退化趋势,因此预测得到的剩余寿命实则是该类设备剩余寿命的平均失效时间(Mean Time To Failure, MTTF),预测的剩余寿命分布也是该类设备的整体剩余寿命分布。这些寿命特征在设备的设计阶段或新设备的测试试验阶段具有重要的参考价值。但对某一具体的退化设备而言,由于实际运行环境的随机性和动态性,以及使用强度和任务使命的可变性,其退化轨迹可能会与同类其他设备的退化演化趋势有较大的差异性,因此,利用设备设计或测试试验阶段得到的剩余寿命结果评估某一具体设备的剩余寿命可能会出现较大的偏差。为实现某一具体退化设备剩余寿命的准确实时预测,一种可行的办法是,利用某一具体设备的实时观测信息实现剩余寿命预测结果的动态更新。Gebraeel 等[5]最先基于带线性漂移(或可线性化)的维纳过程建立设备的退化模型,并假定漂移系数服从正态分布,根据实时观测到的退化数据,利用贝叶斯推理的方法实现了随机漂移系数的在线更新。Gebraeel 方法在设备寿命预测和健康管理领域产生了较大影响。近年来,该研究在实际维修安排和库存控制中得到了广泛应用[6,7],但 Gebraeel 方法尚存在如下几个问题:①退化模型建立在线性(或可线性化)模型基础上,造成其剩余寿命预测和健康管理结果仅适用于线性退化设备或退化数据可直接线性化的设备;②没有提出系统的先验参数估计方法,先验信息仅仅通过简单的取平均值等方法得到;③退化模型中的布朗运动项仅作为观测误差对待,使得所得到的剩余寿命分布并非首达时间意义下的精确解,而是属于 Bernstein 分布类的近似解。众所周知,该类型 Bernstein 分布的矩并不存在,此约束限制了相应结果在寿命预测和健康管理中的应用。为克服 Gebraeel 方法的以上问题,本章在一类带非线性漂移的维纳过程模型的基础上,系统研究了先验参数离线估计和随机参数在线更新的方法,该过程包括两个阶段:①基于同类其他设备历史退化数据的共性参数和先验分布中超参数的离线估计;②基于某一具体退化设备实时观测数据的随机参数在线实时更新。进一步,将所得到的参数估计结果用于首达时间意义下剩余寿命分布的实时更新。剩余寿命预测结果的准确性通过轴承退化数据得到了验证。

本章首先给出了维纳退化过程的定义,进而给出了一类广义的带非线性漂移的维纳过程模型,并推导得到了剩余寿命分布的解析形式表达式,同时进一步给出了先验参数离线估计和随机参数在线更新的方法,实现了设备剩余寿命的实时预测。最后,通过轴承实例验证了所提出的退化建模与剩余寿命预测方法的有效性。

2.1　维纳退化过程的定义

维纳过程作为具有连续时间参数和连续状态空间的一个随机过程,是一类最基本、最简单同时又是最重要的随机过程。许多其他的过程常常可以看作是维纳过程的泛函或某种意义下的推广，它又是迄今了解得最清楚，性质最丰富多彩的随机过程之一，目前维纳过程及其推广已广泛地出现在许多科学领域中，如物理、经济、通信理论、生物、管理科学与数理统计等。同时，由于维纳过程与微分方程（如热传导方程）有密切的联系，它又成为概率与分析联系的重要渠道。同时，带漂移的维纳过程已在退化建模和寿命预测领域得到了广泛应用。下面，首先给出标准维纳过程的定义。

定义 2.1 若一个随机过程$\{\widetilde{X}(t),t\geqslant 0\}$满足：

① $\widetilde{X}(t)$是独立增量过程；

② $\forall s,t>0,\widetilde{X}(s+t)-\widetilde{X}(s)\sim N(0,c^2t)$，即$\widetilde{X}(s+t)-\widetilde{X}(s)$是期望为0，方差为$c^2t$的正态分布；

③ $\widetilde{X}(t)$关于t是连续函数。

则称$\{\widetilde{X}(t),t\geqslant 0\}$是维纳过程（或布朗运动）。

事实上，定义中③可由定义中的①和②推出，因此$\{\widetilde{X}(t),t\geqslant 0\}$只需满足①和②即可判定为布朗运动。当$c=1$时，称$\{\widetilde{X}(t),t\geqslant 0\}$为标准维纳过程，记为$B(t)$。

最简单的一类基于维纳过程的退化模型是带线性漂移的维纳过程，其数学描述为

$$X(t)=X(0)+vt+\sigma B(t)$$

式中：$X(t)$表示退化设备在t时刻的退化量；$X(0)$表示0时刻（初始时刻）的退化量，通常为已知常数；v为漂移系数；σ为扩散系数。

2.2 带非线性漂移的维纳退化过程模型

2.1 节给出了维纳过程的基本定义以及带线性漂移的维纳退化过程模型，由于非线性退化在实际中更为常见，本节进一步给出一类带非线性漂移的维纳退化过程的模型。

令$X(t)$为实际设备在t时刻的退化量，其可通过以下带非线性漂移的维纳过程表征[8]

$$X(t)=X(0)+\alpha\int_0^t u(\tau;\beta)\mathrm{d}\tau+\sigma B(t) \tag{2.1}$$

式中：$X(0)$为0时刻的初始退化；$\alpha\int_0^t u(\tau;\beta)\mathrm{d}\tau$表示设备退化过程的平均累积效

应,称作退化量 $X(t)$ 的非线性漂移;σ 为扩散系数;$B(t)$ 表示标准布朗运动。具体地,α 是随机参数,β 和 σ 是共性参数。不失一般性,假定 $X(0)=0$,且 $\alpha \sim N(\mu_\alpha, \sigma_\alpha^2)$,且假定 α 和 $B(t)$之间统计独立。这些假设在退化建模与剩余寿命预测领域较为常见。值得一提的是,式(2.1)具有广义的函数形式,可将 2.1 节所描述的带线性漂移的维纳过程以及文献[5,6,9]中常见的基于维纳过程的退化模型纳为特例。

2.3　带非线性漂移的维纳退化过程剩余寿命预测

本节基于 2.2 节给出的带非线性漂移的维纳过程模型,在首达时间的意义下推导得到剩余寿命的概率密度函数。为得到式(2.1)所刻画的退化设备的剩余寿命的概率密度函数,需首先推导所对应的寿命的概率密度函数。基于首达时间的概念[10],式(2.1)所刻画的退化设备的寿命 T 可定义为

$$T=\inf\{t:X(t)\geqslant X_f \mid X(0)<X_f\} \tag{2.2}$$

式中:X_f为已知的失效阈值。

由于式(2.1)中非线性部分的存在,通常难以得到式(2.2)定义下设备的寿命 T 的概率密度函数的解析解。为得到 T 的解析形式的概率密度函数,这里采用文献[8]中的方法。考虑参数的随机性,式(2.2)定义下的寿命 T 的条件概率密度函数为

$$f_{T\mid\alpha}(t\mid\alpha)\cong\frac{X_f-\alpha\int_0^t u(\tau;\beta)\mathrm{d}\tau+\alpha u(t;\beta)t}{\sigma t\sqrt{2\pi t}}\exp\left\{-\frac{\left[X_f-\alpha\int_0^t u(\tau;\beta)\mathrm{d}\tau\right]^2}{2\sigma^2 t}\right\} \tag{2.3}$$

从式(2.3)中可以看到,所得到的寿命 T 的概率密度函数仍然依赖于随机参数 α。进一步,寿命 T 的无条件概率密度函数 $f_T(t)$,可在式(2.3)的基础上通过全概率公式得到,即

$$f_T(t)=\int_\Omega f_{T\mid\alpha}(t\mid\alpha)f(\alpha)\mathrm{d}\alpha \tag{2.4}$$

式中:$f(\alpha)$ 和 Ω 分别是随机参数 α 的概率密度函数和参数空间。在实际中,$f(\alpha)$ 需基于观测数据利用参数估计方法估计得到。

一旦得到寿命 T 的概率密度函数,即式(2.4),那么某一具体退化设备的剩余寿命概率密度函数也可相应得到,具体过程如下。

令 $t_k(k\in N^+)$ 表示当前时刻,l_k 表示 t_k时刻设备的剩余寿命,为一随机变量。若退化设备在时刻 t 首达失效阈值,那么实际剩余寿命为 $l_k=t-t_h$。利用布朗运动

的独立增量性，由式(2.1)可得

$$Y(l_k)=Y(0)+\alpha\int_{t_k}^{t_k+l_k}u(\tau;\beta)\mathrm{d}\tau+\sigma B(l_k) \tag{2.5}$$

式中：$Y(l_k)=X(t_k+l_k)-X(t_k)$，且 $Y(0)=0$。

可以看出，式(2.5)与式(2.1)具有相似的函数形式。因此，基于式(2.3)和式(2.4)的结果，便可以得到剩余寿命 l_k 的概率密度函数。

定理 2.1 退化模型式(2.1)所表达的退化设备在 t_k 时刻的剩余寿命的概率密度函数为

$$\begin{aligned}f_{L_k}(l_k)\cong&\frac{1}{\sqrt{2\pi l_k^2\left[\sigma_{\alpha,k}^2\left(\int_{t_k}^{l_k+t_k}u(\tau;\beta)\mathrm{d}\tau\right)^2+\sigma^2 l_k\right]}}\\&\left\{X_f-x_k-\left[\int_{t_k}^{l_k+t_k}u(\tau;\beta)\mathrm{d}\tau-u(l_k+t_k;\beta)l_k\right]\right.\\&\left.\frac{\sigma_{\alpha,k}^2(X_f-x_k)\int_{t_k}^{l_k+t_k}u(\tau;\beta)\mathrm{d}\tau+\mu_{\alpha,k}\sigma^2 l_k}{\sigma_{\alpha,k}^2\left(\int_{t_k}^{l_k+t_k}u(\tau;\beta)\mathrm{d}\tau\right)^2+\sigma^2 l_k}\right\}\\&\exp\left\{-\frac{\left[X_f-x_k-\mu_{\alpha,k}\int_{t_k}^{l_k+t_k}u(\tau;\beta)\mathrm{d}\tau\right]^2}{2\left[\sigma_{\alpha,k}^2\left(\int_{t_k}^{l_k+t_k}u(\tau;\beta)\mathrm{d}\tau\right)^2+\sigma^2 l_k\right]}\right\}\end{aligned} \tag{2.6}$$

式中：$\mu_{\alpha,k}$ 和 $\sigma_{\alpha,k}^2$ 分别是 t_k 时刻更新得到的随机参数 α 的均值和方差；x_k 为退化设备在 t_k 时刻的退化观测量。

定理 2.1 可通过式(2.2)~(2.5)较容易得出，证明过程略去。通过式(2.6)可看到，为得到设备在 t_k 时刻的剩余寿命的概率密度函数，需已知模型中的相关参数。接下来，给出参数的估计过程。

2.4 带非线性漂移的维纳退化过程模型参数估计

退化模型中未知参数的估计包括以下两步。①离线估计：基于同类设备的历史退化数据估计共性参数 β 和 σ，以及随机参数 α 先验分布中的超参数 $\mu_{\alpha,0}$ 和 $\sigma_{\alpha,0}^2$；②在线更新：在任一时刻 t_k，利用实时观测到的退化数据 x_k 更新随机参数 α 分布 $f(\alpha)$ 中的参数，即 $\mu_{\alpha,k}$ 和 $\sigma_{\alpha,k}^2$。

2.4.1　估计共性参数以及随机参数分布的超参数

假定有来自 M 个同类设备的退化数据，记第 i 个设备的退化数据个数为 $N_i(1\leqslant i\leqslant M)$。令 $X(t_{i,j})$（简记为 $X_{i,j}$）表示第 i 个设备在 $t_{i,j}$时刻的（即第 j 个）退化数据，且 $1\leqslant j\leqslant N_i$。基于式(2.1)，有

$$X_{i,j}=X(0)+\alpha_0\int_0^{t_{i,j}}u(\tau;\beta)\mathrm{d}\tau+\sigma B(t_{i,j}) \tag{2.7}$$

式中：α_0表示随机参数 α 的先验值，且其分布为 $\pi_0(\alpha)\sim N(\mu_{\alpha,0},\sigma^2_{\alpha,0})$。进一步，假定不同退化设备间的退化数据是不相关的，而同一退化设备的退化数据间是相关的，其相关性通过协方差矩阵刻画。根据式(2.1)以及布朗运动的性质，可得到如下定理。

定理 2.2　若第 i 个退化设备的退化数据为 $\boldsymbol{X}_i=(X_{i,1},X_{i,2},\cdots,X_{i,N_i})'$，则 $\boldsymbol{X}_i$服从多变量高斯分布，其均值和协方差分别为

$$\begin{aligned}\boldsymbol{\mu}_i&=\mu_{\alpha,0}I_i\\ \Sigma_i&=\sigma^2_{\alpha,0}I_iI_i'+\sigma^2K_i\end{aligned} \tag{2.8}$$

式中：$I_i=\left(\int_0^{t_{i,1}}u(\tau;\beta)\mathrm{d}\tau,\ \int_0^{t_{i,2}}u(\tau;\beta)\mathrm{d}\tau,\cdots,\ \int_0^{t_{i,N_i}}u(\tau;\beta)\mathrm{d}\tau\right)'$；$K_i=\begin{bmatrix}t_{i,1} & t_{i,1} & \cdots & t_{i,1}\\ t_{i,1} & t_{i,2} & \cdots & t_{i,2}\\ \vdots & \vdots & \ddots & \vdots\\ t_{i,1} & t_{i,2} & \cdots & t_{i,N_i}\end{bmatrix}$。

证明：基于式(2.7)以及标准布朗运动的性质，容易得到 $\boldsymbol{X}_i$的均值为 $\boldsymbol{\mu}_i=\mu_{\alpha,0}I_i$。接下来，重点推导 $\boldsymbol{X}_i$的协方差矩阵 $\boldsymbol{\Sigma}_i$。

根据协方差矩阵的定义，$\boldsymbol{\Sigma}_i$表示为

$$\boldsymbol{\Sigma}_i=\begin{bmatrix}D(X_{i,1}) & \mathrm{cov}(X_{i,1},X_{i,2}) & \cdots & \mathrm{cov}(X_{i,1},X_{i,N_i})\\ & D(X_{i,2}) & \cdots & \mathrm{cov}(X_{i,2},X_{i,N_i})\\ & & \ddots & \vdots\\ & & & D(X_{i,N_i})\end{bmatrix} \tag{2.9}$$

方差 $D(X_{i,j})(1\leqslant j\leqslant N_i)$ 易于通过下式计算得到，

$$\begin{aligned}D(X_{i,j})&=D\left(\alpha_0\int_0^{t_{i,j}}u(\tau;\beta)\mathrm{d}\tau+\sigma B(t_{i,j})\right)\\ &=\sigma^2_{\alpha,0}\left[\int_0^{t_{i,j}}u(\tau;\beta)\mathrm{d}\tau\right]^2+\sigma^2t_{i,j}\end{aligned} \tag{2.10}$$

令 $t_{i,1}\leqslant t_{i,j_m}<t_{i,j_n}\leqslant t_{i,N_i}$，则 X_{i,j_m}和 X_{i,j_n}间的协方差可通过下式计算得到，

$$\operatorname{cov}(X_{i,j_m},X_{i,j_n})=E(X_{i,j_m}X_{i,j_n})-E(X_{i,j_m})E(X_{i,j_n}) \tag{2.11}$$

基于标准布朗运动和条件期望的相关性质,可得

$$\begin{aligned}
E(X_{i,j_m}X_{i,j_n}) &= E[X_{i,j_m}(X_{i,j_n}-X_{i,j_m}+X_{i,j_m})]\\
&= E\{E[X_{i,j_m}(X_{i,j_n}-X_{i,j_m})\mid\alpha_0]\}+E[(X_{i,j_m})^2]\\
&= E\{E[X_{i,j_m}\mid\alpha_0]E[X_{i,j_n}-X_{i,j_m}\mid\alpha_0]\}+E[(X_{i,j_m})^2]\\
&= E\left\{\alpha_0^2\left[\int_0^{t_{i,j_m}}u(\tau;\beta)\mathrm{d}\tau\left(\int_0^{t_{i,j_n}}u(\tau;\beta)\mathrm{d}\tau-\int_0^{t_{i,j_m}}u(\tau;\beta)\mathrm{d}\tau\right)\right]\right\}+E[(X_{i,j_m})^2]\\
&= \left[\int_0^{t_{i,j_m}}u(\tau;\beta)\mathrm{d}\tau\left(\int_0^{t_{i,j_n}}u(\tau;\beta)\mathrm{d}\tau-\int_0^{t_{i,j_m}}u(\tau;\beta)\mathrm{d}\tau\right)\right]E(\alpha_0^2)+E[(X_{i,j_m})^2]\\
&= \left[\int_0^{t_{i,j_m}}u(\tau;\beta)\mathrm{d}\tau\left(\int_0^{t_{i,j_n}}u(\tau;\beta)\mathrm{d}\tau-\int_0^{t_{i,j_m}}u(\tau;\beta)\mathrm{d}\tau\right)\right]\\
&\quad(\mu_{\alpha,0}^2+\sigma_{\alpha,0}^2)+D(X_{i,j_m})+[E(X_{i,j_m})]^2\\
&= \left[\int_0^{t_{i,j_m}}u(\tau;\beta)\mathrm{d}\tau\int_0^{t_{i,j_n}}u(\tau;\beta)\mathrm{d}\tau-\left(\int_0^{t_{i,j_m}}u(\tau;\beta)\mathrm{d}\tau\right)^2\right](\mu_{\alpha,0}^2+\sigma_{\alpha,0}^2)+\\
&\quad\left[\int_0^{t_{i,j_m}}u(\tau;\beta)\mathrm{d}\tau\right]^2\sigma_{\alpha,0}^2+\sigma^2t_{i,j_m}+\left[\mu_{\alpha,0}\int_0^{t_{i,j_m}}u(\tau;\beta)\mathrm{d}\tau\right]^2\\
&= \int_0^{t_{i,j_m}}u(\tau;\beta)\mathrm{d}\tau\int_0^{t_{i,j_n}}u(\tau;\beta)\mathrm{d}\tau(\mu_{\alpha,0}^2+\sigma_{\alpha,0}^2)+\sigma^2t_{i,j_m}
\end{aligned} \tag{2.12}$$

以及

$$E(X_{i,j_m})E(X_{i,j_n})=\mu_{\alpha,0}^2\int_0^{t_{i,j_m}}u(\tau;\beta)\,\mathrm{d}\tau\int_0^{t_{i,j_n}}u(\tau;\beta)\,\mathrm{d}\tau \tag{2.13}$$

将式(2.12)和式(2.13)的结果代入式(2.11),可得

$$\operatorname{cov}(X_{i,j_m},X_{i,j_n})=\sigma_{\alpha,0}^2\int_0^{t_{i,j_m}}u(\tau;\beta)\,\mathrm{d}\tau\int_0^{t_{i,j_n}}u(\tau;\beta)\,\mathrm{d}\tau+\sigma^2t_{i,j_m} \tag{2.14}$$

进一步,将式(2.10)和(2.14)代入式(2.9),即可得到式(2.8)所示的协方差矩阵 Σ_i。证毕。

基于定理2.2,来自所有 M 个退化设备的退化数据所生成的对数似然函数为

$$\begin{aligned}
\ell(\Theta\mid\mathbf{X}_{1:M}) = &-\frac{1}{2}\ln(2\pi)\sum_{i=1}^{M}N_i-\frac{1}{2}\sum_{i=1}^{M}\ln|\Sigma_i|-\\
&\frac{1}{2}\sum_{i=1}^{M}(\boldsymbol{X}_i-\boldsymbol{\mu}_i)'\boldsymbol{\Sigma}_i^{-1}(\boldsymbol{X}_i-\boldsymbol{\mu}_i)
\end{aligned} \tag{2.15}$$

式中:$\Theta=(\mu_{\alpha,0},\sigma_{\alpha,0},\beta,\sigma)'$ 为未知参数;$\mathbf{X}_{1:M}=(\boldsymbol{X}_1,\boldsymbol{X}_2,\cdots,\boldsymbol{X}_M)$ 表示所有 M 个退化设备的退化数据。

最大化对数似然函数式(2.15)即可得到未知参数 Θ 的最优值。接下来,在任

一时刻 t_k，可利用在线观测数据 x_k 实现随机参数 α 的分布参数的实时更新。

2.4.2　基于贝叶斯更新策略的随机参数实时更新

对于某一具体的退化设备而言，在其寿命期内的任一时刻 t_k，退化模型的随机参数 α 可以通过该设备在 t_k 之前的所有观测数据 $\boldsymbol{x}_{1:k}=\{x_1,x_2,\cdots,x_k\}$（对应该设备从 t_1 时刻到 t_k 时刻的所有观测数据）进行估计。借助于贝叶斯规则，在 t_k 时刻可得到该退化模型随机参数 α 的后验分布如下[11]，

$$p(\alpha \mid \boldsymbol{x}_{1:k}) \propto p(\boldsymbol{x}_{1:k} \mid \alpha)\pi_0(\alpha) \tag{2.16}$$

式中：$p(\boldsymbol{x}_{1:k} \mid \alpha)$ 表示给定随机参数 α 下的似然函数；先验分布 $\pi_0(\alpha)$ 已通过式(2.15)估计得到。

具体地，$p(\boldsymbol{x}_{1:k} \mid \alpha)$ 可基于式(2.1)，利用布朗运动的基本性质得到，

$$p(\boldsymbol{x}_{1:k} \mid \alpha)=\frac{1}{\prod_{q=1}^{k}\sqrt{2\pi\sigma^2(t_q-t_{q-1})}}\exp\left\{-\sum_{q=1}^{k}\frac{\left[x_q-x_{q-1}-\alpha\int_{t_{q-1}}^{t_q}u(\tau;\beta)\mathrm{d}\tau\right]^2}{2\sigma^2(t_q-t_{q-1})}\right\} \tag{2.17}$$

式中：在初始时刻 $t_0=0$ 的退化量 $x_0=0$。

值得一提的是，由于 $p(\boldsymbol{x}_{1:k} \mid \alpha)$ 和 $\pi_0(\alpha)$ 都是正态分布，因此，$p(\alpha \mid \boldsymbol{x}_{1:k})$ 也是正态分布。基于式(2.16)和式(2.17)，可得到 $p(\alpha \mid \boldsymbol{x}_{1:k})$ 的均值和方差分别为

$$\mu_{\alpha,k}=\frac{C+D}{A+B} \tag{2.18}$$

和

$$\sigma_{\alpha,k}^2=\frac{1}{A+B} \tag{2.19}$$

式中：$A=\sum_{q=1}^{k}\left[\left(\int_{t_{q-1}}^{t_q}u(\tau;\beta)\mathrm{d}\tau\right)^2\Big/\sigma^2(t_q-t_{q-1})\right]$；$B=1/\sigma_{\alpha,0}^2$；$C=\mu_{\alpha,0}/\sigma_{\alpha,0}^2$，$D=\sum_{q=1}^{k}\left\{\left[(x_q-x_{q-1})\int_{t_{q-1}}^{t_q}u(\tau;\beta)\mathrm{d}\tau\right]\Big/(\sigma^2(t_q-t_{q-1}))\right\}$。

将从式(2.15)、式(2.18)和式(2.19)中估计得到的参数代入式(2.6)，即可得到该设备在 t_k 时刻剩余寿命的概率密度函数。

为更好地理解和把握以上提出的参数估计与剩余寿命过程，将主要步骤总结如下：

步骤 1：离线参数估计。基于观测到的 M 个同类设备的历史退化数据，利用式(2.15)估计共性参数和随机参数先验分布中的超参数。

步骤 2：在线参数更新。针对某一具体的在役设备，在其寿命周期内的任一时刻 t_k，观测到退化数据 x_k 后，利用式(2.18)和式(2.19)实时更新参数 $\mu_{\alpha,k}$ 和 $\sigma_{\alpha,k}^2$。

步骤 3:在线剩余寿命预测。将步骤 1 和步骤 2 中得到的参数估计结果代入式(2.6),即可得到该在役设备在任一时刻 t_k 剩余寿命的概率密度函数。

步骤 4:一旦在 t_{k+1} 时刻获得了退化设备的观测数据 x_{k+1},返回步骤 2,重复步骤 2 和步骤 3,即可得到 t_{k+1} 时刻设备剩余寿命的概率密度函数。

2.5 实例分析

用某轴承的实际振动数据,验证以上提出的实时剩余寿命预测方法的有效性和优越性,并与现有文献中的带线性漂移的维纳过程[5]和带非线性漂移的维纳过程[8](分别称为 Gebraeel 方法和 Si 方法)两种方法进行比较。与 Gebraeel 方法比较,本章中的退化模型是非线性的,而 Gebraeel 方法限于线性模型或可线性化的。与 Si 方法比较,尽管 Si 方法也具有非线性结构,但相对于本章所研究的剩余寿命预测方法,Si 方法不具备实时更新能力。

2.5.1 问题描述

轴承是诸多旋转机械系统中的关键设备。如图 2.1 所示,轴承设备的退化始于轴承滚道下的微小裂纹,随着轴承的不断使用和退化的加剧,裂纹逐渐扩散至滚道表层,进而在滚道中产生凹点或脱皮。这些凹点会增加滚道与滚珠之间的摩擦,从而增大轴承的振动程度。通常,轴承的振动程度可通过其振动数据的大小反映。振动数据越大,说明轴承退化越严重。在工程实际中,一旦轴承的振动数据增加至某一既定的失效阈值,将认为该轴承性能失效。

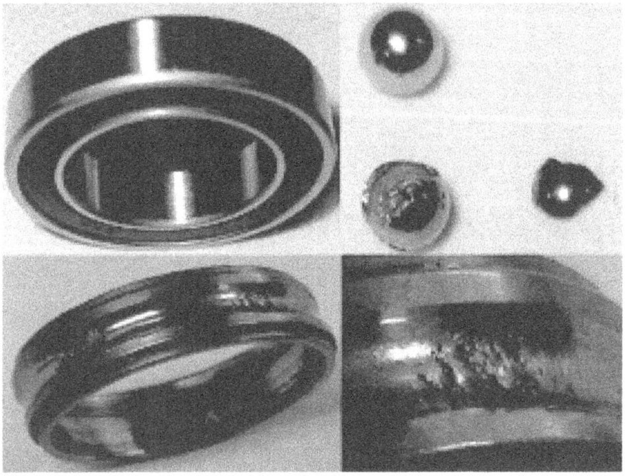

图 2.1 正常和失效的轴承

本例中所采用的数据来源于文献［12］。5 个轴承的振动数据如图 2.2 所示，所选取特征为振动数据的均方根(Root Mean Square，RMS)。该例中轴承的失效阈值设为 20。从图 2.2 中可以直观地看出，振动数据随轴承运行时间的增加而逐步增大。此外，还可以看出，尽管各轴承振动数据的整体发展趋势都是逐渐增加的，但由于个体间差异性的存在，不同轴承的具体退化轨迹(或退化率)不尽相同。接下来，选择轴承 1 至轴承 4 的振动数据作为训练数据，轴承 5 的振动数据作为测试数据验证本章所提出的退化建模和剩余寿命预测方法的有效性。这里选择轴承 5 作为测试轴承的主要原因是该轴承的最后一次(即 280h)测试的振动数据大小为 19.6412，该振动数据非常接近振动的失效阈值 20。因此，便于验证预测结果的准确性，测试轴承 5 的实际寿命可以近似为 285h。具体地，除了初始振动数据 0 外，在轴承 5 的寿命期内还测得了 22 组振动数据，参见图 2.2。

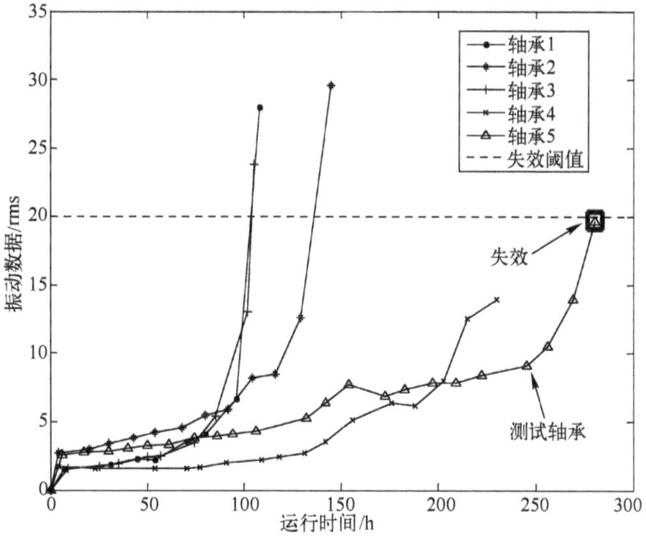

图 2.2　轴承的振动数据

2.5.2　结果与讨论

为应用本章结果，需首先指定退化模型式(2.1)中 $\int_0^t u(\tau;\beta)\mathrm{d}\tau$ 的函数形式。基于图 2.2 中轴承退化数据的演化趋势，这里选择 $\int_0^t u(\tau;\beta)\mathrm{d}\tau$ 为幂次函数，即 $\int_0^t u(\tau;\beta)\mathrm{d}\tau = t^\beta$。共性参数和随机参数先验分布中的超参数可基于极大似然估计方法利用轴承 1 至轴承 4 的振动数据进行估计，估计结果参见表 2.1。以表 2.1 中参数的估计值为先验信息,利用轴承 5 实时观测得到的振动数据可实现随机参数 α 分布参数的动态更新。随机参数 α 均值和方差的动态更新结果如图 2.3 所示。从图中可观察到以下两点。

表 2.1 参数估计结果

$\hat{\mu}_{\alpha,0}$	$\hat{\sigma}_{\alpha,0}$	$\hat{\beta}$	$\hat{\sigma}$
0.1994	0.1003	1.2121	1.1000

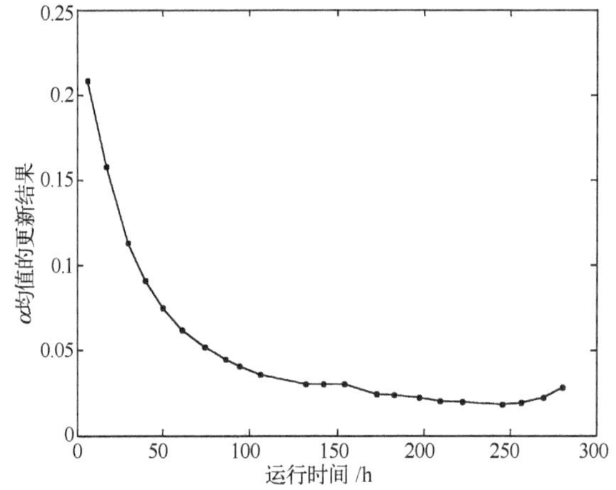

(a) α均值的更新结果

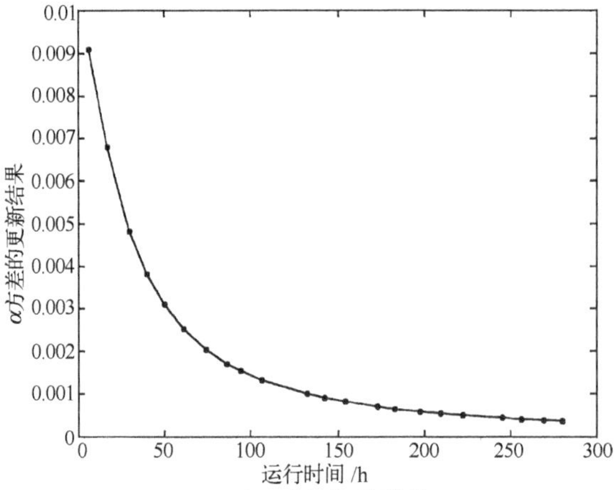

(b) α方差的更新结果

图 2.3 随机参数 α 均值和方差的动态更新结果

(1) 随机参数 α 的均值可随轴承 5 的观测数据的不断获取而动态更新。具体说来,α 均值的整体演化趋势在轴承寿命剖面初期下降较快,特别是运行时间 100h 之前。主要原因在于轴承 5 的退化趋势或退化率相对于轴承 1 至轴承 4 更慢或更小，这点可以从图 2.2 中的振动数据看出。随机参数 α 的均值在运行时间 150h 左右出现轻微增大的主要原因是轴承 5 的振动数据在运行时间 150h 左右时增大，该现象也可从图 2.2 中轴承 5 的振动数据中看出，也表明本章所提出的参数估计方法能够实时跟踪设备的即时健康状况。

（2）随机参数 α 方差的更新结果随运行时间的增加而逐渐减小，该演化趋势表明：随观测数据的逐步增加，对随机参数 α 的估计值的不确定性逐渐减小。

基于以上参数估计结果，接下来实现测试轴承 5 的剩余寿命的实时预测，即每观测一个振动数据即可实现轴承 5 剩余寿命预测结果的动态更新。如前所述，除初始观测值 0 外，轴承 5 的寿命剖面内共得到了 22 组观测数据。相应地，可得到该轴承的 22 组剩余寿命预测结果。采用 RMSE 和 MAE 指标[13]将本章方法和两种基准方法对该轴承剩余寿命的预测精度进行定量比较。具体地，剩余寿命预测点的个数选为 $N_R=22$。三种方法的 RMSE 和 MAE 的比较结果如表 2.2 所列。从表 2.2 中可以看出，本章方法的预测误差最小，其次是 Gebraeel 方法，Si 方法预测误差最大。如前面所提到的，本章方法的预测精度优于其他两种方法的原因是显然的，Si 方法的预测精度低于 Gebraeel 方法的原因主要有以下两方面。①如图 2.2 所示，测试轴承 5 的退化轨迹与训练轴承 1~4 的退化轨迹（或退化率）相差较大，因此，虽然 Si 方法中退化模型具有非线性结构，但却无法实现模型参数随具体观测设备实时退化数据的自适应更新。②轴承 5 的退化轨迹在前期近似为线性的（运行时间 250h 之前），因此，采用线性模型的 Gebraeel 方法的预测精度优于采用非线性模型的 Si 方法也易于理解。由此可得，在退化建模和剩余寿命预测实践中，有必要选择具有广义非线性模型结构的退化模型，并实现退化模型参数随退化设备实时观测数据的即时更新。

表 2.2　本章方法和两种基准方法对轴承 5 的剩余寿命预测误差

方　法	Gebraeel 方法	Si 方法	本章方法
RMSE	127.6651	137.9437	106.2919
MAE	106.3661	116.5225	85.2469

基于以上两个例子的结果，可得出以下结论。①本章所提出的剩余寿命实时预测方法是有效的和实用的。②相对于文献中常用的剩余寿命预测方法，本章方法在 RMSE 和 MAE 指标上均有较大提高。

2.6 本章小结

本章基于一类带非线性漂移的维纳过程模型，提出了一种非线性退化设备剩余寿命实时预测方法。退化模型中的共性参数和随机参数先验分布中的超参数可以通过同类设备的退化数据利用极大似然估计的方法估计得到。对某一具体服役设备,可利用其实时观测的退化数据,基于贝叶斯的方法实现随机参数的后验更新,这使得预测的剩余寿命结果能够实时反映设备的健康状况。实验结果表明,本章所提出的剩余寿命预测方法能够显著提高设备剩余寿命的预测精度。

参考文献

[1] Wang Z Q, Hu C H, Wang W, et al. An additive Wiener process-based prognostic model for hybrid deteriorating systems[J]. IEEE Transactions on Reliability, 2014, 63(1): 208-222.

[2] Si X S, Wang W, Hu C H, et al. Remaining useful life estimation-A review on the statistical data driven approaches[J]. European Journal of Operational Research, 2011, 213(1): 1-14.

[3] Zhang Z X, Si X S, Hu C H. An age-and state-dependent nonlinear prognostic model for degrading systems[J]. IEEE Transactions on Reliability, 2015, 64(4):1214-1228.

[4] Ye Z S, Wang Y, Tsui K L, et al. Degradation data analysis using Wiener processes with measurement errors[J]. IEEE Transactions on Reliability, 2013, 62(4):772-780.

[5] Gebraeel N Z, Lawley M A, Li R, et al. Residual-life distributions from component degradation signals: A Bayesian approach[J]. IIE Transactions, 2005, 37(6):543-557.

[6] Elwany A H, Gebraeel N Z. Sensor-driven prognostic models for equipment replacement and spare parts inventory[J]. IIE Transactions, 2008, 40(7): 629-639.

[7] You M Y, Liu F, Wang W, et al. Statistically planned and individually improved predictive maintenance management for continuously monitored degrading systems[J]. IEEE Transactions on Reliability, 2010, 59(4):744-753.

[8] Si X S, Wang W B, Hu C H, et al. Remaining useful life estimation based on a nonlinear diffusion degradation process[J]. IEEE Transactions on Reliability, 2012, 61(1):50-67.

[9] Peng C Y, Tseng S T. Mis-specification analysis of linear degradation models[J]. IEEE Transactions on Reliability, 2009, 58(3):444-455.

[10] Lee M-L T, and Whitmore G A. Threshold regression for survival analysis: Modeling event times by a stochastic process reaching a boundary[J]. Statistical Science, 2006, 21(4): 501-513.

[11] Zio E, Peloni G. Particle filtering prognostic estimation of the remaining useful life of nonlinear components[J]. Reliability Engineering & System Safety, 2011, 96(3):403-409.

[12] Wang W, Zhang W. Early defect identification: application of statistical process control methods [J]. Journal of Quality in Maintenance Engineering, 2008, 14(3):225-236.

[13] Saxena A, Celaya J, Balaban E, et al. Metrics for evaluating performance of prognostic techniques[J]. in Proceeding of International Conference on Prognostics and Health Management, Denver, CO, USA, pp. 1-17, 2008.

第3章

含突变点维纳性能退化过程建模与剩余寿命预测

受不同寿命期间自身材料物理、化学性质或结构、环境应力改变等因素的影响，设备在不同寿命阶段的退化过程也会表现出明显的差异性[1]。例如，Wang 等在文献[2]提出的两阶段模型中，缺陷点前后设备的性能退化过程具有较大区别，缺陷点之后设备的退化速度加快。如果能够实时检测出退化过程发生显著变化的点，即退化过程中的变点，并且将其融合到退化建模过程中，将使我们的模型更加准确。目前，考虑这种阶段性差异的退化模型主要有隐(半)马尔可夫模型(HMM/HSMM)[3-8]、两阶段模型[2]、带自适应漂移系数的维纳过程[9-12]等。然而，HMM/HSMM 需要确定隐含变量的数量，隐含变量通常为反映设备本身所处的状态量，目前主要依据设备失效前的性能人为地将设备的状态划分为若干状态。典型的划分如文献[8]将钻头的性能划分为良好、中等、较差和最差四个状态，这与工程实际中设备的退化性能表现出的阶段性差异不一定相符。一种更合理的做法是根据检测数据实时地判断设备的退化性能是否发生阶段性变化，进而确认隐含变量的数量。两阶段模型假设缺陷点之后设备按照同样的规律退化，当缺陷点后设备的退化规律发生改变时，如退化的速度和退化增量的方差等发生显著变化，用缺陷点之后的所有数据估计出来的模型参数并不能准确地反映最新时刻设备的退化规律。因此，为了提高模型的精度，应该考虑退化规律的前后一致性。带自适应漂移系数的维纳过程认为漂移系数由历史观测数据决定，取漂移系数作为状态量、设备性能检测信息作为观测量，通过建立和求解状态空间方程，获得漂移系数的最优估计值。卡尔曼滤波器(KF)[9]、强跟踪滤波器(STF)[10]等都已经成功地应用到此类模型中，取得较好的效果。各状态的持续时间信息对了解设备的全寿命周期退化规律有重要的意义，但是该方法并未对此进行考虑。

从以上分析可知，在对退化规律可能发生改变的退化过程进行建模时，关键在于检测出退化规律发生变化的点，即变点。而目前的建模方法对变点检测、状态持续时间等重要信息的考虑存在不足。变点统计分析理论是近年来发展起来的研究现实世界中突变现象的非线性统计理论，近年来在理论和应用上都已经得到较快发展[13-15]。现有的比较成熟的变点分析方法主要有似然比（LR）检验、累加和（CUSUM）检验、贝叶斯检验等。似然比检验由于需要变点之后的数据计算似然比，因此具有较大的滞后性；累加和检验需要一定的数据量构造检验统计量，当变点之间的间隔较小时，难以准确地进行检验；当具有一定的先验信息时，贝叶斯检验能够准确的对数据序列的变点进行检验。

本章基于贝叶斯在线变点检测，介绍含突变点维纳性能退化过程建模与剩余寿命预测方法。重点阐述如何利用历史数据确定贝叶斯在线变点检测的先验分布、后验分布参数的在线更新以及设备剩余寿命分布的计算等问题，并给出所提方法在惯性平台中的应用实例。

3.1 含突变点维纳性能退化过程模型描述

3.1.1 设备的退化建模与剩余寿命预测

为了解设备的运行状态，人们需要对设备的性能进行检测。令 y_t 为 t 时刻设备性能检测信息，$\boldsymbol{y}_{t_1}^{t_2}=\{y_{t_1},y_{t_1+1},\cdots,y_{t_2}\}$ 为 t_1 时刻至 t_2 时刻系统性能检测量的集合，$t_1<t_2$。设备的寿命为其性能指标首次到达失效阈值 D 的时间[16]，则 t 时刻设备的剩余寿命 L_t 定义为

$$L_t=\inf\{l_t:y_{t+l_t}\geqslant D\mid y_t<D\} \tag{3.1}$$

而剩余寿命的预测过程即为条件概率分布密度 $f_{L_t}(l_t\mid \boldsymbol{y}_{t0}^{t})$ 的求解过程。

对于高可靠性、长寿命或长期处于贮存状态的设备而言，性能检测数据反映了设备的健康状态。如设备的性能表现出退化趋势，则可以利用性能检测数据建立合适的模型，寻找其退化规律，并在此基础上对设备的剩余寿命进行预测。

3.1.2 性能退化过程中的变点检测

期望和方差是描述随机变量的两个重要指标。如图 3.1、图 3.2 所示，在随机过程中，定义变点为时间序列中期望或方差发生显著变化的点。当然，也有可能期望和方差同时发生变化。大量的工程实践表明，设备的服役过程中也存在类似的变点。为了提高退化模型的精度，更好地描述退化过程的规律，有必要在进行模型参数估计之前，对设备的变点进行检测。

由于设备性能的变化是其内部结构和材料性能变化及环境影响共同作用的结果，设备内部的变化一般不能直接观察，加上环境条件的随机性，这些变点的位置通常是未知的。假设变点前后仅退化模型的参数 $\boldsymbol{\theta}$ 发生改变，模型的类型

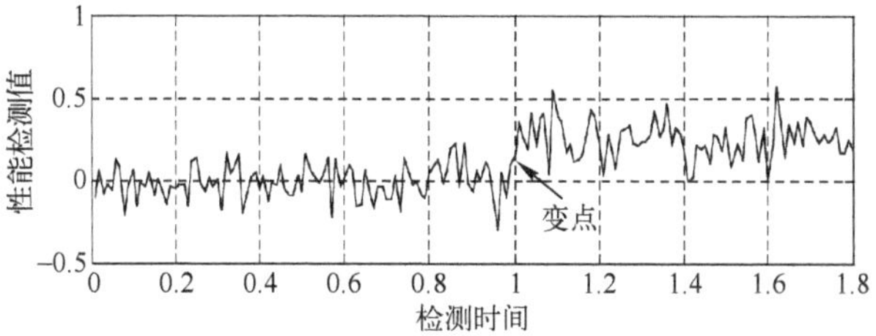

图 3.1　随机序列的均值变化示意图

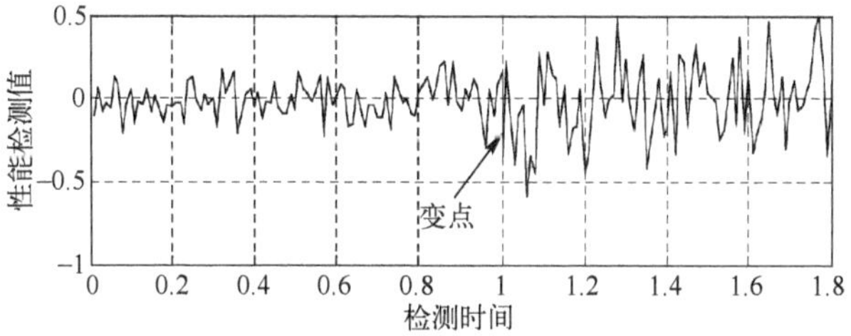

图 3.2　随机序列中方差的变化示意图

并未发生改变。因此，变点的检测即根据已有性能检测信息确定退化过程中模型参数 $\boldsymbol{\theta}$ 发生显著变化点，同时对变点前后模型参数进行估计。取 $\boldsymbol{r}_\tau=[r_{1\tau},r_{2\tau},\cdots,r_{\tau\tau}]^{\mathrm{T}}$ 为退化过程中 τ 时刻的变点标识，即 $r_{k\tau}=1$ 表示截止 τ 时刻退化过程的最新变点为 k，则利用贝叶斯方法对退化过程的变点进行检测的实质为式(3.2)的求解。

$$t_C^{(\tau)}=\underset{k}{\operatorname{argmax}}\{p(r_{k\tau}|y_1^t),1\leqslant k\leqslant\tau\},1\leqslant\tau\leqslant t \tag{3.2}$$

式中：$t_C^{(\tau)}$ 表示截止 τ 时刻的最新变点。

由于变点之后设备的退化规律发生了改变，因此用 $f_{L_t}(l_t\mid \boldsymbol{y}_{t_C^{(t)}}^t)$ 代替 $f_{L_t}(l_t\mid \boldsymbol{y}_{t0}^t)$ 作为设备的剩余寿命预测分布密度将更为合理。

3.1.3　设备的退化模型——维纳过程

一些设备退化过程表现出连续性和独立增量特性，这与维纳过程的性质相符合。维纳过程是将布朗运动应用到退化模型中的一种常用方法，该方法假设布朗运动对退化过程具有可加性效应，如式(3.3)所示的维纳过程线性形式在金融、可靠性预测等领域已经得到广泛研究。

$$y_t=y_0+ut+\sigma B_t \tag{3.3}$$

式中：t 为采样时间点；y_0 为初始时刻 y_t 的值；B_t 为标准布朗运动，即 $\Delta B_t\sim N(0,$

$\Delta t)$,$N(0,t)$是均值为0、方差为t的正态分布;u为漂移系数,与产品所受应力有关;σ为扩散系数,由产品本身的不一致性与不稳定性、测量设备测量误差及稳定性、测试过程中外部噪声等随机因素对产品和测试设备性能的影响等因素决定。

由维纳的正态性,可知设备性能退化的增量服从均值为$u\Delta t_i$,方差为$\sigma^2\Delta t_i$的正态分布[17],其概率密度分布函数为

$$f(\Delta y_i|u,\sigma^2)=\frac{1}{\sigma\sqrt{2\pi\Delta t_i}}\exp\left(-\frac{(\Delta y_i-u\Delta t_i)^2}{2\sigma^2\Delta t_i}\right) \tag{3.4}$$

式中:$\Delta t_i=t_{i+1}-t_i$表示系统的性能检测间隔;$\Delta y_i=y_{t_{i+1}}-y_{t_i}$为性能退化量的增量。

根据式(3.1)对剩余寿命的定义,漂移布朗运动的首达时间分布即为设备的剩余寿命分布。文献[18]证明了漂移布朗运动首达时间分布为逆高斯分布,其概率分布密度函数如式(3.5)所示。

$$f(t;y_0,D)=\frac{D-y_0}{\sigma\sqrt{2\pi t^3}}\exp\left(-\frac{(D-y_0-ut)^2}{2\sigma^2 t}\right) \tag{3.5}$$

对式(3.5)进行积分,可得剩余寿命的分布函数为

$$F(t)=1-\Phi\left(\frac{D-y_0-ut}{\sigma\sqrt{t}}\right)-\exp\left(\frac{2u(D-y_0)}{\sigma^2}\right)\Phi\left(-\frac{D-y_0+ut}{\sigma\sqrt{t}}\right) \tag{3.6}$$

式中:Φ为标准正态分布的累积概率分布函数;参数u、σ^2可根据设备性能检测的增量信息,用贝叶斯方法进行估计,具体方法将在下一节中给出。

3.1.4 指数族先验分布的共轭分布

为了计算的方便,这里假设性能检测数据的增量由具有共轭先验分布的指数族分布产生。若先验分布可以写成如下所示的超参数$\boldsymbol{\eta}$及充分统计量$\boldsymbol{\phi}(\boldsymbol{\theta})$的形式:

$$p(\boldsymbol{\theta}|\boldsymbol{\eta})=\exp(\boldsymbol{\eta}^{\mathrm{T}}\boldsymbol{\phi}(\boldsymbol{\theta})-\log Z(\boldsymbol{\eta})) \tag{3.7}$$

式中:$Z(\boldsymbol{\eta})=\int\exp\{\boldsymbol{\eta}^{\mathrm{T}}\boldsymbol{\phi}(\boldsymbol{\theta})\}\mathrm{d}\boldsymbol{\theta}$。且总体分布的似然函数为如下形式时

$$p(y_1^\tau|\boldsymbol{\theta})=\prod\nolimits_{t=1}^{\tau}p(y_t|\boldsymbol{\theta})=\prod\nolimits_{t=1}^{\tau}\exp\{\boldsymbol{u}(y_t)^{\mathrm{T}}\boldsymbol{\phi}(\boldsymbol{\theta})-\log\widetilde{Z}(\boldsymbol{u}(y_t))\} \tag{3.8}$$

参数的后验分布$p(\boldsymbol{\theta}|\boldsymbol{y}_1^\tau)$与先验分布$p(\boldsymbol{\theta}|\boldsymbol{\eta})$具有相同的形式,且超参数满足如下关系式[19]

$$\boldsymbol{\eta}_{post}=\boldsymbol{\eta}+\sum\nolimits_{t=1}^{\tau}\boldsymbol{u}(y_t) \tag{3.9}$$

维纳过程中,增量$\Delta y_i\sim N(u\Delta t_i,\sigma^2\Delta t_i)$,可以将式(3.4)改写成式(3.10)的形式

$$f(\Delta y_i|u,\sigma^2)=\exp\left(-\frac{1}{2}\frac{\Delta y_i^2}{\Delta t_i}+\frac{\Delta y_i u\Delta t_i}{\sigma^2\Delta t_i}-\frac{u\Delta t_i^2}{2\sigma^2\Delta t_i}+\frac{1}{2}\log\left(\frac{1}{\sigma^2\Delta t_i}\right)-\frac{1}{2}\ln(2\pi)\right) \tag{3.10}$$

若 $\boldsymbol{\theta}=(u,\sigma^2)$ 的先验分布为正态—逆 Gamma 分布，即 $\boldsymbol{\theta}\sim\mathrm{N/IGa}(m,v,a,B)$

$$p(u,\sigma^2|m,v,a,B)=\exp\left\{-\frac{vu^2}{2\sigma^2}+\frac{vmu}{\sigma^2}-\frac{\boldsymbol{B}}{\sigma^2}+\frac{vm^2}{\sigma^2}+\left(a-\frac{1}{2}\right)\ln\frac{1}{\sigma^2}-\ln Z_{NIg}(\eta)\right\} \tag{3.11}$$

式中：$Z_{NIg}(\boldsymbol{\eta})=(2\pi/v)^{\frac{1}{2}}|\boldsymbol{B}|^{-a}\Gamma(a)$，$\Gamma(a)$ 为 Gamma 函数。

由 $p(\Delta y_i|\boldsymbol{\eta})=\int p(\Delta y_i|\boldsymbol{\theta})p(\boldsymbol{\theta}|\boldsymbol{\eta})\mathrm{d}\boldsymbol{\theta}$ 计算出样本的边缘分布为 T 分布，即为 $\Delta y_i|\boldsymbol{\eta}\sim T(\Delta y_i|m,(v+1)B/va,2a)$。

取 $\boldsymbol{\varphi}(\boldsymbol{\theta})=[-u^2/2\sigma^2,u/\sigma^2,1/\sigma^2,-\log\sigma^2]^{\mathrm{T}}$、$\boldsymbol{\eta}=[v,vm,B+vm^2/2,a-1/2]^{\mathrm{T}}$ 分别为充分统计量和超参数，且 $\boldsymbol{u}(\Delta y_i)=[1,\Delta y_i,\Delta y_i^2/2,1/2]^{\mathrm{T}}$。式(3.10)、(3.11)分别具有式(3.7)、式(3.8)的形式，则可以按照式(3.9)计算参数的后验密度分布参数。计算的结果为

$$\begin{cases} v_\tau=v_0+\tau, & B_\tau+\dfrac{1}{2}v_\tau m_\tau^2=B_0+\dfrac{1}{2}v_0m_0^2+\dfrac{1}{2}\sum\limits_{k=1}^{\tau}y_k^2 \\ a_\tau=a_0+\dfrac{\tau}{2}, & v_\tau m_\tau=v_0m_0+\sum\limits_{k=1}^{\tau}y_k \end{cases} \tag{3.12}$$

式中：$\boldsymbol{\eta}_\tau$ 是利用数据 Δy_1^τ 获得的后验分布的参数。为了提高计算的效率，可以将式(3.12)改写成如式(3.13)的递推形式，利用 τ 的后验参数 $\boldsymbol{\eta}_\tau$ 和 $\tau+1$ 时刻的观测数据 y_{t+1} 对 $\boldsymbol{\eta}_{\tau+1}$ 进行计算，即

$$\begin{cases} v_{\tau+1}=v_\tau+1, & B_{\tau+1}=B_\tau+\dfrac{v_\tau(m_\tau-\Delta y_{\tau+1})^2}{2(v_\tau+1)} \\ a_{\tau+1}=a_\tau+\dfrac{1}{2}, & m_{\tau+1}=\dfrac{v_\tau m_\tau+\Delta y_{\tau+1}}{v_\tau+1} \end{cases} \tag{3.13}$$

3.2 含突变点维纳性能退化过程突变点检测

3.2.1 贝叶斯在线变点检测算法

根据本节介绍的指数族分布的性质，利用贝叶斯推理可以较快地计算出后验分布的参数，使快速在线检测数据序列的变点成为可能。贝叶斯在线变点检测算法的实质是确定概率分布 $p(\boldsymbol{r}_\tau|\Delta y_1^\tau)$。根据贝叶斯公式和全概率公式，可知

$$
\begin{aligned}
p(\boldsymbol{r}_\tau|\Delta y_1^\tau) &\propto p(\boldsymbol{r}_\tau,\Delta y_1^\tau)\\
&\propto \sum_{\boldsymbol{r}_{\tau-1}} p(\boldsymbol{r}_\tau,\boldsymbol{r}_{\tau-1},\Delta y_1^{\tau-1},\Delta y_\tau)\\
&\propto \sum_{\boldsymbol{r}_{\tau-1}} p(\boldsymbol{r}_t,\boldsymbol{r}_{\tau-1},\Delta y_1^{\tau-1},\Delta y_\tau)\\
&\propto \sum_{\boldsymbol{r}_{\tau-1}} p(\boldsymbol{r}_\tau,\Delta y_\tau|\boldsymbol{r}_{\tau-1},\Delta y_1^{\tau-1})p(\boldsymbol{r}_{t-1},\Delta y_1^{\tau-1})\\
&\propto \sum_{\boldsymbol{r}_{\tau-1}} p(\boldsymbol{r}_{\tau-1},\Delta y_1^{\tau-1})p(\Delta y_\tau|\boldsymbol{r}_{\tau-1},\Delta y_1^{\tau-1})p(\boldsymbol{r}_\tau|\boldsymbol{r}_{\tau-1})
\end{aligned}
\tag{3.14}
$$

对于存在变点的退化过程，定义 $\boldsymbol{\eta}_\tau^{(k)}$ 为依据 Δy_k^τ 计算得到的后验分布的参数，$\boldsymbol{\eta}_\tau^{(k)}$ 可由 $\boldsymbol{\eta}_k$ 按照式(3.13)递推计算获得。由于

$$
\begin{aligned}
p(\Delta y_\tau|\boldsymbol{r}_{\tau-1},\Delta y_1^{\tau-1}) &= p(\Delta y_\tau|r_{k,\tau-1}=1,\Delta y_1^{\tau-1})\\
&= p(\Delta y_\tau|\Delta y_k^{\tau-1}) = \int p(\Delta y_\tau|\boldsymbol{\theta})p(\boldsymbol{\theta}|\boldsymbol{\eta}_{\tau-1}^{(k)})\mathrm{d}\boldsymbol{\theta}
\end{aligned}
\tag{3.15}
$$

则可知$\Delta y_\tau|\boldsymbol{\eta}_{\tau-1}^{(k)}\sim T(\Delta y_\tau|m_{\tau-1}^{(k)},(v_{\tau-1}^{(k)}+1)B_{\tau-1}^{(k)}/v_{\tau-1}^{(k)}a_{\tau-1}^{(k)},2a_{\tau-1}^{(k)})$。

由 $r_{k\tau}$的定义可知，当 $r_{\tau\tau}=1$ 时，表示设备的退化规律发生改变。否则设备继续按照先前的规律退化，处在该退化规律的时间也相应地增长。图 3.3 给出了退化规律的变化结构，其中实线表示设备继续按照之前的规律退化，虚线表示退化规律发生了改变。根据图 3.3 可知

$$
p(r_{\tau+1,k}|r_{\tau,j})=\begin{cases}H(r_{\tau,j}), & k=\tau+1\\ 1-H(r_{\tau,j}), & k=j+1\\ 0, & \text{其他}\end{cases}
\tag{3.16}
$$

式(3.16)中：$H(r_{\tau,j})$为 $r_{\tau,j}=1$ 时设备的退化规律发生变化的概率。当退化规律持续时间服从某一分布时，$H(r_{\tau,j})$为该分布的冒险率函数。当退化规律的持续时间服从几何分布时，可知 $H(r_{\tau,j})=1/\lambda$，λ 为几何分布的尺度参数。

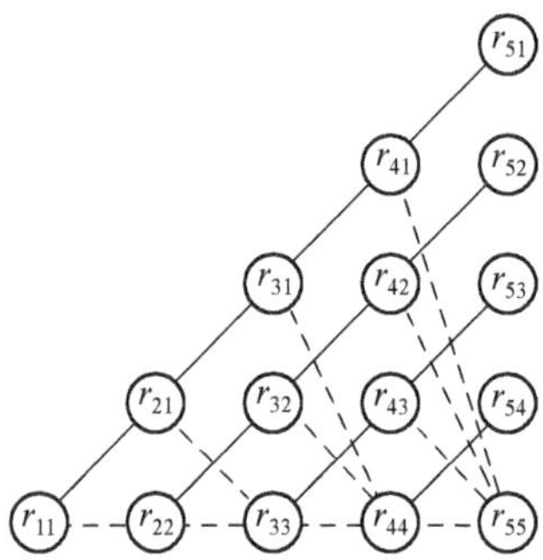

图 3.3　变点的结构示意图

根据以上分析及式(3.14)、(3.15)、(3.16)的结果，下面给出性能退化数据序列的贝叶斯在线变点检测算法。

算法3.1　性能退化规律变点的在线贝叶斯检测算法

步骤1：选择退化增量分布先验密度函数的分布参数 v_0，m_0，B_0，a_0 和冒险率函数的参数 λ，并取 $r_{11}=1$；

步骤2：当获取新的数据 y_τ 时，根据式(3.15)计算 $\omega_\tau^{(r_{\tau-1})}=p(\Delta y_\tau|\boldsymbol{r}_{\tau-1},\Delta y_1^{\tau-1})$；

步骤3：计算退化规律持续时间增长与获取已有检测数据的联合概率，即

$$p(r_{k\tau}=1,\Delta y_1^\tau)=p(r_{k,\tau-1}=1,\Delta y_1^{\tau-1})\omega_\tau^{(r_{k,\tau-1})}(1-H(r_{k,\tau-1})),1\leqslant k\leqslant\tau-1$$

步骤4：计算退化规律出现变点与获取已有检测数据的联合概率，即

$$p(r_{\tau\tau}=1,\Delta y_1^\tau)=\sum_{k=1}^{\tau-1}p(r_{k,\tau-1},\Delta y_1^{\tau-1})H(r_{k,\tau-1})\omega_\tau^{(r_{k,\tau-1})}$$

步骤5：计算检测数据的联合概率分布，即

$$p(\Delta y_1^\tau)=\sum_{k=1}^{\tau}p(r_{k\tau}=1,\Delta y_1^\tau)$$

步骤6：确定变点标识的概率及最大概率

$$p(r_{k\tau}=1|\Delta y_1^\tau)=p(r_{k\tau}=1,\Delta y_1^\tau)/p(\Delta y_1^\tau),1\leqslant k\leqslant\tau$$

步骤7：确定最新变点的位置

$$t_C^{(\tau)}=\underset{k}{\operatorname{argmax}}\{p(r_{k\tau}|y_1^\tau),1\leqslant k\leqslant\tau\}$$

步骤8：根据式(3.13)更新后验分布的参数，执行步骤2。

3.2.2　先验分布的经验贝叶斯确定方法

研究表明，先验分布的选择对贝叶斯变点检测算法的准确性有很大的影响。然而由于退化规律保持时间不能够直接观测，使用传统的参数估计方法，如矩估计、极大似然估计等不能有效地完成先验参数的估计。因此本节利用经验贝叶斯方法，通过近似贝叶斯推理和EM算法，给出贝叶斯变点检测先验分布的确定方法。该方法首先针对贝叶斯变点的结构特点，将HMM参数估计的向前—向后算法[19]进行改进，用于处理隐藏变量 $\boldsymbol{r}_\tau$；然后通过近似贝叶斯推理和EM算法，给出依据历史观测数据确定贝叶斯在线变点检测算法先验分布参数的方法。

1. 改进的向前—向后算法

令用于模型训练的性能退化增量数据集为 Δy_1^t，由贝叶斯定理可知：

$$p(\boldsymbol{r}_\tau|\Delta y_1^t)\propto p(\Delta y_1^t|\boldsymbol{r}_\tau)p(\boldsymbol{r}_\tau)\propto p(\Delta y_{\tau+1}^t|\Delta y_1^\tau,\boldsymbol{r}_\tau)p(\boldsymbol{r}_\tau,\Delta y_1^\tau)\qquad(3.17)$$

取 $\alpha_\tau^{(i)}=p(r_{\tau i}=1,y_1^\tau)$、$\beta_\tau^{(i)}=p(y_{\tau+1}^t|y_1^\tau,r_{\tau i}=1)$ 及 $\gamma_\tau^{(i)}=p(r_{\tau i}=1|y_1^t)$，根据式(3.17)，可知

$$\gamma_\tau^{(i)}\propto\alpha_\tau^{(i)}\beta_\tau^{(i)} \tag{3.18}$$

由条件概率公式及全概率公式可知

$$\begin{aligned}p(\boldsymbol{r}_\tau,\Delta y_1^\tau)&=p(\Delta y_\tau|\boldsymbol{r}_\tau,y_1^{\tau-1})p(\boldsymbol{r}_\tau,\Delta y_1^{\tau-1})\\&=p(\Delta y_\tau|\boldsymbol{r}_\tau,\Delta y_1^{\tau-1})\sum_{r_{\tau-1}}p(\boldsymbol{r}_\tau|\boldsymbol{r}_{\tau-1})p(\boldsymbol{r}_{\tau-1},\Delta y_1^{\tau-1})\end{aligned} \tag{3.19}$$

则有当 $i=1,2,\cdots\tau-1$ 时，有

$$p(r_{i\tau}=1,\Delta y_1^\tau)=p(\Delta y_\tau|r_{i,\tau}=1,\Delta y_1^{\tau-1})\sum_{j=1}^{\tau-1}p(r_{i\tau}=1|r_{j,\tau-1}=1)p(r_{j,\tau-1},\Delta y_1^{\tau-1}) \tag{3.20}$$

$i=\tau$ 时刻，有

$$p(r_{\tau\tau}=1,\Delta y_1^\tau)=\sum_{j=1}^{\tau-1}p(\Delta y_\tau|r_{j,\tau-1}=1,\Delta y_1^{\tau-1})p(r_{\tau\tau}=1|r_{j,\tau-1}=1)p(r_{j,\tau-1},\Delta y_1^{\tau-1}) \tag{3.21}$$

综合以上式(3.20)、式(3.21)可知

$$\alpha_\tau^{(i)}=\begin{cases}\omega_\tau^{(r_{i,\tau-1})}(1-H(r_{j,\tau-1}))\alpha_{\tau-1}^{(i)}, & 1\leqslant i\leqslant\tau-1\\ \sum\limits_{j=1}^{\tau-1}\omega_\tau^{(r_{j,\tau-1})}H(r_{j,\tau-1})\alpha_{\tau-1}^{(j)}, & i=\tau\end{cases} \tag{3.22}$$

同理可得

$$p(\Delta y_{\tau+1}^t|\Delta y_1^\tau,\boldsymbol{r}_\tau)=\sum_{r_{\tau+1}}p(\Delta y_{\tau+2}^t|\Delta y_1^{\tau+1},\boldsymbol{r}_{\tau+1})p(\Delta y_{\tau+1}|\Delta y_1^\tau,\boldsymbol{r}_{\tau+1})p(\boldsymbol{r}_{\tau+1}|\boldsymbol{r}_\tau) \tag{3.23}$$

则有

$$\begin{aligned}\beta_\tau^{(i)}&=p(\Delta y_{\tau+1}^t|\Delta y_1^\tau,r_{i,\tau}=1)\\&=\sum_{j=1}^{\tau+1}p(\Delta y_{\tau+2}^t|\Delta y_1^{\tau+1},r_{j,\tau+1}=1)p(\Delta y_{\tau+1}|y_1^\tau,r_{j,\tau+1}=1)p(r_{j,\tau+1}=1|r_{i,\tau}=1)\end{aligned} \tag{3.24}$$

即

$$\beta_\tau^{(i)}=\beta_{\tau+1}^{(i)}\omega_{\tau+1}^{(r_{i,\tau})}(1-H(r_{i,\tau}))+\beta_{\tau+1}^{(\tau+1)}\omega_{\tau+1}^{(r_{\tau,\tau})}H(r_{i,\tau}) \tag{3.25}$$

基于以上分析，下面给出改进向前—向后算法。

算法 3.2　改进的向前—向后算法

步骤 1：选取先验分布的参数值 v_0，m_0，B_0，a_0 及退化规律持续时间分布参数

λ 确定先验超参数 $\boldsymbol{\eta}_0$，并取 $\alpha_1^{(1)}=1,\tau=0$；

步骤 2：当 $\tau\leqslant t-1$ 时，$\tau=\tau+1$ ；

步骤 3：计算 $\omega_{\tau}^{(r_{\tau-1})}=p(\Delta y_{\tau}|\boldsymbol{r}_{\tau-1},\Delta y_1^{\tau-1})$，用式(3.22)计算 $\alpha_{\tau}^{(i)}$，并分别保存；

步骤 4：更新参数 $\boldsymbol{\eta}_{\tau}^{(k)}$，$1\leqslant k\leqslant\tau$，执行步骤 2，否则执行步骤 5；

步骤 5：取 $\beta_t^{(i)}=1$，其中 $1\leqslant i\leqslant t,\tau=t$；

步骤 6：当 $\tau\geqslant 2$ 时，$\tau=\tau-1$；

步骤 7：利用步骤 3 中保存的 $\omega_{\tau+1}^{(r_{\tau})}$ 和式(3.25)，计算 $\beta_{\tau}^{(i)}$，保存后执行步骤 5。

利用算法 3.2 可以求解 $\alpha_{\tau}^{(i)}$、$\beta_{\tau}^{(i)}$。从算法可以看出，改进的算法充分利用了 $\boldsymbol{r}_{\tau}$ 与 $\boldsymbol{r}_{\tau-1}$之间的关系，减小了计算量。

2. 相邻检测时刻变点状态量的联合分布

在下一章节利用 EM 算法时，需要使用相邻时刻变点状态量的联合分布。即

$$\xi_{\tau,\tau+1}^{(ij)}=p(r_{i\tau}=1,r_{j,\tau+1}=1|\Delta y_1^t) \tag{3.26}$$

由于 $p(\boldsymbol{r}_{\tau},\boldsymbol{r}_{\tau+1}|\Delta y_1^t)\propto p(\boldsymbol{r}_{\tau},\Delta y_1^{\tau})p(\Delta y_{\tau+1}|\boldsymbol{r}_{\tau+1},\Delta y_1^{\tau})p(\boldsymbol{r}_{\tau+1}|\boldsymbol{r}_{\tau})p(\Delta y_{\tau+2}^t|\boldsymbol{r}_{\tau+1},\Delta y_1^{\tau+1})$则有

$$\xi_{\tau,\tau+1}^{(ij)}\propto\alpha_{\tau}^{(i)}p(\Delta y_{\tau+1}|r_{\tau+1,j}=1,\Delta y_1^{\tau})p(r_{\tau+1,j}=1|r_{\tau i}=1)\beta_{\tau+1}^{(j)} \tag{3.27}$$

利用 $\boldsymbol{r}_{\tau}$ 与 $\boldsymbol{r}_{\tau-1}$之间的关系及算法 3.2 计算的结果，可得

$$\xi_{\tau,\tau+1}^{(ii)}\propto\alpha_{\tau}^{(i)}\omega_{\tau+1}^{(r_{i\tau})}(1-H(r_{i\tau}))\beta_{\tau+1}^{(j)} \tag{3.28}$$

$$\xi_{\tau,\tau+1}^{(i,\tau+1)}\propto\alpha_{\tau}^{(i)}\omega_{\tau+1}^{(r_{\tau\tau})}H(r_{i\tau})\beta_{\tau+1}^{(\tau+1)} \tag{3.29}$$

存储 $\xi_{\tau,\tau+1}^{(ij)}$ 备用。

3.2.3　EM 算法

EM 算法是处理隐藏变量参数估计的常用办法[20]。通常我们使用 EM 算法通过最大化似然函数求解模型的参数。在退化模型中，Δy_1^t 为所有可观测变量的集合，$\boldsymbol{R}=\{\boldsymbol{r}_i\}_{i=1}^t$为所有隐藏变量，先验分布超参数 v_0,m_0,B_0,a_0 及退化规律持续时间分布参数 λ 为待估计的参数。由于 $p(\Delta y_1^t,\boldsymbol{R}|\boldsymbol{\eta}_0,\lambda)$ 并没有解析形式，且随着观测数据的增加，计算量呈指数倍增加。针对此问题，利用文献[21]中的贝叶斯近似推理思想，将 $q(\boldsymbol{R})$ 分解为不相交的子集事件概率的乘积，并重新考虑 EM 算法的形式——在 E 步骤中固定所有参数，利用变分法逐项求解使得 $L(q,\Theta)$ 最大的 $q(\boldsymbol{R})$ 分解项，获得 $q(\boldsymbol{R})$ 值；在 M 步骤中 $q(\boldsymbol{R})$ 固定，利用指数族共轭分布的性质和凹凸过程(Concave Convex Procedure，CCCP)计算得 $L(q,\Theta)$ 最大的参数值。改进后的 EM 算法的 E 步骤和 M 步骤如下文所示。

E 步骤：固定参数值，逐项求解 $q(\boldsymbol{R})$

为了计算的方便，将 $q(\boldsymbol{R})$ 分解为 $\prod_{\tau=1}^{t}q(\boldsymbol{r}_{\tau})=\prod_{\tau=1}^{t}\left(\prod_{i=1}^{\tau}q_{i\tau}(r_{i\tau})\right)$，将 $q(\boldsymbol{R})$ 代入

$L(q,\Theta)$中，可得

$$
\begin{aligned}
L(q,\Theta) &= \sum_{\boldsymbol{R}} \left\{\prod_{\tau=1}^{t} q(\boldsymbol{r}_\tau)\left[\ln p(\Delta y_1^t,\boldsymbol{R} \mid \eta_0,\lambda) - \sum_{\tau=1}^{t}\ln q(\boldsymbol{r}_\tau)\right]\right\} \\
&= \sum_{\boldsymbol{r}_1}\cdots\sum_{\boldsymbol{r}_\tau}\cdots\sum_{\boldsymbol{r}_t}\left\{\prod_{\tau=1}^{t} q(\boldsymbol{r}_\tau)\left[\ln p(\Delta y_1^t,\boldsymbol{R} \mid \eta_0,\lambda) - \sum_{\tau=1}^{t}\ln q(\boldsymbol{r}_\tau)\right]\right\} \\
&= \sum_{\boldsymbol{r}_1}\cdots\sum_{\boldsymbol{r}_\tau}\cdots\sum_{\boldsymbol{r}_t}\left\{\left[\prod_{\tau=1}^{t} q(\boldsymbol{r}_\tau)\ln p(\Delta y_1^t,\boldsymbol{R} \mid \eta_0,\lambda)\right] - \left[\prod_{\tau=1}^{t} q(\boldsymbol{r}_\tau)\sum_{\tau=1}^{t}\ln q(\boldsymbol{r}_\tau)\right]\right\} \\
&= \sum_{\boldsymbol{r}_\tau} q(\boldsymbol{r}_\tau)\left[\sum_{\boldsymbol{r}_{k,k\neq\tau}}\prod_{k\neq\tau}^{t} q(\boldsymbol{r}_k)\ln p(\Delta y_1^t,\boldsymbol{R} \mid \eta_0,\lambda)\right] \\
&\quad - \sum_{\boldsymbol{r}_\tau} q(\boldsymbol{r}_\tau)\ln q(\boldsymbol{r}_\tau) - \sum_{k\neq\tau}\sum_{\boldsymbol{r}_k} q(\boldsymbol{r}_k)\ln q(\boldsymbol{r}_k)
\end{aligned} \tag{3.30}
$$

定义分布 $\ln\tilde{p}(\Delta y_1^t,q(\boldsymbol{r}_\tau) \mid \eta_0,\boldsymbol{\lambda}) = \langle \ln p(\Delta y_1^t,\boldsymbol{R} \mid \boldsymbol{\eta}_0,\boldsymbol{\lambda})\rangle_{\sim q(\boldsymbol{r}_\tau)} + \text{const}$，$\langle\cdot\rangle_{\sim q(\boldsymbol{r}_\tau)}$ 表示对除 $q(\boldsymbol{r}_\tau)$ 之外的变量求期望，$\langle \ln p(\Delta y_1^t,\boldsymbol{R} \mid \boldsymbol{\eta}_0,\boldsymbol{\lambda})\rangle_{\sim q(\boldsymbol{r}_\tau)} = \sum_{\boldsymbol{r}_{k,k\neq\tau}}\prod_{k\neq\tau}^{t} q(\boldsymbol{r}_k)\ln p(\Delta y_1^t,\boldsymbol{R} \mid \boldsymbol{\eta}_0,\boldsymbol{\lambda})$ 并将与 $q(\boldsymbol{r}_\tau)$ 无关的项当作常数，则式(3.30)可表述为

$$
L(q,\Theta) = \sum_{\boldsymbol{r}_\tau} q(\boldsymbol{r}_\tau)\ln\tilde{p}(\Delta y_1^t,q(\boldsymbol{r}_\tau) \mid \boldsymbol{\eta}_0,\boldsymbol{\lambda}) - \sum_{\boldsymbol{r}_\tau} q(\boldsymbol{r}_\tau)\ln q(\boldsymbol{r}_\tau) + \text{const} \tag{3.31}
$$

由于 $q(\boldsymbol{r}_\tau) \geqslant \tilde{p}(\Delta y_1^t,q(\boldsymbol{r}_\tau) \mid \boldsymbol{\eta}_0,\lambda)$，则可知 $L(q,\Theta)$ 的最大值在等号成立时取得，此时有

$$
\ln q(\boldsymbol{r}_\tau) = \langle \ln p(\Delta y_1^t,\boldsymbol{R} \mid \boldsymbol{\eta}_0,\lambda)\rangle_{\sim q(\boldsymbol{r}_\tau)} + \text{const} \tag{3.32}
$$

两边同时取指数，并归一化后，可知 $q(\boldsymbol{r}_\tau)$ 可按照下式进行求解

$$
q(\boldsymbol{r}_\tau) = \frac{\exp\langle \ln p(\Delta y_1^t,\boldsymbol{R} \mid \boldsymbol{\eta}_0,\lambda)\rangle_{\sim q(\boldsymbol{r}_\tau)}}{\sum_{\boldsymbol{r}_\tau}\exp\langle \ln p(\Delta y_1^t,\boldsymbol{R} \mid \boldsymbol{\eta}_0,\lambda)\rangle_{\sim q(\boldsymbol{r}_\tau)}} \tag{3.33}
$$

在本书的变点模型中，由于 $\boldsymbol{r}_\tau$ 只与变点标识中的 $\boldsymbol{r}_{\tau+1}$、$\boldsymbol{r}_{\tau-1}$ 有关，则有

$$
p(\{\boldsymbol{r}_i\}_{i=1}^{t},\Delta y_1^t) = p(\boldsymbol{r}_\tau \mid \boldsymbol{r}_{\tau+1},\boldsymbol{r}_{\tau-1},\Delta y_1^t)\,p(\{\boldsymbol{r}_i\}_{i\neq\tau} \mid \Delta y_1^t)\,p(\Delta y_1^t) \tag{3.34}
$$

将式(3.34)代入 $\langle \ln p(\Delta y_1^t,\boldsymbol{R})\rangle_{\sim q(\boldsymbol{r}_\tau)}$，由于我们只关心 $q(\boldsymbol{r}_\tau)$，将不含有 $q(\boldsymbol{r}_\tau)$ 项都加在式子后面的固定值上，则有

$$
\begin{aligned}
\langle \ln p(\Delta y_1^t,\boldsymbol{R})\rangle_{\sim q(\boldsymbol{r}_\tau)} &= \langle \ln p(\boldsymbol{r}_\tau \mid \boldsymbol{r}_{\tau+1},\boldsymbol{r}_{\tau-1},\Delta y_1^t)\,p(\{\boldsymbol{r}_i\}_{i\neq\tau} \mid \Delta y_1^t)\,p(\Delta y_1^t)\rangle_{\sim q(\boldsymbol{r}_\tau)} \\
&= \langle \ln p(\boldsymbol{r}_\tau \mid \boldsymbol{r}_{\tau+1},\boldsymbol{r}_{\tau-1},\Delta y_1^t) + \ln p(\{\boldsymbol{r}_i\}_{i\neq\tau} \mid \Delta y_1^t) + \ln p(\Delta y_1^t)\rangle_{\sim q(\boldsymbol{r}_\tau)} \\
&= \langle \ln p(\boldsymbol{r}_\tau \mid \boldsymbol{r}_{\tau+1},\boldsymbol{r}_{\tau-1},\Delta y_1^t)\rangle_{\sim q(\boldsymbol{r}_\tau)} + \text{const}
\end{aligned} \tag{3.35}
$$

式(3.35)中 $p(\boldsymbol{r}_\tau \mid \boldsymbol{r}_{\tau+1},\boldsymbol{r}_{\tau-1},\Delta y_1^t)$ 可重写为如下形式

$$
\begin{aligned}
p(\boldsymbol{r}_\tau | \boldsymbol{r}_{\tau+1}, \boldsymbol{r}_{\tau-1}, \Delta y_1^t) &= \frac{p(\boldsymbol{r}_\tau, \boldsymbol{r}_{\tau+1}, \boldsymbol{r}_{\tau-1}, \Delta y_1^t)}{p(\boldsymbol{r}_{\tau+1}, \boldsymbol{r}_{\tau-1}, \Delta y_1^t)} \\
&= \frac{p(\boldsymbol{r}_{\tau+1}, \boldsymbol{r}_{\tau-1} | \boldsymbol{r}_\tau, \Delta y_1^t) p(\boldsymbol{r}_\tau | \Delta y_1^t) p(\Delta y_1^t)}{p(\boldsymbol{r}_{\tau+1}, \boldsymbol{r}_{\tau-1}, \Delta y_1^t)} \\
&= \frac{p(\boldsymbol{r}_{\tau-1} | \boldsymbol{r}_\tau, \Delta y_1^t) p(\boldsymbol{r}_{\tau+1} | \boldsymbol{r}_\tau, \Delta y_1^t) p(\boldsymbol{r}_\tau | \Delta y_1^t) p(\Delta y_1^t)}{p(\boldsymbol{r}_{\tau+1}, \boldsymbol{r}_{\tau-1}, \Delta y_1^t)}
\end{aligned} \tag{3.36}
$$

将式(3.36)代入式(3.35)中，同样由于我们只关心与 $\boldsymbol{r}_\tau$ 有关的变量，将不含有 $\boldsymbol{r}_\tau$ 的变量都考虑到式尾常数中作归一化处理，则有

$$
\begin{aligned}
\langle \ln p(\Delta y_1^t, \boldsymbol{R}) \rangle_{\sim q(\boldsymbol{r}_\tau)} &= \left\{ \begin{array}{l} \langle \ln p(\boldsymbol{r}_{\tau-1} | \boldsymbol{r}_\tau, \Delta y_1^t) \rangle_{q(\boldsymbol{r}_{\tau-1})} + \ln p(\boldsymbol{r}_\tau | \Delta y_1^t) \\ + \langle \ln p(\boldsymbol{r}_{\tau+1} | \boldsymbol{r}_\tau, \Delta y_1^t) \rangle_{q(\boldsymbol{r}_{\tau+1})} + \text{const} \end{array} \right\} \\
&= \left\{ \begin{array}{l} \sum\limits_{\boldsymbol{r}_{\tau-1}} q(\boldsymbol{r}_{\tau-1}) \ln p(\boldsymbol{r}_{\tau-1} | \boldsymbol{r}_\tau, \Delta y_1^t) + \ln p(\boldsymbol{r}_\tau | \Delta y_1^t) \\ + \sum\limits_{\boldsymbol{r}_{\tau+1}} q(\boldsymbol{r}_{\tau+1}) \ln p(\boldsymbol{r}_{\tau+1} | \boldsymbol{r}_\tau, \Delta y_1^t) + \text{const} \end{array} \right\}
\end{aligned} \tag{3.37}
$$

将式(3.37)代入式(3.33)中，可知 $q(\boldsymbol{r}_\tau)$ 的值为

$$
q(\boldsymbol{r}_\tau) \propto p(\boldsymbol{r}_\tau | \Delta y_1^t) \exp \left\{ \begin{array}{l} \sum\limits_{\boldsymbol{r}_{\tau+1}} q(\boldsymbol{r}_{\tau+1}) \log p(\boldsymbol{r}_{\tau+1} | \boldsymbol{r}_\tau, \Delta y_1^t) \\ + \sum\limits_{\boldsymbol{r}_\tau - 1} q(\boldsymbol{r}_{\tau-1}) \log p(\boldsymbol{r}_{\tau-1} | \boldsymbol{r}_\tau, \Delta y_1^t) \end{array} \right\} \tag{3.38}
$$

计算式(3.38)需要之前的计算结果 $\xi_{\tau,\tau+1}^{(ij)}$ 与 $\gamma_\tau^{(i)}$。定义中间变量 $\pi_{\tau,\tau+1}^{(ij)}$ 和 $\chi_{\tau-1,\tau}^{(ji)}$ 如下：

$$
\pi_{\tau,\tau+1}^{(ij)} = p(r_{k,\tau+1} = 1 | r_{j\tau} = 1, \Delta y_1^t) = \frac{p(r_{j\tau} = 1, r_{k,\tau+1} = 1 | \Delta y_1^t)}{p(r_{j\tau} = 1 | \Delta y_1^t)} = \frac{\xi_{\tau,\tau+1}^{(jk)}}{\gamma_\tau^{(j)}}
$$

$$
\chi_{\tau-1,\tau}^{(ji)} = p(r_{i,\tau-1} = 1 | r_{j\tau} = 1, \Delta y_1^t) = \frac{p(r_{j\tau} = 1, r_{i,\tau-1} = 1 | \Delta y_1^t)}{p(r_{j\tau} = 1 | \Delta y_1^t)} = \frac{\xi_{\tau-1,\tau}^{(ij)}}{\gamma_\tau^{(j)}}
$$

由式(3.38)可知

$$
q(r_{j\tau} = 1) = \frac{\exp\left\{ \sum\limits_{k=1}^{\tau+1} q(r_{k,\tau+1} = 1) \log \pi_{\tau,\tau+1}^{(jk)} + \sum\limits_{i=1}^{\tau-1} q(r_{i,\tau-1} = 1) \log \chi_{\tau-1,\tau}^{(ji)} \right\} \gamma_\tau^{(j)}}{\sum\limits_{j'=1}^{\tau} \exp\left\{ \sum\limits_{k=1}^{\tau+1} q(r_{k,\tau+1} = 1) \log \pi_{\tau,\tau+1}^{(j'k)} + \sum\limits_{i=1}^{\tau-1} q(r_{i,\tau-1} = 1) \log \chi_{\tau-1,\tau}^{(j'i)} \right\} \gamma_\tau^{(j')}} \tag{3.39}
$$

利用式(3.39)即可依次计算出 $q(\boldsymbol{R})$。假设第 k 次循环 E 步骤计算的结果为 $q^{(k)}(\boldsymbol{R})$。

M 步骤：固定 $q^{(k)}(\boldsymbol{R})$，求解使得 $L(q,\Theta)$ 最大的参数值

使得 $L(q,\Theta)$ 取得最大值的参数 Θ，亦即使得 $\langle \ln p(\Delta y_1^t,\boldsymbol{R}|\boldsymbol{\eta}_0,\lambda)\rangle_{q^{(k)}(\boldsymbol{R})}$ 取得最大值的参数。由于

$$\ln p(\Delta y_1^t,\boldsymbol{R}|\boldsymbol{\eta}_0,\lambda)=\ln p(\boldsymbol{R}|\lambda)+\ln p(\Delta y_1^t|\boldsymbol{\eta}_0,\boldsymbol{R}) \tag{3.40}$$

式(3.40)中 $P(\Delta y_1^t|\boldsymbol{\eta}_0,\boldsymbol{R})$ 和 $p(\boldsymbol{R}|1/\lambda)$ 分别满足

$$P(\Delta y_1^t|\boldsymbol{\eta}_0,\boldsymbol{R})=\prod_{i=1}^{t}\exp\left\{-\sum_{\tau=i}^{t}r_{ti}\ln\widetilde{Z}(\boldsymbol{u}(\Delta y_t))-\ln Z(\boldsymbol{\eta}_0)+\ln Z\left(\sum_{\tau=i}^{t}r_{ti}\boldsymbol{u}(\Delta y_t)+\boldsymbol{\eta}_0\right)\right\} \tag{3.41}$$

$$p(\boldsymbol{R}|1/\lambda)=\prod_{\tau=2}^{t}\left\{(1/\lambda)^{r_{\tau\tau}}\prod_{i=1}^{\tau-1}[r_{i,\tau-1}(1-1/\lambda)]^{r_{i\tau}}\right\} \tag{3.42}$$

将式(3.41)、式(3.42)进一步分解为式(3.46)和式(3.47)

$$\begin{aligned}\ln p(\boldsymbol{R}|1/\lambda)&=\sum_{\tau=2}^{t}\left\{r_{\tau\tau}\ln(1/\lambda)+\sum_{i=1}^{\tau-1}[r_{i\tau}\ln(1-1/\lambda)+r_{i\tau}\ln r_{i,\tau-1}]\right\}\\&=\sum_{\tau=2}^{t}r_{\tau\tau}\ln(1/\lambda)+\sum_{\tau=2}^{t}\sum_{i=1}^{\tau-1}r_{i\tau}\ln(1-1/\lambda)+\sum_{\tau=2}^{t}\sum_{i=1}^{\tau-1}r_{i\tau}\ln r_{i,\tau-1}\end{aligned} \tag{3.43}$$

$$\begin{aligned}\ln p(y_1^t|\boldsymbol{\eta},\boldsymbol{R})=&-\sum_{i=1}^{t}\sum_{\tau=1}^{t}r_{\tau i}\ln\widetilde{Z}(\boldsymbol{u}(\boldsymbol{y}_\tau))-\sum_{i=1}^{t}\ln Z(\boldsymbol{\eta})+\\&\sum_{i=1}^{t}\ln Z\left(\sum_{\tau=i}^{t}r_{\tau i}\boldsymbol{u}(y_\tau)+\boldsymbol{\eta}\right)\end{aligned} \tag{3.44}$$

再将式(3.40)、式(3.43)、式(3.44)代入 $\langle \ln p(\Delta y_1^t,\boldsymbol{R}|\boldsymbol{\eta}_0,\lambda)\rangle_{q^{(k)}(\boldsymbol{R})}$ 中，则有

$$\begin{aligned}\langle \ln p(\Delta y_1^t,\boldsymbol{R}|\boldsymbol{\eta}_0,\lambda)\rangle_{q^{(k)}(\boldsymbol{R})}=&\sum_{\tau=2}^{t}q_{\tau\tau}^{(k)}\ln(1/\lambda)+\sum_{\tau=2}^{t}\sum_{i=1}^{\tau-1}q_{i\tau}^{(k)}\ln(1-1/\lambda)+\\&\sum_{\tau=2}^{t}\sum_{i=1}^{\tau-1}\langle r_{i\tau}\ln r_{i,\tau-1}\rangle_{q^{(k)}(\boldsymbol{R})}-\sum_{i=1}^{t}\ln Z(\boldsymbol{\eta}_0)-\\&\sum_{i=1}^{t}\sum_{\tau=1}^{t}q_{\tau i}^{(k)}\ln\widetilde{Z}(\boldsymbol{u}(\Delta y_\tau))+\\&\left\langle\sum_{i=1}^{t}\ln Z\left(\sum_{\tau=i}^{t}r_{\tau i}\boldsymbol{u}(\Delta y_\tau)+\boldsymbol{\eta}_0\right)\right\rangle_{q^{(k)}(\boldsymbol{R})}\end{aligned} \tag{3.45}$$

根据 Jensen 不等式可知

$$\left\langle\sum_{i=1}^{t}\ln Z\left(\sum_{\tau=i}^{t}r_{\tau i}\boldsymbol{u}(\Delta y_\tau)+\boldsymbol{\eta}\right)\right\rangle_{q^{(k)}(\boldsymbol{R})}\geqslant\sum_{i=1}^{t}\ln Z\left(\sum_{\tau=i}^{t}q_{\tau i}^{(k)}\boldsymbol{u}(\Delta y_\tau)+\boldsymbol{\eta}\right) \tag{3.46}$$

将式(3.46)代入式(3.45)，即可得到

$$\langle \ln p(\Delta y_1^t,\boldsymbol{R}|\boldsymbol{\eta}_0,\lambda)\rangle_{q^{(k)}(\boldsymbol{R})}\geqslant\ell(\boldsymbol{\eta}_0,\lambda) \tag{3.47}$$

其中

$$
\begin{aligned}
\ell(\eta_0,\lambda)=&\sum_{\tau=2}^{t}q_{\tau\tau}^{(k)}\ln(1/\lambda)+\sum_{\tau=2}^{t}\sum_{i=1}^{\tau-1}q_{i\tau}^{(k)}\ln(1-1/\lambda)+\sum_{\tau=2}^{t}\sum_{i=1}^{\tau-1}\langle r_{i\tau}\ln r_{i,\tau-1}\rangle_{q^{(k)}(\boldsymbol{R})}-\\
&\sum_{i=1}^{t}\sum_{\tau=1}^{t}q_{\tau i}^{(k)}\ln\widetilde{Z}(\boldsymbol{u}(\Delta y_\tau))-\sum_{i=1}^{t}\ln Z(\boldsymbol{\eta}_0)+\\
&\left\langle\sum_{i=1}^{t}\ln Z\left(\sum_{\tau=i}^{t}q_{\tau i}^{(k)}\boldsymbol{u}(\Delta y_\tau)+\boldsymbol{\eta}\right)\right\rangle_{q^{(k)}(\boldsymbol{R})}
\end{aligned}
\tag{3.48}
$$

则取$\partial\ell(\eta_0,\lambda)/\partial(1/\lambda)=0$，可知$1/\lambda$的估计值为

$$
(1/\lambda)^{(k+1)}=\sum_{\tau=2}^{t}q_{\tau\tau}^{(k)}\Big/\sum_{\tau=2}^{t}\sum_{i=1}^{\tau}q_{i\tau}^{(k)}
\tag{3.49}
$$

当选择指数族共轭分布时，利用CCCP求解$\boldsymbol{\eta}_0^{(k)}$较为方便。首先，取$\ell(\boldsymbol{\eta}_0)=\hat{\ell}(\boldsymbol{\eta}_0)+\check{\ell}(\boldsymbol{\eta}_0)$为$\ell(\boldsymbol{\eta}_0,\lambda)$中与$\boldsymbol{\eta}_0$相关的变量，其中，$\hat{\ell}(\boldsymbol{\eta}_0)$为$\boldsymbol{\eta}_0$的凸函数，$\check{\ell}(\boldsymbol{\eta}_0)$为$\boldsymbol{\eta}_0$的凹函数，且

$$
\hat{\ell}(\boldsymbol{\eta}_0)=-t\ln Z(\boldsymbol{\eta}_0)
\tag{3.50}
$$

$$
\check{\ell}(\boldsymbol{\eta}_0)=\sum_{i=1}^{t}\ln Z\left(\sum_{\tau=i}^{t}q_{\tau i}^{(k)}\boldsymbol{u}(\Delta y_\tau)+\boldsymbol{\eta}_0\right)
\tag{3.51}
$$

$\ell(\boldsymbol{\eta}_0)$与$\ell(\boldsymbol{\eta}_0,\lambda)$具有相同的驻点，且在驻点处满足$\partial\ell(\boldsymbol{\eta}_0)/\partial\boldsymbol{\eta}_0=0$，即

$$
\partial\hat{\ell}(\boldsymbol{\eta}_0)/\partial\boldsymbol{\eta}_0=-\partial\check{\ell}(\boldsymbol{\eta}_0)/\partial\boldsymbol{\eta}_0
\tag{3.52}
$$

可按照下式规则更新参数η_0，直到收敛。

$$
\nabla\hat{\ell}(\boldsymbol{\eta}_0^{(k+1)})\leftarrow-\nabla\check{\ell}(\boldsymbol{\eta}_0^{(k)})
\tag{3.53}
$$

在指数族分布中，充分利用$Z(\boldsymbol{\eta})$与充分统计量$\boldsymbol{\phi}(\boldsymbol{\theta})$的关系，可以让计算更加简捷。这种关系将由推论给出。

推论：在指数族分布中$Z(\boldsymbol{\eta})$与充分统计量$\boldsymbol{\phi}(\boldsymbol{\theta})$具有如下关系：

$$
\partial\ln Z(\boldsymbol{\eta})/\partial\boldsymbol{\eta}=\langle\phi(\theta)\rangle_{p(\theta|\eta)}
\tag{3.54}
$$

证明：将$Z(\boldsymbol{\eta})=\int\exp\{\eta^{\mathrm{T}}\phi(\theta)\}\mathrm{d}\theta$代入式(3.54)的左边，可得

$$
\begin{aligned}
\partial\ln Z(\boldsymbol{\eta})/\partial\boldsymbol{\eta}&=\frac{\partial\int\exp\{\eta^{\mathrm{T}}\phi(\theta)\}\mathrm{d}\theta/\partial\eta}{\int\exp\{\eta^{\mathrm{T}}\phi(\theta)\}\mathrm{d}\theta}=\frac{\int\partial\exp\{\eta^{\mathrm{T}}\phi(\theta)\}/\partial\eta\mathrm{d}\theta}{\int\exp\{\eta^{\mathrm{T}}\phi(\theta)\}\mathrm{d}\theta}\\
&=\frac{\int\phi(\theta)\exp\{\eta^{\mathrm{T}}\phi(\theta)\}\mathrm{d}\theta}{\exp\ln\left\{\int\exp\{\eta^{\mathrm{T}}\phi(\theta)\}\mathrm{d}\theta\right\}}=\int\phi(\theta)\exp\{\eta^{\mathrm{T}}\phi(\theta)-\ln Z(\eta)\}\mathrm{d}\theta\\
&=\int\phi(\theta)p(\theta|\eta)\mathrm{d}\theta
\end{aligned}
$$

$$
\int\phi(\theta)p(\theta|\eta)\mathrm{d}\theta=\langle\phi(\theta)\rangle_{p(\theta|\eta)}
$$

证毕。

将式(3.50)、式(3.51)、式(3.54)代入式(3.53)中,可知指数族共轭分布条件下参数 $\boldsymbol{\eta}_0$ 的递推计算准则为

$$\langle \phi(\theta) \rangle_{p(\theta|\eta_0^{(k+1)})} \longleftarrow \frac{1}{t}\sum_{i=1}^{t}\langle \phi(\theta) \rangle_{p(\theta|\eta_{+i}^{(k)})} \tag{3.55}$$

式(3.55)中 $\eta_{+i}^{(k)}=\sum_{i=1}^{t}q_{\tau i}^{(k)}\boldsymbol{u}(\Delta y_\tau)+\boldsymbol{\eta}_0^{(k)}$,即

$$\begin{aligned}&v_{+i}^{(k)}=v_0^{(k)}+\sum_{\tau=i}^{t}q_{\tau i},m_{+i}^{(k)}=v_0^{(k)}m_0^{(k)}+\sum_{\tau=i}^{t}q_{\tau i}\Delta y_\tau\Big/v_0^{(k)},a_{+i}^{(k)}=a_0^{(k)}+\frac{1}{2}\sum_{\tau=i}^{t}q_{\tau i}\\&B_{+i}^{(k)}=B_0^{(k)}+\frac{1}{2}v_0^{(k)}m_0^{(k)2}+\frac{1}{2}\sum_{\tau=i}^{t}q_{\tau i}\Delta y_\tau^2-\frac{1}{2}v_{+i}^{(k)}m_{+i}^{(k)2}\end{aligned} \tag{3.56}$$

在指数族共轭分布中,$\langle \phi(\theta) \rangle_{p(\theta|\eta)}$ 也具有简单的解析形式。对于文中选择的退化模型而言,$\langle \phi(\theta) \rangle_{p(\theta|\eta)}$ 的计算结果为

$$\begin{aligned}&\left\langle \frac{u^2}{2\sigma^2} \right\rangle_{p(\theta|\eta)}=\frac{1}{2}\left[\frac{1}{v}+\frac{m^2}{\sigma^2}\right],\left\langle \frac{u}{\sigma^2} \right\rangle_{p(\theta|\eta)}=m\left\langle \frac{1}{\sigma^2} \right\rangle_{p(\theta|\eta)}\\&\left\langle \log\left|\frac{1}{\sigma^2}\right| \right\rangle_{p(\theta|\eta)}=\Psi(a)-\ln|B|,\left\langle \frac{1}{\sigma^2} \right\rangle_{p(\theta|\eta)}=aB^{-1}\end{aligned} \tag{3.57}$$

$\Psi(a)$ 为 Gamma 函数 $\Gamma(a)$ 的导数。将式(3.57)、式(3.56)代入式(3.55),可知

$$\begin{aligned}&\left\langle \frac{u^2}{2\sigma^2} \right\rangle_{p(\theta|\eta_0)}=\frac{1}{t}\sum_{i=1}^{t}\left\langle \frac{u^2}{2\sigma^2} \right\rangle_{p(\theta|\eta_{+i}^{(k)})},\left\langle \frac{u}{\sigma^2} \right\rangle_{p(\theta|\eta_0)}=\frac{1}{t}\sum_{i=1}^{t}\left\langle \frac{u}{\sigma^2} \right\rangle_{p(\theta|\eta_{+i}^{(k)})p(\theta|\eta)}\\&\left\langle \log\left|\frac{1}{\sigma^2}\right| \right\rangle_{p(\theta|\eta_0)}=\frac{1}{t}\sum_{i=1}^{t}\left\langle \log\left|\frac{1}{\sigma^2}\right| \right\rangle_{p(\theta|\eta_{+i}^{(k)})},\left\langle \frac{1}{\sigma^2} \right\rangle_{p(\theta|\eta_0)}=\frac{1}{t}\sum_{i=1}^{t}\left\langle \frac{1}{\sigma^2} \right\rangle_{p(\theta|\eta_{+i}^{(k)})}\end{aligned} \tag{3.58}$$

根据式(3.57)、式(3.58)可以求得 v_0,m_0,B_0,a_0 的估计值为

$$\begin{aligned}&\hat{m}_0^{(k+1)}=\left\langle \frac{u}{\sigma^2} \right\rangle_{p(\theta|\eta_0)}\Big/\left\langle \frac{1}{\sigma^2} \right\rangle_{p(\theta|\eta_0)}\\&\hat{v}_0^{(k+1)}=\left[2\left\langle \frac{u^2}{2\sigma^2} \right\rangle_{p(\theta|\eta_0)}-\hat{m}_0^{(k+1)}\left\langle \frac{1}{\sigma^2} \right\rangle_{p(\theta|\eta_0)}\hat{m}_0^{(k+1)}\right]^{-1}\\&\Psi(\hat{a}_0^{(k+1)})-\ln(\hat{a}_0^{(k+1)})+\ln\left\langle \frac{1}{\sigma^2} \right\rangle_{p(\theta|\eta_0)}-\left\langle \log\left|\frac{1}{\sigma^2}\right| \right\rangle_{p(\theta|\eta_0)}\\&B_0^{(k+1)}=\hat{a}_0^{(k+1)}\Big/\left\langle \frac{1}{\sigma^2} \right\rangle_{p(\theta|\eta_0)}\end{aligned} \tag{3.59}$$

结合以上分析推理,下面给出依据历史信息确定退化模型中性能增量先验分布参数的 EM 算法。

算法 3.3　基于历史信息确定退化模型中性能增量先验分布参数的 EM 算法

步骤 1: 选择 $v_0^{(0)}, m_0^{(0)}, B_0^{(0)}, a_0^{(0)}, \lambda^{(0)}$,令 $k=0$;

步骤 2: 根据 $v_0^{(k)}, m_0^{(k)}, B_0^{(k)}, a_0^{(k)}, \lambda^{(k)}$,利用算法 3.2 计算变量 α、β,并依据 α、β 计算变量 γ、ξ、π、χ 的值,初始化 $q^{(k)}(\boldsymbol{R})=\gamma$;

步骤 3: 执行 E 步骤,利用 ξ、π、χ 以及 $q^{(k)}(\boldsymbol{R})$ 依据式(3.39)逐项计算 $q^{(k+1)}(\boldsymbol{R})$ 的值;

步骤 4: 执行 M 步骤,保持 $q^{(k+1)}(\boldsymbol{R})$ 不变,利用式(3.56)、(3.57)、(3.58)、(3.59)计算 $v_0^{(k+1)}, m_0^{(k+1)}, B_0^{(k+1)}, a_0^{(k+1)}, \lambda^{(k+1)}$;

步骤 5: 若达到迭代条件,算法结束,否则令 $k=k+1$,执行步骤 2。

3.3　基于贝叶斯在线变点检测的剩余寿命预测方法

基于指数族共轭分布的良好性质,3.2 节已经给出了贝叶斯在线变点检测算法以及基于历史信息确定退化模型中性能增量的先验分布参数的 EM 算法。本节给出基于贝叶斯在线变点检测的剩余寿命预测方法。下面首先给出基于贝叶斯在线变点检测的剩余寿命预测方法的基本框架。

贝叶斯在线变点检测的剩余寿命预测方法的基本框架

步骤 1: 根据历史数据,利用算法 3.3 求解模型的先验分布;

步骤 2: 获取最新的设备性能退化数据;

步骤 3: 利用贝叶斯在线变点检测算法和步骤 1 中的先验分布参数,检测最新观测点设备的退化性能是否发生改变,确定截止检测时刻最新的退化规律变点;

步骤 4: 利用步骤 1 中求得的先验分布和最新变点之后的设备性能退化数据,估计维纳过程的参数;

步骤 5: 利用维纳过程的首达时间分布数据预测设备的剩余寿命分布。

步骤 1~步骤 3 可参见之前相应章节。步骤 1 中的维纳过程参数的估计可按照以下方法进行。

利用贝叶斯在线变点检测算法计算检测到最新变点 $t_C^{(t)}$ 后,可依据 $t_C^{(t)}$ 之后的性能检测信息 $\Delta y_{t_C^{(t)}}^t$ 计算出 u,σ^2 的最新后验分布 $\pi(u,\sigma^2 \mid \Delta y_{t_C^{(t)}}^t)=\pi(u,\sigma^2 \mid \eta_{t_C^{(t)}+})$。于是 u,σ^2 的后验边缘分布为

$$
\begin{aligned}
\pi(u \mid \boldsymbol{\eta}_{t_C^{(t)}+}) &= \int \pi(u,\sigma^2 \mid \boldsymbol{\eta}_{t_C^{(t)}+})\,\mathrm{d}\sigma^2 \\
\pi(\sigma^2 \mid \boldsymbol{\eta}_{t_C^{(t)}+}) &= \int \pi(u,\sigma^2 \mid \boldsymbol{\eta}_{t_C^{(t)}+})\,\mathrm{d}u
\end{aligned}
\tag{3.60}
$$

根据式(3.60)可计算出 u,σ^2 的后验期望值,并将其作为 u,σ^2 的估计值,即

$$\begin{aligned}\hat{u} &= \langle \pi(u \mid \eta_{t_C^{(t)}+}) \rangle_u \\ \hat{\sigma}^2 &= \langle \pi(\sigma^2 \mid \eta_{t_C^{(t)}+}) \rangle_{\sigma^2}\end{aligned} \tag{3.61}$$

在步骤 5 中,将式(3.61)中的 $\hat{u}$、$\hat{\sigma}^2$ 代入式(3.5),即可计算出设备的剩余寿命分布。

3.4 实例分析

陀螺仪是惯性导航系统的关键部件,也是决定惯性平台性能的核心部件,广泛应用在导弹武器系统中,具有长期贮存、一次使用、退化失效、周期性检测的特点。在实际应用时,其失效多表现为退化失效。为了保证使用性能,出厂后通常需要定期(每月)对陀螺仪进行检测。漂移系数是反映陀螺仪性能的重要参数,故选择如图 3.4 所示某型号惯性平台 X 轴陀螺仪的一次项漂移系数的 72 组月性能检测数据作为对象,使用本书提出的方法对陀螺仪的退化过程进行建模。首先选择前 64 组数据用 EM 算法确定性能增量分布中参数 u、σ^2 的先验分布,之后利用贝叶斯变点检测算法确定截止后 8 组数据采样时间点的最新变点 $t_C^{(t)}$,再根据最新变点 $t_C^{(t)}$ 之后的数据确定参数 u、σ^2 的后验分布及贝叶斯估计值 $\hat{u}$、$\hat{\sigma}^2$,并利用 $\hat{u}$、$\hat{\sigma}^2$ 计算维纳过程中的失效阈值的首达时间分布作为剩余寿命分布。

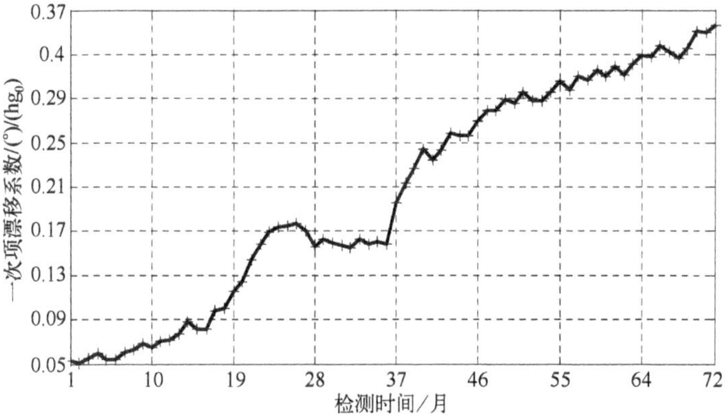

图 3.4　某型号惯性平台 X 轴陀螺仪一次项漂移系数月检测数据

图 3.5 给出了 EM 算法中主要参数的估计值与迭代步数的关系,从图中可以看出在较少的迭代步数内先验参数的估计值收敛,从而证明使用 EM 算法能够有效获取 u、σ^2 先验分布的参数以及冒险率函数的参数。

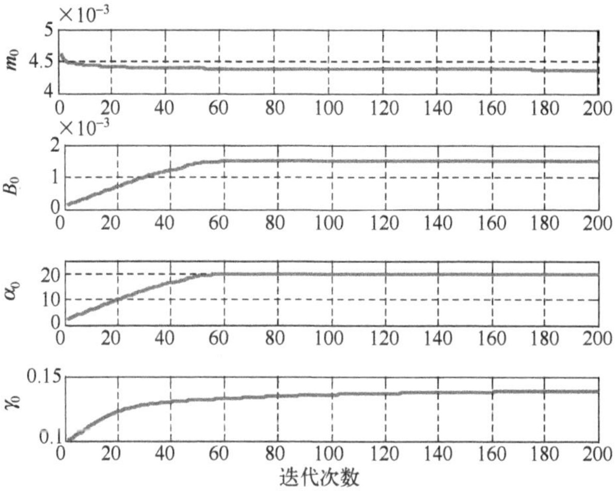

图3.5 EM算法主要参数估计结果

EM算法估计出的u、σ^2先验分布参数值$v_0=0.0523$、$m_0=0.0044$、$B_0=0.0015$、$a_0=17.7865$，冒险率函数的参数$\lambda=7.1981$。将EM算法得到的参数代入贝叶斯在线变点检测算法中，检测到陀螺仪性能退化增量的变点，即退化规律的变点如图3.6所示，图3.6下方的图形中的灰度表示性能退化规律持续时间为对应纵坐标时的概率的大小，颜色越深表示概率值越大。从图3.6可知在第26、36及40个检测点，设备的性能退化规律发生显著变化，这与图3.4中性能退化曲线的直观感觉是相符合的。

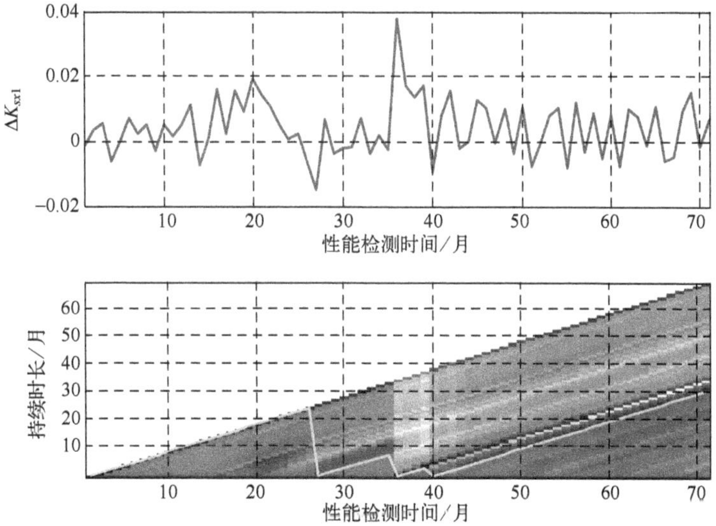

图3.6 陀螺仪性能退化过程中的变点

表 3.1 给出了考虑变点时用本书方法在不同检测时刻各参数的贝叶斯估计值。不考虑变点时,用文献[22]提出的极大似然(MLE)法得到估计值 $\hat{u}=4.326\times10^{-3}$、$\hat{\sigma}^2=1.7152\times10^{-5}$。对比两种情况下的各参数的差异可知,考虑性能退化过程中的变点时,维纳过程中的参数更能准确地反映设备当前的退化规律,将此时的参数用于设备的剩余寿命预测也更加合理。

表 3.1 考虑变点时维纳过程增量参数的估计值

检测时间	65	66	67	68	69	70	71	72
$\hat{u}(\times10^{-3})$	3.336	3.332	3.616	3.248	2.954	3.162	3.570	3.403
$\hat{\sigma}^2(\times10^{-5})$	7.5003	7.4566	7.4831	7.4632	7.3972	7.5011	7.4229	7.5003

分别将考虑和不考虑变点的模型参数用于计算陀螺仪的剩余寿命分布,计算的结果如图 3.7 所示。从图中可以看出考虑变点后,陀螺仪剩余寿命的均值明显大于不考虑变点时的平均剩余寿命。从图 3.4 能够看出第 38 个性能检测点之后性能退化曲线的斜率有所下降,表中考虑变点后性能退化参数的估计值 $\hat{u}$ 也小于不考虑变点时的估计值,由此可见陀螺仪的性能退化速度减慢,因此设备的平均剩余寿命时间增长。同时可以看到考虑变点后,退化增量的方差 $\hat{\sigma}^2$ 变大,这是由于随着陀螺仪服役时间的增长,陀螺仪性能的稳定性有所下降,从图 3.7 中也能看出剩余寿命预测的方差也比不考虑变点时稍大。

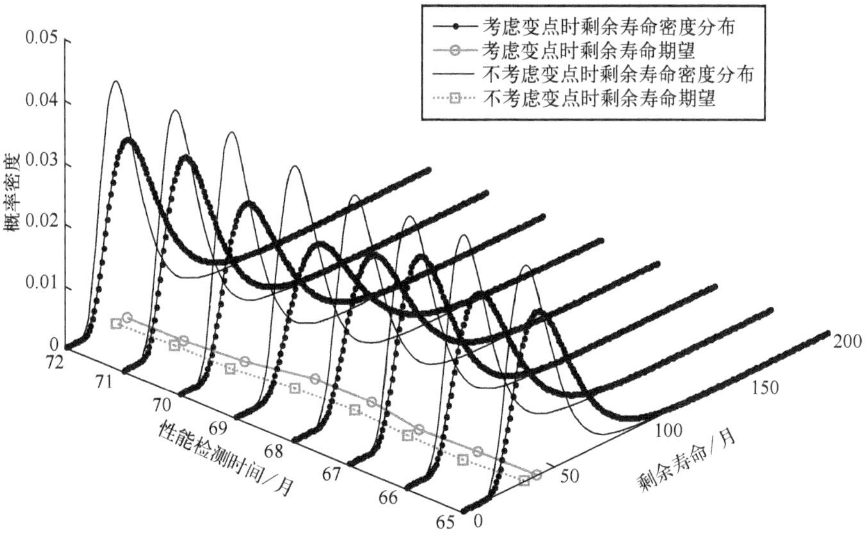

图 3.7 陀螺仪的剩余寿命分布曲线

3.5 本章小结

本章研究了基于贝叶斯在线变点检测算法的设备退化建模方法。该方法首先根据设备性能退化增量,使用改进的向前—向后算法和 EM 算法估计退化过程特征量的先验分布参数;其次,当获取最新观测值后,利用贝叶斯在线变点检测算法获取性能退化特征量的最新变点,并用变点之后的性能增量检测数据计算特征量的后验分布和贝叶斯估计值;最后将特征量估计值代入到退化模型,即维纳过程中,通过失效阈值的首达时间分布预测设备的剩余寿命。通过在陀螺仪服役期间性能检测数据中的应用,证明了该方法不仅能够有效地检测出设备退化过程中退化规律的变点,而且克服了历史数据对预测结果的影响,具有一定的实际应用价值。

参考文献

[1] 张建勋 . 基于随机退化建模的寿命预测方法及应用研究[D]. 西安:第二炮兵工程大学, 2014.

[2] Wang WenBin. A Two-stage Prognosis Model in Condition Based Maintenance[J]. European Journal of Operational Research, 2007, 182:1177-1187.

[3] 胡昌华,李斌, 周志杰,等 . 基于隐马尔可夫模型的陀螺仪漂移预测[J]. 系统仿真技术, 2011, 7(3):177-182.

[4] Shun-Zheng Yu. Hidden Semi-Markov Models[J]. Artificial Intelligence, 2010, 174:215-243.

[5] Mehran Azimi, Panos Nasiopoulos, Rabab Kreidieh Ward, et al. Offline and Online Identification of Hidden Semi-Markov Models[J]. IEEE Transactions On Signal Processing, 2005, 53(8):2658-2663.

[6] Shun-Zheng Yu, Hisashi Kobayashi. A hidden Semi-Markov Model with Missing Data and Multiple Observation Sequences for Mobility Tracking[J]. Signal Processing, 2003, 83:235-250.

[7] 曾庆虎, 邱静, 刘冠军 . 基于 HSMM 的机械故障演化规律分析建模与预测[J]. 机械强度, 2010, 32(5):695-701.

[8] Ming Dong, David He. Hidden Semi-Markov Model-based Methodology for Multi-sensor Equipment Health Diagnosis and Prognosis[J]. European Journal of Operational Research, 2007, 178:858-878.

[9] Wang WenBin, Matthew Carr, Xu WenJia, et al. A Model for Residual Life Prediction Based on Brownian Motion with an Adaptive Drift[J]. Microelectronics Reliability, 2011, 51:285-293.

[10] Hu ChangHua, Si XiaoSheng, Chen MaoYin, Wang WenBin. An Adaptive Wiener-maximum-process-based Model for Remaining Useful Life Estimation[C]. Prognostics&System Health

Management Conference, Shenzhen, China, 2011.

[11] Hu ChangHua, Si XiaoSheng, Chen MaoYin, et al. An Adaptive and Nonlinear Drift-based Wiener Process for Remaining Useful Life Estimation[C]. Prognostics & System Health Management Conference, Shenzhen, China, 2011.

[12] 王兆强,胡昌华,王文彬,等. 基于 Wiener 过程的钢厂风机剩余使用寿命实时预测[J]. 北京科技大学学报,2014, 36(10):1361-1368.

[13] Michael Robbins. Change-Point analysis: Asymptotic Theory and Applications [M]. ProQuest, UMI Dissertation Publishing, 2011.

[14] Chen Jie, Wang YuPing. A Statistical Change Point Model Approach for the Detection of DNA Copy Number Variations in Array CGH Data[J]. IEEE/ACM Transactions on computational biology and bio-informatics, 2009, 6(4):529-541.

[15] Han Dong, Tsung Gee. Comparison of the CUSCORE, GLRT and CUSUM Control Charts for Detecting a Dynamic Mean Change[J]. The Institute of Statistical Mathematics, 2005, 7(3): 531-552.

[16] 郭磊,陈进,赵发刚. 基于支持向量机的几何距离方法在设备性能退化评估中的应用[J]. 上海交通大学学报. 2008, 12(7):1077-1080.

[17] Doksum KA, Hoyland A. Models for Variable-stress Accelerated Life Testing Experiments Based on Wiener Processes and the Inverse Gaussian Distribution[J]. Technimetrics, 1992, 34:74-82.

[18] 陈亮,胡昌华. 一种基于位相型近似的退化可靠性分析方法[J]. 中国惯性技术学报, 2010, 18(2): 255-260.

[19] Adams R P, MacKay D J C. Bayesian Online Change Point Detection. Technical report, University of Cambridge, http://www.inference.phy. cam. ac.uk/rpa23/papers/rpachangepoint.pdf, 2007.

[20] Dempster A P, Laird N M, Rubin D B. Maximum Likelihood From Incomplete Data via EM Algorithm[J]. Journal of the Royal Statistical Society, 1977, 39(1):1-38.

[21] Scarf P A. A Framework for Condition Monitoring and Condition Based Maintenance[J]. Quality Technology & Quantitative Management, 2007, 4(2):301-312.

[22] 冯静,周经伦. 基于 Wiener 过程的载人飞船热控泵寿命预测[J]. 中国空间科学技术, 2008, (4): 53-58.

第 4 章

伽玛退化过程建模与剩余寿命预测

退化是在外界应力作用下设备内部材料发生渐近变化的一种物理或化学过程,该过程为一个随机过程。前面章节讨论了以布朗运动为基础的性能退化建模方法,但是该模型刻画的性能退化过程并非是严格的单调过程。而工程实践中,设备性能退化量常常呈现出单调递增的趋势。伽玛(Gamma)过程能够很好地描述数据呈现单调性特征退化过程的变化规律,如金属磨损、裂纹增长等[1-4]。Abdel-Hameed 最早于 1975 年提出并通过伽玛过程对连续单调的退化数据进行建模[5],2009 年 Noortwijk 总结了伽玛过程近年来在寿命预测领域的相关研究与应用[6]。张佳等利用伽玛过程对液浮陀螺仪的可靠性进行了详细研究[7]。本章将研究基于伽玛过程的设备性能退化轨迹建模与剩余寿命预测方法以及存在外部环境影响下设备最优维修决策方法。

4.1 伽玛退化过程的定义

伽玛过程是一种具有独立、非负增量的随机过程,增量服从具有恒等尺度参数的伽玛分布。

假设 X 为一服从伽玛分布的随机变量,那么,它的概率密度函数为[8]

$$Ga(x\mid\alpha,\beta)=\frac{\beta^{\alpha}}{\Gamma(\alpha)}x^{\alpha-1}\exp\{-\beta x\}I_{(0,\infty)}(x) \tag{4.1}$$

式中:$\alpha>0$ 为形状参数,$\beta>0$ 为尺度参数;当 $x\in A$ 时,$I_A(x)=1$;当 $x\notin A$ 时,$I_A(x)=0$;$\Gamma(\alpha)=\int_0^{\infty}t^{\alpha-1}\mathrm{e}^{-t}\mathrm{d}t$是 $\alpha>0$ 时的伽玛函数。进一步,令 $\alpha(t)$ 是一个非递减、右连续实值函数,$t\geqslant0,\alpha(0)\equiv0$。图 4.1 给出了单位尺度参数下不同形状参数的伽玛分布示意图。

具有形状参数 $\alpha(t)>0$ 和尺度参数 $\beta>0$ 的伽玛过程是一个连续时间随机过程

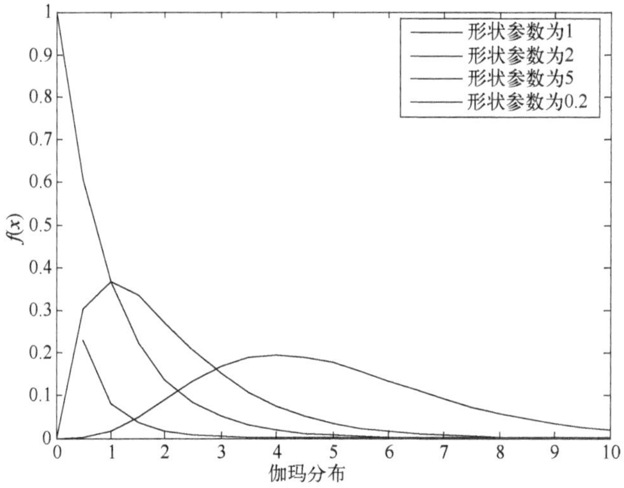

图 4.1 单位尺度参数不同形状参数的伽玛分布示意图

$\{X(t),t\geqslant 0\}$。该过程具有下列特性[6,8]：

(1) 以概率 1 满足 $X(0)=0$；

(2) 对于所有 $t\geqslant 0$ 和 $\Delta t>0$，$\Delta X(t)=X(t+\Delta t)-X(t)$：$Ga(\alpha(t+\Delta t)-\alpha(t),\beta)$；

(3) 对于任意 $n\geqslant 1$ 和 $0\leqslant t_0<t_1<\cdots<t_n<\infty$，随机变量 $X(0)$，$X(t_1)-X(t_0)$，…，$X(t_n)-X(t_{n-1})$ 相互独立。

简而言之，伽玛过程是一个增量非负且独立同伽玛分布的连续时间随机过程。当形状参数 $\alpha(t)$ 为时间 t 的线性函数时，该随机过程为平稳伽玛过程。

依据伽玛过程的定义，$X(t)$ 的概率密度函数为

$$f_{X(t)}(x)=Ga(x\,|\,\alpha(t),\beta) \tag{4.2}$$

其均值和方差分别为

$$E(X(t))=\frac{\alpha(t)}{\beta} \tag{4.3}$$

$$Var(X(t))=\frac{\alpha(t)}{\beta^2} \tag{4.4}$$

由 $\frac{\mathrm{d}}{\mathrm{d}t}E(X(t))=\alpha'(t)/\beta$ 可以看出形状参数 $\alpha(t)$ 的导数反映了设备在 t 时刻的平均退化速率，它揭示了设备退化程度与系统年龄之间的关系[10]。经验研究表明，设备在 t 时刻的期望退化水平常常可以通过下面的表达式进行描述[6]。

$$E(X(t))=\frac{\alpha(t)}{\beta}=\frac{ct^b}{\beta}\propto t^b \tag{4.5}$$

而且，针对某些特定的研究对象，式(4.5)中的参数 b 可以根据工程经验进行确定，

比如,在钢筋腐蚀导致混凝土发生退化的情形中,参数 b 通常取为 1[10],而在研究冲刷坑深度时,常将参数 b 设置为 0.4[11,12]。

4.2 伽玛退化过程的参数估计

对于平稳伽玛过程来说,当在不考虑协变量影响时,其样本轨迹的 n 个记录 (x_{ij},t_{ij}), $i=0,1,\cdots,n$; $j=0,1,\cdots,m_i$ 可以直接合并在一起,并认为其来自同一条样本轨迹,总时间长度为 $\sum_{i=1}^{n} t_{i,m_i}$。此时,可以根据给定的数据利用矩估计法和极大似然法估计形状参数 α 和尺度参数 β。

对于非平稳伽玛过程来说,若要对其参数进行估计,则需要事先知道其形状参数随时间的变化规律。在性能退化建模领域中,非平稳伽玛的期望退化水平常常可以用式(4.5)进行描述。而在这样的描述方式下,可以通过适当的变换将非平稳伽玛过程转换成平稳伽玛过程。具体地,通过选择 $z(t)=t^b$ 可以将式(4.3)和式(4.4)转换成

$$E(X(t))=\frac{cz}{\beta} \tag{4.6}$$

$$Var(X(t))=\frac{c}{\beta^2} \tag{4.7}$$

通过这样的变换,关于时间 t 的非平稳伽玛过程就转换成关于转换时间 $z(t)$ 的平稳过程。此时,在参数 b 已知的前提下,就可以直接用针对平稳伽玛过程的参数估计方法对未知参数 c 和 β 进行估计[6]。

因此,本节重点介绍平稳伽玛过程参数估计方法中经常用到的矩估计法和极大似然估计法。

4.2.1 矩估计法

矩估计法的基本思想是用某一随机变量的矩匹配它的相应统计量。例如,给定 n 个均值为 μ、方差为 σ^2 的高斯随机变量的独立观测量 $u_1,\cdots,u_n$,样本均值和方差为

$$\overline{U}=\frac{1}{n}\sum_{i=1}^{n}u_i,\ S_U^2=\frac{1}{n-1}\sum_{i=1}^{n}(u_i-\overline{U})^2 \tag{4.8}$$

由于 $E[\overline{U}]=\mu$, $E[S_U^2]=\sigma^2$, μ 和 σ^2 的估计值分别为 $\overline{U}$ 和 S_U^2。

对于平稳伽玛过程,设 $\Delta x_i=x_i-x_{i-1}$, $\Delta t_i=t_i-t_{i-1}$, $i=1,2,\cdots$。用 $\Delta x_i/\Delta t_i$ 定义退化率 R_i,它们相互独立,且都服从伽玛分布。因此,类似于上面高斯过程的情形,我

们可以计算退化率的样本均值和样本方差为

$$\bar{R}=\frac{1}{n}\sum_{i=1}^{n}\frac{\Delta x_i}{\Delta t_i},S_R^2=\frac{1}{n-1}\sum_{i=1}^{n}\left(\frac{\Delta x_i}{\Delta t_i}-\bar{R}\right)^2 \tag{4.9}$$

显然,$E(\bar{R})=\alpha/\beta, Var[\bar{R}]=\frac{1}{n^2}\frac{\alpha}{\beta^2}\sum_{i=1}^{n}\left(\frac{1}{\Delta t_i}\right)$。因而,

$$\begin{aligned}E[S_R^2]&=\frac{1}{n-1}\sum_{i=1}^{n}E\left(\frac{\Delta X_i}{\Delta t_i}-\bar{R}\right)^2\\&=\frac{1}{n-1}\sum_{i=1}^{n}E\left[\left(\frac{\Delta X_i}{\Delta t_i}-\frac{\alpha}{\beta}\right)-\left(\bar{R}-\frac{\alpha}{\beta}\right)\right]^2\\&=\frac{1}{n-1}\sum_{i=1}^{n}\left[Var\left(\frac{\Delta X_i}{\Delta t_i}\right)-\frac{2}{n}Var\left(\frac{\Delta X_i}{\Delta t_i}\right)+Var(\bar{R})\right\}\\&=\frac{1}{n}\frac{\alpha}{\beta^2}\sum_{i=1}^{n}\left(\frac{1}{\Delta t_i}\right)\end{aligned} \tag{4.10}$$

联系样本矩和期望值可得

$$\frac{\alpha}{\beta}=\bar{R} \tag{4.11}$$

$$\frac{\alpha}{\beta^2}=\frac{nS_R^2}{\sum_{i=1}^{n}(1/\Delta t_i)} \tag{4.12}$$

进而,通过求解式(4.11)和式(4.12)可以得到参数的估计值

$$\hat{\alpha}=\frac{\bar{R}^2\sum_{i=1}^{n}(1/\Delta t_i)}{nS_R^2} \tag{4.13}$$

$$\hat{\beta}=\frac{\bar{R}\sum_{i=1}^{n}(1/\Delta t_i)}{nS_R^2} \tag{4.14}$$

Çinlar 等提出了另一种矩法策略[13],他们计算增量的矩为

$$\bar{Y}=\frac{\sum_{i=1}^{n}\Delta x_i}{\sum_{i=1}^{n}\Delta t_i}=\frac{x_n}{t_n} \tag{4.15}$$

$$S_Y^2=\sum_{i=1}^{n}(\Delta x_i-\bar{Y}\Delta t_i)^2 \tag{4.16}$$

由于

$$E[\bar{Y}]=E\left[\frac{\sum_{i=1}^{n}\Delta x_i}{\sum_{i=1}^{n}\Delta t_i}\right]=\frac{E[X(t_n)]}{t_n}=\frac{\alpha}{\beta} \tag{4.17}$$

$$E\left[\sum_{i=1}^{n}(\Delta X_i-\overline{Y}\Delta t_i)^2\right]=E\left\{\sum_{i=1}^{n}\left[\left(\Delta X_i-\frac{\alpha}{\beta}\Delta t_i\right)-\left(\overline{Y}-\frac{\alpha}{\beta}\right)\Delta t_i\right]^2\right\}$$

$$=\sum_{i=1}^{n}Var(\Delta X_i)-\sum_{i=1}^{n}\Delta t_i^2 Var(\overline{Y}) \tag{4.18}$$

$$=\frac{\alpha}{\beta^2}t_n\left[1-\sum_{i=1}^{n}\left(\frac{\Delta t_i}{t_n}\right)^2\right]$$

利用期望值匹配相应的样本矩可以得到以下结果

$$\frac{\alpha}{\beta}=\overline{Y}=\frac{x_n}{t_n} \tag{4.19}$$

$$\frac{\alpha}{\beta^2}=\frac{S_Y^2}{t_n\left[1-\sum_{i=1}^{n}(\Delta t_i/t_n)^2\right]} \tag{4.20}$$

于是,可以得到参数 α 和 β 的估计值为

$$\hat{\alpha}=\frac{x_n^2\left[1-\sum_{i=1}^{n}(\Delta t_i/t_n)^2\right]}{t_n S_Y^2} \tag{4.21}$$

$$\hat{\beta}=\frac{x_n\left[1-\sum_{i=1}^{n}(\Delta t_i/t_n)^2\right]}{S_Y^2} \tag{4.22}$$

显然,当 $\Delta t_i(i=1,\cdots,n)$ 相等时,来自两种策略的估计值相同。

对于非平稳伽玛过程,若参数 b 未知,还需要根据数据对其进行估计。具体地,对式(4.5)两边取对数得

$$\log E[X(t)]=b\log t+\log(c/\beta) \tag{4.23}$$

若以 $\log t$ 为横轴,以 $\log E[X(t)]$ 为纵轴,则式(4.23)对应着的是一条斜率为 b 的直线。因此,根据最小二乘法有

$$\hat{b}=\frac{n\sum_{i=1}^{n}(\log t_i)(\log x_i)-\left(\sum_{i=1}^{n}\log t_i\right)\left(\sum_{i=1}^{n}\log x_i\right)}{n\sum_{i=1}^{n}(\log t_i)^2-\left(\sum_{i=1}^{n}\log t_i\right)^2} \tag{4.24}$$

在得到参数 b 的估计值 $\hat{b}$ 后,令 $z=\hat{b}^t$,得到转换后的平稳伽玛过程,再利用前面介绍的矩估计法对其参数进行估计。

4.2.2　极大似然估计法

对于给定形状参数为 α 和尺度参数为 β 的平稳伽玛过程 $\{X(t),t\geqslant 0\}$ 来说,根据获得的增量 $(\Delta x_i,\ \Delta t_i)$,$i=1,\cdots,n$,可以容易地建立 α 和 β 的似然函数。由于该伽玛过程为平稳过程,因此形状参数 $\alpha(t)$ 可以表示为 αt,即 $\alpha(t)=\alpha t$。根据伽玛

过程的定义可得

$$\Delta X_i : Ga(\alpha\Delta t_i,\beta)=\frac{\beta^{\alpha\Delta t_i}(\Delta x_i)^{\alpha\Delta t_i-1}}{\Gamma(\alpha\Delta t_i)}e^{-\Delta x_i\beta} \tag{4.25}$$

对数似然函数为

$$l(\alpha,\beta)=\sum_{i=1}^{n}(\alpha\Delta t_i-1)\log\Delta x_i+\alpha t_n\log\beta-\sum_{i=1}^{n}\log\Gamma(\alpha\Delta t_i)-x_n\beta \tag{4.26}$$

$l(\alpha,\beta)$关于α和β分别求偏导,有下列极大似然方程:

$$\frac{\partial l}{\partial\alpha}=\sum_{i=1}^{n}\Delta t_i[\log\Delta x_i-\psi(\alpha\Delta t_i)+\log\beta]=0 \tag{4.27}$$

$$\frac{\partial l}{\partial\beta}=\frac{\alpha t_n}{\beta}-x_n=0 \tag{4.28}$$

式中:$\psi(u)$为对数伽玛函数 $\log\Gamma(u)$关于u的导数,即

$$\psi(u)=\frac{\partial\log\Gamma(u)}{\partial u}=\frac{\Gamma'(u)}{\Gamma(u)} \tag{4.29}$$

当$u>0$时,称式(4.29)为 digamma 函数。

根据式(4.28),有

$$\beta=\frac{\alpha t_n}{x_n} \tag{4.30}$$

然后,将式(4.30)代入式(4.27)得到

$$\sum_{i=1}^{n}\Delta t_i\log\Delta x_i+t_n\log\frac{\alpha t_n}{x_n}-\sum_{i=1}^{n}\Delta t_i\psi(\alpha\Delta t_i)=0 \tag{4.31}$$

易知,式(4.31)是一个超越方程,通常需要使用数值计算方法对其进行求解。

对于形状参数为$\alpha=ct^b$和尺度参数为β的非平稳伽玛过程$\{X(t),t\geqslant0\}$来说,采用与前面类似的方法同样可以容易地建立b, c和β的似然函数:

$$\mathrm{l}(\Delta x_1,\cdots,\Delta x_n|c,\beta,b)=\prod_{i=1}^{n}\frac{\beta^{c(t_i^b-t_{i-1}^b)}}{\Gamma[c(t_i^b-t_{i-1}^b)]}\Delta x_i^{c[t_i^b-t_{i-1}^b]-1}\exp\{-\beta\Delta x_i\} \tag{4.32}$$

对式(4.32)两边取对数,然后分别关于变量b, c和β求偏导数,并令各自的求偏导结果为0,即

$$\frac{\partial}{\partial\beta}\log\mathrm{l}(\Delta x_1,\cdots,\Delta x_n|c,\beta,b)=0 \tag{4.33}$$

$$\begin{aligned}&\frac{\partial}{\partial c}\log\mathrm{l}(\Delta x_1,\cdots,\Delta x_n|c,\beta,b)\\&=\sum_{i=1}^{n}(t_i^b-t_{i-1}^b)\{\log(\beta)-\psi[c(t_i^b-t_{i-1}^b)]+\log\Delta x_i\}\\&=t_n^b\log(\beta)+\sum_{i=1}^{n}(t_i^b-t_{i-1}^b)\{\log\Delta x_i-\psi[c(t_i^b-t_{i-1}^b)]\}=0\end{aligned} \tag{4.34}$$

$$\begin{aligned}&\frac{\partial}{\partial b}\log l(\Delta x_1,\cdots,\Delta x_n|c,\beta,b)\\&=\sum_{i=1}^{n}bc(t_i^{b-1}-t_{i-1}^{b-1})\{\log(\beta)-\psi[c(t_i^b-t_{i-1}^b)]+\log\Delta x_i\}\\&=t_n^{b-1}\log(\beta)+\sum_{i=1}^{n}(t_i^{b-1}-t_{i-1}^{b-1})\{\log\Delta x_i-\psi[c(t_i^b-t_{i-1}^b)]\}=0\end{aligned}\tag{4.35}$$

进一步求解可得各参数的估计值满足下列方程

$$\hat{\beta}=\frac{\hat{c}t_n^{\hat{b}}}{x_n}\tag{4.36}$$

$$t_n^{\hat{b}}\log(\hat{\beta})=\sum_{i=1}^{n}(t_i^{\hat{b}}-t_{i-1}^{\hat{b}})\{\psi[\hat{c}(t_i^{\hat{b}}-t_{i-1}^{\hat{b}})]-\log\Delta x_i\}\tag{4.37}$$

$$t_n^{\hat{b}-1}\log(\hat{\beta})=\sum_{i=1}^{n}[t_i^{\hat{b}-1}-t_{i-1}^{\hat{b}-1}]\{\psi(c[t_i^{\hat{b}}-t_{i-1}^{\hat{b}}])-\log\Delta x_i\}\tag{4.38}$$

对于式(4.36)~式(4.38),可用数值计算方法进行求解[14],以获得三个未知参数的估计结果,这里不再详细讨论。

4.3　基于伽玛退化过程的设备剩余寿命预测

4.3.1　寿命分布

许多设备的性能失效(设备性能不再达到标准)是首次通过型失效。也就是说,一旦设备的退化过程 $X(t)$ 达到失效阈值 ξ,则可认为其发生了失效。失效时间定义为 $X(t)$ 的样本退化轨迹首次超过 ξ 的时刻,而寿命即为从设备开始新投入使用到首次达到失效阈值这段时间的长度[15]。于是可以得到下式

$$T\equiv\inf\{X(t)\geqslant\zeta\}=\{t|X(t)\geqslant\zeta,X(s)<\zeta,0\leqslant s<t\}\tag{4.39}$$

当 $X(t)$ 是一个伽玛过程时,根据退化过程样本轨迹的单调性,寿命分布为

$$F_T(t)=\Pr(T\leqslant t)=\Pr(X(t)\geqslant\zeta)=\frac{\gamma[\alpha(t),\zeta\beta]}{\Gamma[\alpha(t)]}\tag{4.40}$$

式中:$\gamma(a,x)$ 表示上不完全伽玛函数,定义为

$$\gamma(a,x)=\int_x^{\infty}t^{a-1}\mathrm{e}^{-t}\mathrm{d}t\tag{4.41}$$

寿命的一、二阶矩表示为

$$E[T]=\int_0^{\infty}[1-F_T(t)]\mathrm{d}t\tag{4.42}$$

$$E[T^2]=2\int_0^{\infty}t[1-F_T(t)]\mathrm{d}t\tag{4.43}$$

对于式(4.42)、式(4.43),通常采用数值计算方法对进行求解[16]。具体来说,设 $q_n=\Pr\{t_n<T_\xi\leqslant t_{n+1}\}$,并令 $t_n=n/\alpha(n=0,1,2,\cdots)$,再对式(4.40)作离散时间近似,于是有

$$q_n=\frac{\gamma[n+1,\zeta\beta]}{\Gamma[n+1]}-\frac{\gamma[n,\zeta\beta]}{\Gamma[n]}=\frac{(\zeta\beta)^n}{n!}\mathrm{e}^{-\zeta\beta} \tag{4.44}$$

这是一个泊松分布。也就是说,设备在时间区间$(n/\alpha,(n+1)/\alpha]$内发生失效的概率是参数为 ζ/β 的泊松分布[16]。根据泊松分布的特性,寿命的均值和方差等于 $\zeta\beta/\alpha$ 和$\zeta\beta/\alpha^2$。

图 4.2 给出具有形状参数为 1 和尺度参数、失效阈值都为 10 时伽玛过程首次通过时间的概率密度函数和它的泊松近似。均值和方差的真实值分别为 10.495 和 10.022,而泊松近似给出的都是 10。

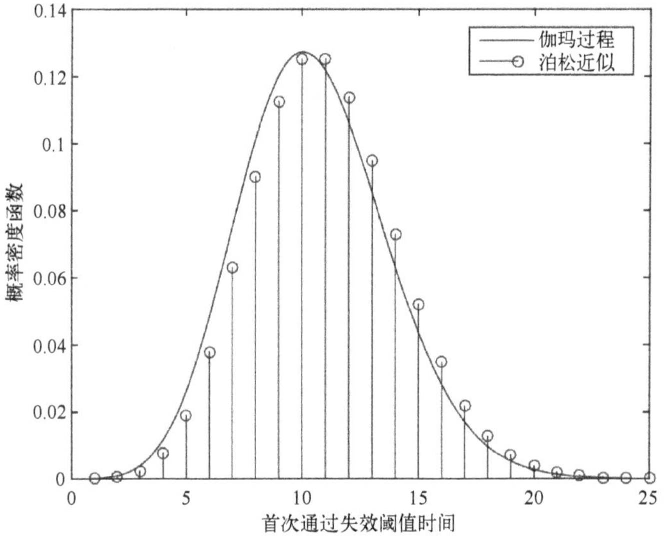

图 4.2 基于伽玛过程的寿命分布概率密度函数及其泊松近似

4.3.2 剩余寿命分布

若设备已工作到当前时刻 t_c,那么通常情况下可以根据其寿命分布函数计算得到其剩余寿命分布,即

$$F_T(t\mid t_c)=\Pr(T\leqslant t\mid T>t_c)=\frac{F_T(t)-F_T(t_c)}{1-F_T(t_c)} \tag{4.45}$$

但对于用伽玛过程描述的性能退化过程,还可以根据设备在时刻 t_c 的性能退化值 $x_c=X(t_c)<\xi$ 及伽玛过程的增量独立特性建立退化过程首次达到失效阈值 ξ

时间的分布函数

$$
\begin{aligned}
F_T(t|t_c) &= \Pr(T \leqslant t | X(t_c) = x_c) \\
&= \Pr(X(t) - X(t_c) \geqslant \zeta - x_c) \\
&= \frac{\gamma[\alpha(t-t_c), (\zeta-x_c)\beta]}{\Gamma[\alpha(t-t_c)]}
\end{aligned}
\tag{4.46}
$$

它与式(4.40)具有相同的形式,只是分别用$\xi-x_c$和$t-t_c$代替ξ和t。

由式(4.45)计算得到的剩余寿命分布只利用了设备的已工作时间,而由式(4.46)计算的设备剩余寿命分布则综合利用了设备当前时刻退化值和已工作时间,结果更能反映设备健康状态的变化。

图4.3给出了设备已工作10个单位时间时三个不同情形下的剩余寿命分布。其中,伽玛过程的形状参数和尺度参数均为1,失效阈值为10。由该图可以看出,当前性能退化值较小时,设备在未来一段时间内的失效概率要小于性能退化值较大时在同段时间内的失效概率。而只利用已工作时间计算的设备剩余寿命分布不受当前性能退化水平影响。

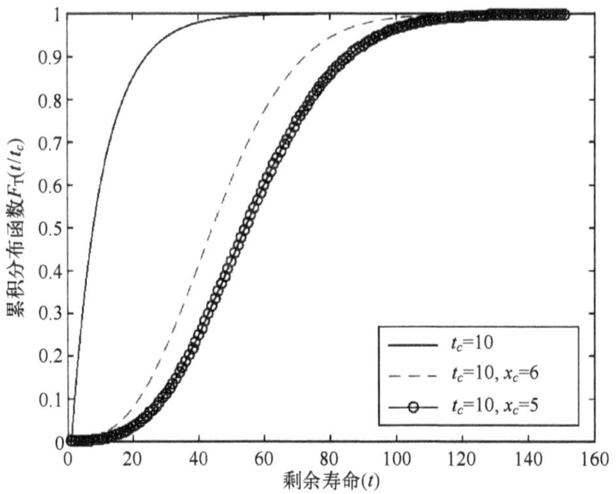

图4.3 不同情况下基于伽玛过程的设备剩余寿命分布函数

4.3.3 可靠度函数

假设T为设备的寿命,对于单调递增退化过程,t时刻的可靠度函数为

$$
R(t) = P(T>t) = P\{X(t)<\zeta\} \tag{4.47}
$$

对于形状参数为α和尺度参数为β的伽玛过程。其可靠度函数可表示为

$$
\begin{aligned}
R(t) &= P(T \geqslant t) = P\{X(t) \leqslant \zeta\} \\
&= \int_0^{\zeta} \frac{\beta^{\alpha}}{\Gamma(\alpha)} x^{\alpha-1} \mathrm{e}^{-\beta x} \mathrm{d}x \\
&= \frac{\gamma_l(\alpha, \zeta\beta)}{\Gamma(\alpha)}
\end{aligned} \tag{4.48}
$$

式中：$\gamma_l(a,x)=\int_0^x t^{a-1}\mathrm{e}^{-t}\mathrm{d}t, x \geqslant 0, a \geqslant 0$ 称为下不完全伽玛函数。

4.3.4 实例验证

本节利用 A2017-T4 型铝合金疲劳裂纹长度数据，对本章的理论结果进行验证。该型铝合金在航天和军事领域有着广泛的应用。这种材料的品质一般通过其疲劳长度进行评估。当裂纹长度达到或超过一个预先设定的阈值 6mm 时，可以认为其发生了失效。文献[17]列出了 4 组 A2017-T4 型铝合金样本在 200MPa 压力下的疲劳裂纹数据。每个样本测试 10 次，得到 10 个裂纹长度数据，测试时间间隔为 10^5 旋转周期。这里，只利用这 4 组数据中的第 1 组数据进行验证。该组数据如图 4.4 所示。

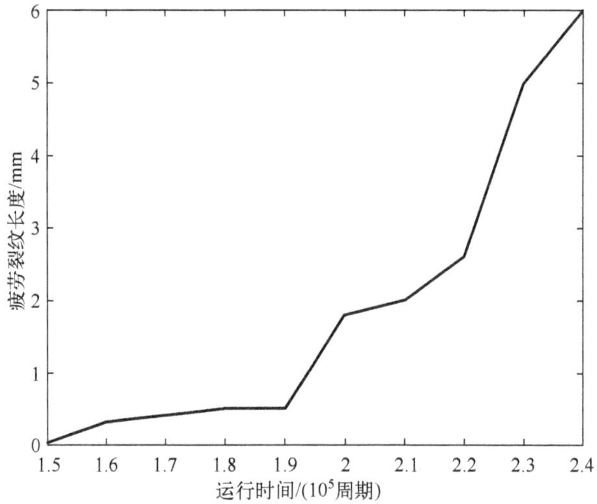

图 4.4 A2017-T4 铝合金疲劳裂纹增长轨迹

采用形状参数 $\alpha = ct^b$ 和尺度参数为 β 的非平稳伽玛过程对图 4.4 所示的退化轨迹进行建模。由于样本数量较少，不宜采用矩估计法对未知参数进行估计。因此，本节采用极大似然估计法对参数 b, c, β 进行估计，结果如表 4.1 所列。

然后，利用获得的参数估计值，对该组样本剩余寿命概率密度函数和平均剩余寿命进行估计，如图 4.5 所示。该图给出了每个监测时刻剩余寿命概率密度函数，同时给出了相应监测时刻的实际剩余寿命和预测的平均剩余寿命。通过比较可以发现，预测的剩余寿命均值与实际的剩余寿命非常接近，验证了基于伽玛过程性能退化建模与剩余寿命预测方法的有效性。

表 4.1　伽玛过程参数估计值

参数	$\hat{b}$	$\hat{c}$	$\hat{\beta}$
估计值	5.85	0.071	1.9831

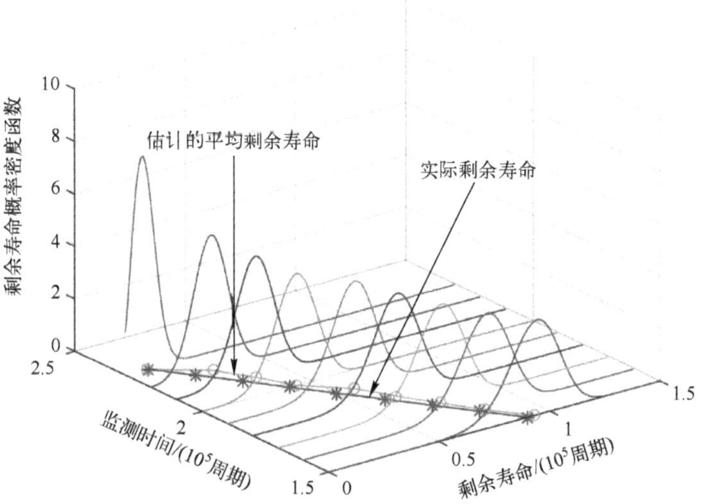

图 4.5　不同监测时刻的剩余寿命分布概率密度函数曲线

4.4　存在环境影响时伽玛性能退化过程建模和最优维修

本章前面部分主要讨论了利用伽玛过程对设备性能退化过程进行描述时的剩余寿命预测方法及相应的参数估计方法，并未考虑外部环境对性能退化过程的影响。实际上，设备健康状态通常与其运行环境有着密切的联系，而环境又通常会发生随机动态的变化。比如，部队在实际训练过程中通常会用车辆载着导弹机动到千里之外的发射场。在机动过程中，车辆的颠簸、环境温度的变化等都会对导弹中惯性平台的健康状态产生不利影响，从而影响武器装备的作战效能。这些因素都不同程度地加大了合理制定此类复杂设备维修计划的难度。因此，本节重点研究存在外部环境影响情形下基于伽玛过程的设备性能退化建模与最优维修策略。

4.4.1　问题描述

本小节主要考虑由单部件设备在受到外部随机环境影响情况下性能退化建模

与最优维修问题。

在不考虑外部因素影响时,设备性能在运行过程中通常会因自身原因而发生退化,并且当性能退化值超过某个给定的阈值 ξ 时,设备即被认为发生了失效。与前面类似,这里采用形状参数为 α、尺度参数为 β 的伽玛过程对设备性能退化过程 $\{X(t),\ t\geqslant 0\}$ 进行描述,其中,$\alpha>0$,$\beta>0$,$X(t)$ 为设备在 t 时刻的性能退化量。进一步假设设备在存储过程中不会发生退化,则设备刚投入使用时其性能退化量为 $X(0)=0$。

除了受内在的退化过程影响外,设备还受到外部的冲击过程的影响。将设备所受外部冲击在 $[0,t]$ 内来到的次数记为 $N(t)$,并假设 $\{N(t),\ t\geqslant 0\}$ 为非时齐泊松过程,其强度函数为 $\lambda(t)$。外部的每一次冲击都会加快部件的性能退化过程。具体来讲,就是使设备性能退化量增加一定的值。为研究方便,假设冲击带来的损伤的幅度与冲击来到的次数无关,并为服从伽马分布的随机变量。将由冲击引起的退化量增幅记为 Y,那么有 $Y\sim Ga(\alpha_Y,\ \beta_Y)$。

4.4.2 存在外部环境影响时伽玛性能退化过程剩余寿命分布计算

本小节首先通过数学推导,给出剩余寿命分布计算的精确公式,然后,通过数值仿真对剩余寿命分布进行仿真计算。

存在外部冲击影响时,设备在时刻 t 的性能退化量为

$$Z(t)=X(t)+Y(t) \tag{4.49}$$

式中:$Y(t)$ 表示部件在 $[0,t]$ 时间段内由外部冲击所引起的性能退化过程的增量,其具体表达式为 $Y(t)=N(t)Y$。根据前一小节的描述,可知 $N(t)$ 表示部件所受外部冲击在 $[0,t]$ 内来到的次数,并且 $\{N(t),\ t\geqslant 0\}$ 为非时齐泊松过程,其强度函数为 $\lambda(t)$。Y 表示由冲击引起的退化量增幅,且 $Y\sim Ga(\alpha_Y,\ \beta_Y)$。

对于退化性能单调递增的退化过程,若观察得到其役龄为 a 时的退化值 z_a,那么根据式(4.47)可以得到在 $a+t$ 时刻的可靠性为

$$\begin{aligned}
R(t\mid a,z_a)&=\Pr\{T_r\geqslant t\mid a,z_a\}=\Pr\{Z(a+t)\leqslant D\mid a,z_a\}\\
&=\Pr\{X(a,a+t)+Y(a+t)-Y(a)+z_a\leqslant D\}\\
&=\Pr\{X(a,a+t)+(N(a+t)-N(a))Y\leqslant D-z_a\}\\
&=\sum_{k=0}^{\infty}\Pr\{X(a,a+t)+kY\leqslant D-z_a\}\times\Pr\{N(a+t)-N(a)=k\}\\
&=\sum_{k=0}^{\infty}R(a,t,k,z_{th})\frac{\left(\int_a^{a+t}\lambda(s)\,\mathrm{d}s\right)^k\exp\left(-\int_a^{a+t}\lambda(s)\,\mathrm{d}s\right)}{k!}
\end{aligned} \tag{4.50}$$

式中:T_r 为部件的剩余使用寿命;$k\in N$。然后根据式(4.48)有

$$
\begin{aligned}
R(a,t,k,z_a) &= \Pr\{X(a,a+t)+kY \leqslant D-z_a\} \\
&= \Pr\{X(a,a+t)+Y^{(k)} \leqslant D-z_a\} \\
&= \int_0^{\infty} \Pr\{X(a,a+t)+Y^{(k)} \leqslant D-z_a \mid Y^{(k)}=y^{(k)}\} f_{Y^{(k)}}(y^{(k)})\mathrm{d}y^{(k)} \\
&= \int_0^{\infty} \Pr\{X(a,a+t) \leqslant D-z_a-y^{(k)} \mid Y^{(k)}=y^{(k)}\} f_{Y^{(k)}}(y^{(k)})\mathrm{d}y^{(k)} \\
&= \int_0^{\infty}\int_0^{D-z_a-y^{(k)}} \frac{\beta^{\alpha t}}{\Gamma(\alpha t)} x^{\alpha t-1}\exp(-\beta x)\mathrm{d}x f_{Y^{(k)}}(y^{(k)})\mathrm{d}y^{(k)}
\end{aligned}
\tag{4.51}
$$

这里首先给出 $Y^{(k)}$ 的概率密度函数。由于 $Y^{(k)}=kY$，且 Y 服从参数为 α_Y 和 β_Y 的伽玛分布，因此 $Y^{(k)} \sim Ga(k\alpha_Y, \beta_Y)$，即对 $Y^{(k)}$ 的概率密度函数为[18]

$$
f_{Y^{(k)}}(y^{(k)}) = \frac{\beta_Y^{k\alpha}}{\Gamma(k\alpha_Y)} y^{(k)k\alpha_Y-1}\exp(-\beta_Y y^{(k)}) \tag{4.52}
$$

最后，将式(4.52)代入式(4.51)，并将所得结果代入式(4.50)即可得存在外部影响时设备在 $a+t$ 时刻的可靠性。

考虑到式(4.50)计算比较复杂，这里采用 Monte Carlo 仿真的方法进行求解。首先根据文献[19]产生非齐次泊松过程的一个样本轨道，得到$[a,a+t]$内外部冲击次数 k，然后再仿真产生 M_1 个服从 $Ga(k\alpha_Y,\beta_Y)$ 分布的样本，并将其代入式(4.52)计算得到该样本轨道下设备在$[a,a+t]$内不发生失效的概率，重复执行上述过程 M 次即可得到设备在 $a+t$ 时刻的可靠性。

图 4.6(a)分别给出了设备刚投入运行后(即 $a=0, z_a=0$)在受到外部冲击和未受外部冲击影响两种情况下的性能退化样本轨道。其中，外部冲击所造成的性能

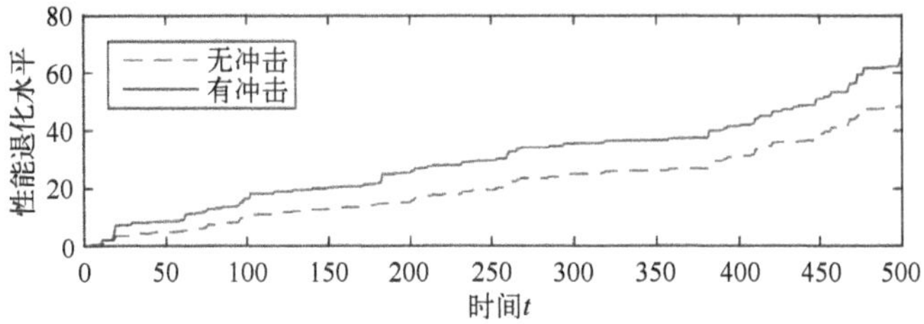

(a) 有/无冲击时设备性能退化曲线

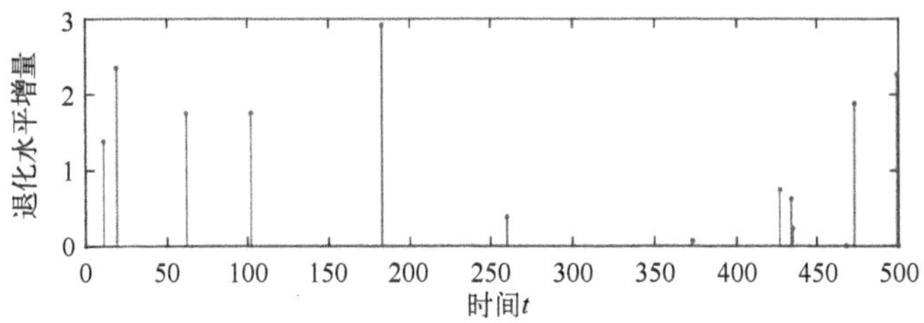

(b) 冲击引起的退化增量

图 4.6　外部冲击对设备性能退化过程的影响

退化过程的增量如图 4.6(b)所示。这里,退化过程$\{X(t),t\geqslant 0\}$的参数为:$\alpha=1$,$\beta=1$,失效阈值ξ为 30。外部冲击过程的强度函数为$\lambda(t)=\alpha_s\beta_s(\alpha_s t)^{\beta_s-1}$,其中$\alpha_s=0.2$,$\beta_s=1.2$。与外部冲击引起的性能退化水平增量相关参数为:$\alpha_Y=0.5$,$\beta_Y=1.2$。用于产生非时齐泊松过程的时齐泊松过程的强度函数$\lambda=1$,$T=50$。

图 4.7 给出了通过 Monte Carlo 仿真计算得到的设备在有/无外部环境影响情形下的寿命分布曲线,其中,仿真次数$N=1000$,其他参数同上。从该图中可以看出,在同一时刻,存在外界环境影响情形下的失效概率比没有外界环境影响情形下的失效概率要大。

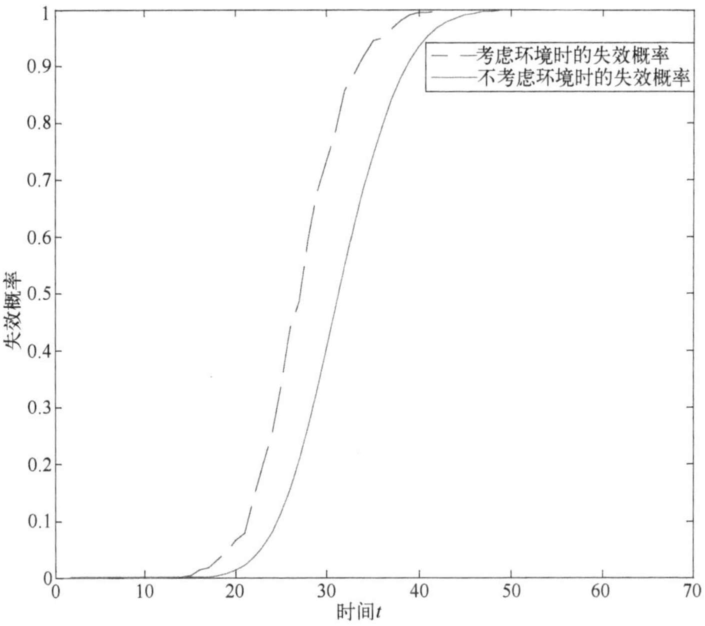

图 4.7　有/无外部冲击时部件的寿命分布

4.4.3　存在外部环境影响时基于伽玛性能退化过程的最优维修决策

为了能够准确把握设备所处的退化状态,并让管理人员做出合理的维修决策,每经过一定的时间间隔$h(h>0)$就对设备性能变量进行一次监测。根据传感器在时刻$t_k(k=0,1,2,\cdots)$监测结果判断到底是让设备继续运行至时刻t_{k+1},还是立即对其实施费用为c_p的预防性替换。若设备在由时刻t_k运行至t_{k+1}过程发生失效,则实施费用为c_f的失效替换。由于设备失效会带来额外的损失。因此,$c_f>c_p>0$。

此外,这里假设监测所需要的时间和费用及设备更换操作所耗费的时间忽略不计，并且对设备进行监测时，不会对部件的性能退化过程产生影响。

为了确定设备的最优替换时间，需要首先获得该设备长时间运行后的期望平均费用模型，也称为期望费用率。由于设备替换时间可以忽略不计，因此整个设备替换过程为一更新过程。根据更新过程相关理论[20]，期望费用率为

$$\text{期望费用率}=\frac{\text{一个更新周期内的期望维修费用}}{\text{一个更新周期的期望时间长度}} \tag{4.53}$$

其中，将连续两次替换操作相隔的时间长度称为一个更新周期。下面对式(4.53)的分子与分母分别进行计算。

假设自当前时刻 a 起，再过 t_r 个单位时间就对设备采取预防性替换操作。在这之前，一旦发现设备发生失效，就立即对其采取替换操作。于是，该设备更新周期的期望长度为

$$T_r = a + \int_0^{t_r} R(t \mid a, z_a)\,\mathrm{d}t \tag{4.54}$$

而该更新周期内的期望费用为

$$C_r = c_p R(t_r \mid a, z_a) + c_r[1 - R(t_r \mid a, z_a)] \tag{4.55}$$

然后，将式(4.54)和式(4.55)代入式(4.53)即可得设备期望费用率为

$$\begin{aligned} C(t_r \mid a, z_a) &= \frac{C_r}{T_r} \\ &= \frac{c_p R(t_r \mid a, z_a) + c_r[1 - R(t_r \mid a, z_a)]}{a + \int_0^{t_r} R(t \mid a, z_a)\,\mathrm{d}t} \end{aligned} \tag{4.56}$$

于是，通过最小化式(4.56)就可以获取设备的最优替换时间，即

$$t_r^* = \underset{t_r \geqslant 0}{\operatorname{argmin}}\, C(t_r \mid a, z_a) \tag{4.57}$$

式(4.57)中的优化目标为单变量函数，因此，很容易证明其解的存在性与唯一性，这里不再赘述。但由于式(4.57)中涉及的函数形式较为复杂，很难得到最优解的解析形式，因此，可以通过数值方法找到其近似最优解。

这里，利用一个数值例子来验证本小节的理论成果。假设退化过程 $\{X(t), t \geqslant 0\}$ 的参数：$\alpha=1$，$\beta=1$，失效阈值 ξ 为 30。外部冲击过程的强度函数为 $\lambda(t) = \alpha_s\beta_s(\alpha_s t)^{\beta_s-1}$，其中 $\alpha_s=0.2$，$\beta_s=1.2$。与外部冲击引起的性能退化水平增量相关参数：$\alpha_Y=0.5$，$\beta_Y=1.2$。用于产生非时齐泊松过程的时齐泊松过程的强度函数 $\lambda=1$，$T=50$。a 和 z_a 都设为 0，预防性维修费用 $c_p=50$，失效后维修费用 $c_r=500$。

图 4.8 给出了期望费用率随时间的变化曲线。通过该图，可以很容易找到曲线上与最小费用率相对应的点（如图中圆圈所示），也就找到了近似最优的部件替换时间。这里，最佳替换时间为 $t_r^*=15$，单位时间内的最小费用为 $C^*=3.4242$。

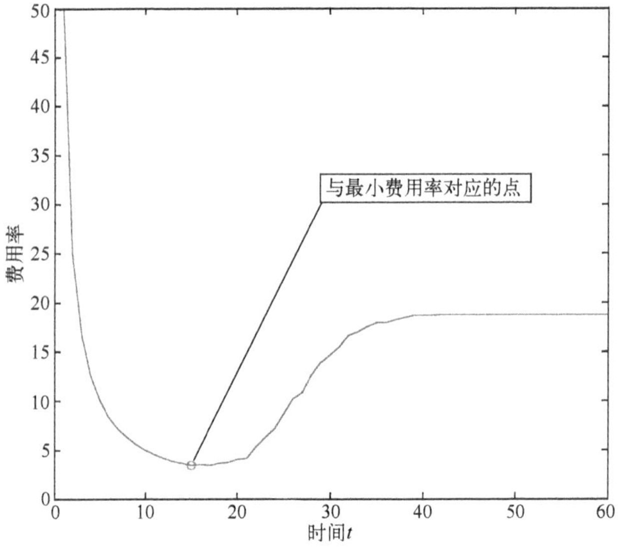

图 4.8 费用率随时间变化曲线

4.5 本章小结

本章首先介绍了伽玛过程相关知识及常用的未知参数估计方法,在此基础上讨论了基于伽玛过程性能退化建模与剩余寿命分布计算方法,并通过 A2017-T4 型铝合金疲劳裂纹长度数据验证了该方法的可行性和有效性。

此外,本章还进一步研究了存在外部环境影响情形下的设备最优维修决策方法。通过对环境的影响进行建模,推导了存在环境影响情形下伽玛性能退化过程的寿命分布,并在此基础上获得了给定维修策略下期望费用率模型。最后,通过一个数值算例进行了理论结果的验证。

参考文献

[1] 陈亮. 基于退化建模的陀螺仪可靠性预测方法研究[D]. 西安:第二炮兵工程学院, 2010.

[2] 陈亮, 胡昌华. Gamma 过程退化模型估计中测量误差影响的仿真研究[J]. 系统仿真技术,2010, 6(1):1-5.

[3] 陈亮, 胡昌华. Gamma 过程退化模型估计中测量误差影响的仿真研究[J]. 系统仿真技术,2010, 6(1):1-5.

[4] 张佳. 融合多源数据设备退化轨迹及可靠性建模方法研究[D]. 西安:第二炮兵工程学院, 2011.

[5] Abdel-Hameed M. A Gamma wear process[J]. IEEE Transactions on Reliability, 1975, 24

(2): 152-153.
[6] Van Noortwijk J M. A survey of the application of gamma processes in maintenance[J]. Reliability Engineering & System Safety, 2009, 94(1): 2-21.
[7] 张佳, 张伟. 基于 Gamma 过程退化模型的液浮陀螺可靠性研究[J]. 第二炮兵工程学院学报, 2011, 25(2):38-41.
[8] Singpurwalla N. Gamma processes and their generalizations: an overview[M]. In: Cooke R, Mendel M, Vrijling H, editors. Engineering probabilistic design and maintenance for flood protection. Dordrecht: Kluwer Academic Publishers; 1997.
[9] 刘斌, 余梅, 胡玉新. 贮存环境下系统退化过程的可靠性分析[C]. 全球第七届可靠性学术会议, 北京,2005:247-254.
[10] Ellingwood B R, Y Mori. Probabilistic methods for condition assessment and life prediction of concrete structures in nuclear power plants[J]. Nuclear Engineering and Design, 1993, 142(2-3):155-66.
[11] Van Noortwijk J M, Klatter H E. Optimal inspection decisions for the block mats of the Easter-Scheldt barrier[J]. Reliability Engineering & System Safety, 1999, 65:203-211.
[12] Hoffmans G J C M, Pilarczyk K W. Local scour downstream of hydraulic structures[J]. Journal of Hydraulic Engineering, 1995, 121(4):326-40.
[13] Çinlar, E, Bažant Z P, Osman E. Stochastic process for extrapolating concrete creep[J]. Journal of the Engineering Mechanics Division, ASCE, 1977,103(EM6), 1069-1088.
[14] Nicolai R P, Dekker R, van Noortwijk J M. A comparison of models for measurable deterioration: An application to coatings on steel structures[J]. Reliability Engineering & System Safety, 2007, 92: 1635-1650.
[15] 顾瑛. 可靠性工程数学[M]. 北京: 电子工业出版社, 2004.
[16] Yuan X X. Stochastic modeling of deterioration in nuclear power plant components[D]. University of Waterloo, 2007.
[17] 司小胜, 胡昌华. 数据驱动的设备剩余寿命预测理论及应用[M]. 北京:国防工业出版社, 2016.
[18] Moschopoulos P G. The distribution of the sum of independent Gamma random variables[J], Annals of the Institute of Statistical Mathematics, 1985, 37(Part A), 541-544.
[19] 宁如云. 非齐次泊松过程仿真方法[J]. 高等数学研究, 2012, 01, 465-470.
[20] 林元烈. 应用随机过程[M]. 北京: 清华大学出版社, 2001.

第 5 章

逆高斯退化过程建模与剩余寿命预测

维纳(Wiener)过程和伽玛(Gamma)过程在性能退化轨迹建模与剩余寿命预测领域得到了广泛的运用。然而,在一些具体的应用场合(如 GaAs 激光器),Wiener 过程和 Gamma 过程并不能很好地对设备的性能退化过程进行描述。针对这种情况,Wang 和 Xu 考虑利用逆高斯过程对设备的性能退化过程进行建模,并在此基础上进行了相关的应用研究[1]。文献[2]采用贝叶斯法则建立了自适应的逆高斯退化模型。已有文献通常采用极大似然估计法对同批次多组退化数据进行综合利用以估计逆高斯过程未知参数。与之不同,本章采用证据推理(Evidential Reasoning,ER)方法对这些数据进行融合处理,并且引入属性权重的概念,以更加准确地估计逆高斯模型的参数,进而进行剩余寿命预测[3,4]。

本章首先针对单个设备性能退化数据,通过贝叶斯方法和期望最大化算法对退化模型参数进行估计。然后,利用证据推理算法对各个设备参数估计结果进行融合,得到融合后的参数,并以此作为新投入使用设备退化模型中参数的初始值。在此基础上,针对新投入使用设备,根据实时观测数据,用贝叶斯方法和期望最大化算法分别对随机参数和固定参数进行实时地更新,进而对新投入使用设备的剩余寿命进行预测。

5.1 逆高斯退化过程的定义

逆高斯过程$\{Y(t),t\geqslant 0\}$的数学定义描述如下:

(1) 对于任意 $t_2>t_1\geqslant s_2>s_1$,增量 $Y(t_2)-Y(t_1)$ 和 $Y(s_2)-Y(s_1)$ 相互独立,即 $Y(t)$ 具有独立增量;

(2) 对于任意 $t>s\geqslant 0$,增量 $Y(t)-Y(s)$ 服从逆高斯分布 $IG(\Lambda(t)-\Lambda(s),\eta[\Lambda(t)-\Lambda(s)]^2)$。

这里,$\Lambda(t)$为关于时间t的单调增长函数,$IG(a,b)$代表逆高斯分布,其概率密度函数为[1]

$$f_{IG}(y;a,b)=\sqrt{\frac{b}{2\pi y^3}}\exp\left[-\frac{b(y-a)^2}{2a^2y}\right],y>0 \tag{5.1}$$

累积分布函数为

$$F_{IG}(y;a,b)=\Phi\left[\sqrt{\frac{b}{y}}\left(\frac{y}{a}-1\right)\right]+\exp\left(\frac{2b}{a}\right)\Phi\left[-\sqrt{\frac{b}{y}}\left(\frac{y}{a}+1\right)\right],y>0 \tag{5.2}$$

其中,$\Phi(\cdot)$表示正态分布的累积分布函数。不失一般性,令$\Lambda(0)=0$和$Y(0)=0$。因此$Y(t)$服从均值为$\Lambda(t)$,方差为$\Lambda(t)/\eta$的逆高斯分布$IG(\Lambda(t),\eta\Lambda(t)^2)$。

逆高斯退化过程的应用起源于剩余寿命预测和健康管理领域对Wiener退化过程的分析研究。针对如下表达形式的Wiener过程

$$W(x)=vx+\sigma B(x) \tag{5.3}$$

若给定某一失效阈值Λ,那么由式(5.3)刻画的Wiener过程首达时间分布为逆高斯分布$IG(\Lambda/v,\Lambda^2/\sigma^2)$。如果将失效阈值定义为一个随时间变化的量,记为$\Lambda(t)$,那么首达时间将会是均值函数为$\Lambda(t)/v$,尺度函数为$\Lambda(t)/\sigma^2$的逆高斯过程。该逆高斯过程可以用来对设备的退化过程进行拟合。Ye等在文献[5]中对其进行了详细讨论,并将Wiener过程与逆高斯过程之间的关系称作为互逆关系,在此不再赘述。

在实际的工程应用中,设备失效时间T_D一般可以定义为首次到达失效阈值D的时间。如果再考虑到逆高斯退化过程的单调性,T_D的累积分布函数可以表示为

$$P(T_D<t)=P(Y(t)>D)=1-F_{IG}(D;\Lambda(t),\eta\Lambda^2(t)) \tag{5.4}$$

在式(5.4)中,当t比较大时,$\eta\Lambda(t)$会比较大,此时$Y(t)$可以近似地看作均值为$\Lambda(t)$,方差为$\Lambda(t)/\eta$的正态分布。因此,T_D的累积分布函数可以近似表达为如下形式:

$$P(T_D<t)\approx 1-\Phi\left[\frac{D-\Lambda(t)}{\sqrt{\Lambda(t)/\eta}}\right]=\Phi\left[\sqrt{\eta\Lambda(t)}-\frac{D\sqrt{\eta}}{\sqrt{\Lambda(t)}}\right] \tag{5.5}$$

该分布被称为Birnbaum-Saunders分布,是研究裂纹寿命时常用的一个退化模型[5]。

诸如腐蚀、疲劳裂纹增长等退化现象,都是在外界无规律、随机冲击下逐渐发生失效的。而这些冲击持续不断地消耗着设备的寿命,它们的规律可以用Poisson过程进行详细描述。例如,锂子电池每次的充放电行为都是一种具有随机性的微

小冲击行为,随着充放电次数的不断增加,锂子电池的寿命也会随之而变短,这个过程可以近似地用一个 Poisson 过程进行描述。而硬盘的轨道磨损过程则同样可以近似地描述为一个 Poisson 过程。事实上,复合 Poisson 过程及其变形形式可以很好地拟合许多退化过程。

复合泊松过程可以被描述为 $C(t)=\sum_{i=1}^{N(t)}D_i$。在这个式子中,$N(t)$ 表示一个均匀的泊松过程,它的到达率为 ν,而 D_i 代表每一次冲击过程的强弱程度。如果当到达率 ν 变大,而冲击强度 D_i 不断变小时,复合泊松过程就可以变为许多便于计算的表达形式。例如,描述单调退化过程所常用的 Gamma 过程就是当到达率 ν 趋于无穷,而冲击强度 D_i 以一定速率收敛到零时候的特例。同样的,逆高斯过程也是复合泊松过程的一个特例。

结合本章的内容,考虑由下式描述的 Wiener 过程:

$$w(x)=\mu^{-1}x+\eta^{-1/2}B(x) \tag{5.6}$$

以及由其诱导出来的逆高斯过程 $Y(t)\sim IG(\mu\Lambda(t),\Lambda^2(t))$,其中 $\Lambda(t)$ 为随时间单调增长的阈值函数,并利用该逆高斯过程对设备进行性能退化规律建模和剩余寿命预测。针对该问题,本章首先对该退化模型中的相关参数进行估计,然后在此基础上对设备剩余寿命进行预测。

5.2 基于 ER 融合的逆高斯退化模型参数估计方法

证据推理方法可以对多源不确定性的信息进行很好地融合处理,在处理概率不确定性和模糊不确定性方面具有一定的优势。Yang 等在 20 世纪 90 年代提出了证据推理的方法,通过它可以很好地解决多属性的决策问题[6]。Yang 在 2002 年对原有的证据推理方法进行了部分改进处理,并基于此进一步分析了该推理算法的非线性特性[7]。胡昌华等将置信规则库应用于惯性平台的健康状态检测中,取得了较好地应用效果[8]。

由于同一批次多个设备退化过程都可以逆高斯过程进行描述,因此,原则上来说可以对由多个单组数据得到的参数结果进行融合处理。本节采取证据推理的方法对同一批次多组数据的信息进行融合,进而得到退化模型的参数。具体地,对于单个设备的退化数据,本节首先采取贝叶斯方法和期望极大化对逆高斯退化模型未知参数进行估计。这样,通过多组退化数据分别处理,可以相应地得到多个退化模型参数。然后采用证据推理算法对多组退化模型参数进行数据融合处理,得到最终的参数估计结果。总体思路如图 5.1 所示。

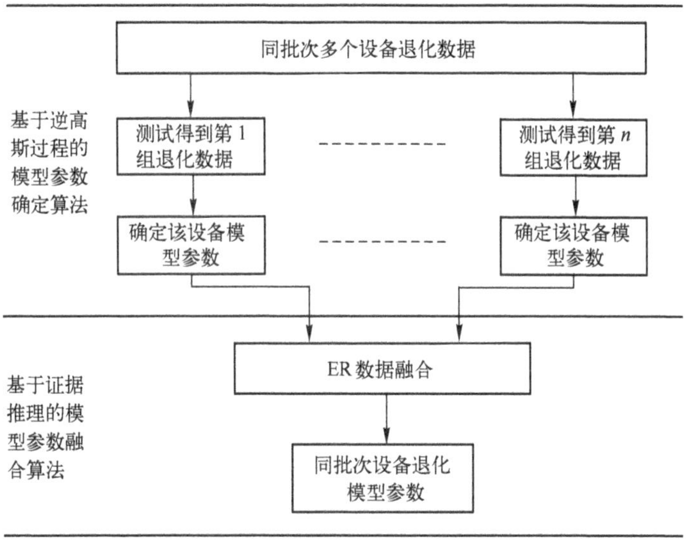

图 5.1　参数估计总体思路

5.2.1　单个设备逆高斯退化过程参数估计

考虑到在设备的退化过程中,其退化模型参数不可能一成不变,导致其性能参数也必然会随着工作时间的延长而发生变化。这些变化通常会被实时获取的测试数据所反映。因此,可以利用这些数据对模型参数进行实时更新[9]。与文献[5]类似,将上节的 Wiener 过程 $w(x)=\mu^{-1}x+\eta^{-1/2}B(x)$ 中模型参数 μ^{-1} 视为随机变量。这样,由该 Wiener 过程诱导出来的逆高斯过程模型就可以适用于一批同类产品的退化建模问题。本小节通过贝叶斯参数更新的方法将先验知识和实时监测数据两部分信息进行融合处理,得到参数的后验分布。而对于先验分布的参数及 $\eta^{-1/2}$ 等固定参数,则在构建似然函数的基础上利用 EM 算法进行求解。

EM 算法从本质上讲是一种极大似然估计方法。它的每一步都由一个期望步(Expectation step,E-step)和一个极大步(Maximization step,M-step)组成。在进行参数估计的过程中,往往由于实际问题本身或是观察条件的限制等原因,导致了存在部分缺失数据或隐藏参数的情况。EM 算法可以很好地解决这一类问题。它首先设定一个(组)缺失数据的初始运算值,分别经过期望步和极大步对模型参数进行估计。而后根据参数的估计值去求得缺失数据的近似解,如此循环迭代,直至模型参数发生收敛,迭代过程结束,得到最终的参数解。但是,EM 算法虽然能够保证迭代运算的每一步都是最优解,但总体上有可能会陷入到一个局部最优解,甚至会出现得不到解析解的情况[10]。因此,我们利用贝叶斯参数更新的方法,来确保最终的参数估计结果能够得到解析形式解[11]。

1. 随机参数贝叶斯更新

根据 5.1 节的理论,对于带漂移的维纳过程 $X(t)=\mu t+\sigma B(t)$,当失效阈值为 l 的时候,设备的寿命分布表达形式[12]可以表示为

$$f(t)=\frac{l}{\sqrt{2\pi\sigma^2t^3}}\exp\left[-\frac{(l-\mu t)^2}{2\sigma^2 t}\right] \tag{5.7}$$

类似地,针对本章所采用的 Wiener 模型 $w(x)=\mu^{-1}x+\eta^{-1/2}B(x)$ 以及由其诱导出来的逆高斯过程 $Y(t):IG(\mu\Lambda(t),\eta\Lambda^2(t))$,假设在监测时刻 $t_i(i=0,1,\cdots)$ 获取的性能退化数据为 $Y(t_i)$,此时可令

$$\begin{aligned}\lambda_i&=\Lambda(t_i)-\Lambda(t_{i-1})\\ y_i&=Y(t_i)-Y(t_{i-1})\end{aligned} \tag{5.8}$$

式中:λ_i 表示第 i 个监测时刻经过转换的时间增量,它是一个与监测时间点 t_i 有关的监测数据;$Y(t_i)$ 为第 i 个监测时刻性能参数观测数据;y_i 为第 i 个监测时刻的退化量增量。那么根据逆高斯过程的相关性质可以得到下式:

$$p(Y_{1:n}|\mu^{-1})=\prod_{i=1}^{n}\frac{\lambda_i}{\sqrt{2\pi\eta^{-1}y_i{}^3}}\exp\left(-\frac{(\lambda_i-\mu^{-1}y_i)^2}{2\eta^{-1}y_i}\right) \tag{5.9}$$

其中,$Y_{1:n}=\{Y(t_1),Y(t_2),\cdots,Y(t_n)\}$ 表示到 t_n 时刻为止的全部监测数据。考虑到贝叶斯共轭性及计算的简便,假设随机参数 μ^{-1} 的先验分布为正态分布,即

$$g(\mu^{-1};w,\kappa^{-2})=\frac{1}{\sqrt{2\pi\kappa^{-1}}}\exp\left(-\frac{(\mu^{-1}-\omega)^2}{2\kappa^{-2}}\right) \tag{5.10}$$

式中:ω,κ^{-1} 分别表示正态分布的均值和方差。然后,根据参数 μ^{-1} 的先验分布与实时监测数据并通过贝叶斯公式得到参数 μ^{-1} 的后验分布:

$$p(\mu^{-1}|Y_{1:n})=\frac{p(Y_{1:n}|\mu^{-1})g(\mu^{-1})}{p(Y_{1:n})}\propto p(Y_{1:n}|\mu^{-1})g(\mu^{-1}) \tag{5.11}$$

将式(5.9)和式(5.10)代入式(5.11),可得

$$p(\mu^{-1}|Y_{1:n})\propto\exp\left[-\frac{(\mu^{-1}-\omega)^2}{2\kappa^{-2}}\right]\prod_{i=1}^{n}\exp\left(-\frac{(\lambda_i-\mu^{-1}y_i)^2}{2\eta^{-1}y_i}\right) \tag{5.12}$$

经过计算简化后可以得到下式:

$$p(\mu^{-1}|Y_{1:n})\propto\exp\left[-\frac{(\mu^{-1}-\widetilde{\omega}_n^2)}{2\,\widetilde{\kappa}_n^{-2}}\right] \tag{5.13}$$

其中:均值和方差参数分别为

$$\begin{aligned}&\widetilde{\kappa}_n=\sqrt{\eta Y(t_n)+\kappa^2}\\&\widetilde{\omega}_n=(\eta\Lambda(t_n)+\omega\kappa^2)/\widetilde{\kappa}_n{}^2\end{aligned}\tag{5.14}$$

根据正态分布的性质,可知$(\mu^{-1}\mid Y_{1:n})$服从一个正态分布$N(\widetilde{\omega}_n,\widetilde{\kappa}_n^{-2})$

$$p(\mu^{-1}\mid Y_{1:n})=\frac{1}{\sqrt{2\pi}\widetilde{\kappa}_n{}^{-1}}\exp\left[-\frac{(\mu^{-1}-\widetilde{\omega}_n^2)}{2\widetilde{\kappa}_n^{-2}}\right]\tag{5.15}$$

由式(5.15)就可以得到包含参数先验信息和实时观测数据信息的后验参数分布表达形式。式(5.15)表明,随着工作时间的进行,我们可以不断地得到监测数据Y_i,随机参数μ^{-1}也将会随之不断地进行更新。这样,每当得到一个监测数据,参数的后验分布就会更新一次,弥补了先验知识准确性不高的缺陷,提高了退化模型的适应性。

2. 固定参数期望最大化估计

记固定变量为$\Theta=(\omega,\kappa^{-2},\eta^{-1},q)$。其中$\omega$和$\kappa^{-2}$分别为参数$\mu^{-1}$先验正态分布的均值和方差,$\eta^{-1}$为维纳过程的挥发系数,$q$为阈值函数$\Lambda(t)$中的隐藏参数。

根据先验参数分布和性能退化数据两部分信息,其联合似然函数为

$$l=\ln\kappa-\frac{\kappa^2(1/\mu-\omega)^2}{2}+\sum_{i=1}^{n}\left[\frac{1}{2}\ln\eta+\ln\lambda_i-\frac{\eta(y_i-\mu\lambda_i)^2}{2\mu^2 y_i}\right]\tag{5.16}$$

根据 EM 运算法则,可将求解过程具体分解为 E-step 和 M-step 两部分。

E-step:为简化各步的表达形式,便于进行进一步地求解,在此首先对下式进行计算。

$$\begin{aligned}&a=E(\mu^{-1})=\widetilde{\omega}_n\\&b=E[(\mu^{-1})^2]=\widetilde{\omega}_n+\widetilde{\kappa}_n^{-2}\end{aligned}\tag{5.17}$$

由$l(\Theta\mid\hat{\Theta}_n^{(i)})=E_{\mu^{-1}\mid Y_{1:n},\hat{\Theta}_n^{(i)}}[\log p(Y_{1:n},\mu^{-1}\mid\Theta)]$可以得到 E-step 的计算结果为

$$\begin{aligned}l(\Theta\mid\hat{\Theta}_n^{(i)})=\ln\kappa-\frac{\kappa^2}{2}(b-2a\omega+\omega^2)+\\\sum_{j=1}^{n}\left[\frac{1}{2}\ln\eta+\ln\lambda_j-\frac{\eta}{2}(by_j-2a\lambda_j+\lambda_j{}^2/y_j)\right]\end{aligned}\tag{5.18}$$

其中$\hat{\Theta}_n^{(i)}$表示根据监测数据$Y_{1:n}$计算得到的第i步结果。

M-step:即要求计算下面公式的值:

$$\hat{\Theta}_n^{(i+1)}=\arg\max l(\Theta\mid\hat{\Theta}_n^{(i)})\tag{5.19}$$

由式(5.19)分别对ω、κ^{-2}、η^{-1}和q四个参数取偏导,可以得到各个固定参数的递归公式如下所示:

$$\begin{cases}\omega^{i+1}=a\\ \kappa^{-2(i+1)}=b-\omega^2\\ \eta^{-1(i+1)}=\dfrac{1}{n}\sum\limits_{i=1}^{n}(by_i-2a\lambda_i+\lambda_i^2/y_i)\\ \sum\limits_{i=1}^{n}(\lambda_i'/\lambda_i+a\eta\lambda_i'+\eta\lambda_i\lambda_i'/y_i)=0\end{cases} \tag{5.20}$$

这样,通过式(5.20)就建立起了$\hat{\Theta}_n^{(i+1)}$和$\hat{\Theta}_n^{(i)}$的迭代关系,该迭代过程直到满足一收敛条件时终止,由此得到4个固定参数的估计值。

5.2.2 基于证据推理的固定参数融合

理论上来讲,同批次设备的参数相同或差别不大,现在假设同批次设备的退化模型是相同的。现在就需要对前面由各组数据所得到的退化模型参数进行融合处理。

现假设给定的参考值集合为$D=\{D_1,D_2,\cdots,D_N\}$(这里一般是由专家事先给定),则第k个模型参数数据可表示为具有如下的置信度:

$$\beta_k=\{\beta_{k,1},\beta_{k,2},\cdots,\beta_{k,N}\},\quad k=1,2,\cdots,n \tag{5.21}$$

假设第k组数据的属性权重可以表示为$\omega_k(k=1,2,\cdots,n)$。首先,可以把证据推理模型中输出部分的置信度$\beta_{j,k}(j=1,\cdots,N;k=1,\cdots,n)$,相应地变换为各自的基本概率质量,具体表达形式如下所示:

$$m_{j,k}=\omega_k\beta_{j,k} \tag{5.22}$$

$$m_{D,k}=1-\omega_k\sum_{j=1}^{N}\beta_{j,k} \tag{5.23}$$

$$\overline{m}_{D,k}=1-\omega_k \tag{5.24}$$

$$\widetilde{m}_{D,k}=\omega_k\left(1-\sum_{j=1}^{N}\beta_{j,k}\right) \tag{5.25}$$

其中:$m_{j,k}$表示模型参数数据相对于评价结果D_j的基本概率质量;$m_{D,k}$表示模型参数数据相对于集合$D=\{D_1,\cdots,D_N\}$的基本概率质量。并且$m_{D,k}=\overline{m}_{D,k}+\widetilde{m}_{D,k}$[13],其中每一项所代表的具体含义解释如下:

(1) $\overline{m}_{D,k}$是由第k条证据的重要度(即所谓激活权重)所引起的。如果当第k条证据是绝对重要的情况,亦即$\omega_k=1$,此时记$\overline{m}_{D,k}=0$;

(2) $\widetilde{m}_{D,k}$表示的是对于第k条证据评价结果的未完整性表述,假如第k条是完整的情况,即$1-\sum_{j=1}^{N}\beta_{j,k}=0$,此时记$\widetilde{m}_{D,k}=0$。

然后,对相应的n条证据进行组合处理,即可以得到相对于评价结果$D_j(j=1,\cdots,N)$的各自置信度。具体过程如下所述:

假设 $m_{j,I(k)}$ 表示当使用 Dempster 准则对前 k 条证据进行相应的组合处理后，那么就可以得到对应模型参数数据相对于 D_j 的基本概率设置，并且 $m_{D,I(k)}=1-\sum_{j=1}^{N}m_{j,I(k)}$。

在此，分别令 $m_{j,I(1)}=m_{j,1}$ 和 $m_{D,I(1)}=m_{D,1}$。迭代运算使用 Dempster 准则，对前 k 条证据进行组合处理后就可以得到如下的表达形式：

$$m_{j,I(k+1)}=K_{I(k+1)}\left[m_{j,I(k)}m_{j,k+1}+m_{j,I(k)}m_{D,k+1}+m_{D,I(k)}m_{j,k+1}\right] \tag{5.26}$$

$$m_{D,I(k)}=\overline{m}_{D,I(k)}+\widetilde{m}_{D,I(k)} \tag{5.27}$$

$$\widetilde{m}_{D,I(k+1)}=K_{I(k+1)}\left[\widetilde{m}_{D,I(k)}\widetilde{m}_{D,k+1}+\widetilde{m}_{D,I(k)}\overline{m}_{D,k+1}+\overline{m}_{D,I(k)}\widetilde{m}_{D,k+1}\right] \tag{5.28}$$

$$\overline{m}_{D,I(k+1)}=K_{I(k+1)}\left[\overline{m}_{D,I(k)}\overline{m}_{D,k+1}\right] \tag{5.29}$$

$$K_{I(k+1)}=\left[1-\sum_{j=1}^{N}\sum_{\substack{t=1\\t\neq j}}m_{j,I(k)}m_{t,k+1}\right]^{-1},\quad k=1,\cdots,L-1 \tag{5.30}$$

$$\beta_j=\frac{m_{j,I(L)}}{1-\overline{m}_{D,I(L)}},\quad j=1,\cdots,N \tag{5.31}$$

$$\beta_D=\frac{\widetilde{m}_{D,I(L)}}{1-\overline{m}_{D,I(L)}} \tag{5.32}$$

其中：β_j 表示的是模型参数相对于评价结果 D_j 的置信度；β_D 表示没有设置给任意评价结果 D_j 的模型参数置信度。文献[6]已经证明 $\beta_D+\sum_{j=1}^{N}\beta_j=1$。因此，这里的模型参数置信度可以看作是一般化的置信概率。

以上迭代算法即为证据推理(ER)算法。基于该迭代算法，文献[7]进一步提出了 ER 解析算法

$$\beta_j=\frac{\alpha\times\left[\prod_{k=1}^{n}\left(\omega_k\beta_{j,k}+1-\omega_k\sum_{i=1}^{N}\beta_{i,k}\right)-\prod_{k=1}^{n}\left(1-\omega_k\sum_{i=1}^{N}\beta_{i,k}\right)\right]}{1-\alpha\times\left[\prod_{k=1}^{n}(1-\omega_k)\right]} \tag{5.33}$$

$$\alpha=\left[\sum_{j=1}^{N}\prod_{k=1}^{n}\left(\omega_k\beta_{j,k}+1-\omega_k\sum_{i=1}^{N}\beta_{i,k}\right)-(N-1)\prod_{k=1}^{n}\left(1-\omega_k\sum_{i=1}^{N}\beta_{i,k}\right)\right]^{-1} \tag{5.34}$$

在式(5.33)中，β_j 表示的是模型参数相对于评价结果 D_j 的置信度，它是证据权重 $\omega_k(k=1,\cdots,n)$ 和相应置信度 $\beta_{j,k}(j=1,\cdots,N;k=1,\cdots,n)$ 的函数。

使用证据推理解析算法对置信规则库(Belief Rule Base，BRB)中所有的证据进行组合，可以得到置信规则库的最终输出的表达式为

$$S=\{(D_j,\beta_j),\quad j=1,\cdots,N\} \tag{5.35}$$

这样，可以得到融合后的模型参数估计结果为

$$T' = \sum_{i=1}^{N} \beta_i u(D_i) \tag{5.36}$$

式中，$u(D_i)$表示第 i 个评价等级的效用。

根据上面的讨论，以固定参数 η 为例，给出基于证据推理的逆高斯模型固定参数融合方法具体步骤。

步骤 1：利用 5.2.1 节的算法可得到在各组退化数据下的模型参数为$(\eta_1, \eta_2, \cdots, \eta_n)$；

步骤 2：在给定参考值集合 $D=\{D_1, D_2, \cdots, D_N\}$ 的前提下，根据式(5.21)可以得到相对于参考值的模型参数置信度；

步骤 3：假设各组退化模型参数的权重表示为 $\omega_1, \cdots, \omega_n$，则利用式(5.33)和式(5.34)所示的证据推理解析算法对 n 组参数置信度进行整合，得到如式(5.35)所示的参数综合评价结果；

步骤 4：根据式(5.36)，即可以得到融合后的参数评估结果。

根据以上基于证据推理的模型参数融合算法，可以有效地将同批次多个设备的退化模型参数进行融合处理，更加充分地利用现有的数据信息，融合后的结果比单个设备的退化数据而言更为具有普适意义，更加适合对同批次设备整体进行分析的场合。

5.3 剩余寿命分布计算

在获得了随机参数的后验分布和固定参数的估计值后，逆高斯退化过程首达时间的累积分布函数可根据式(5.2)具体得到

$$F(t \mid Y_{1:n}) = \int F(t \mid \mu, Y_{1:n}; \eta, \Lambda(t)) p(\mu \mid Y_{1:n}; \omega, k) \mathrm{d}\mu \tag{5.37}$$

其中，

$$\begin{aligned} F(t \mid \mu, Y_{1:n}; \eta, \Lambda(t)) &= P(Y(t+t_n) > D \mid Y_{1:n}, \mu; \eta, \Lambda(t)) \\ &= P(Y(t) > D-y_n \mid \mu; \eta, \Lambda(t)) \\ &= 1-\Phi\left[\sqrt{\frac{\eta}{D-y_n}}\left(\Lambda(t)-\frac{D-y_n}{\mu}\right)\right] \\ &\quad -\exp\left(\frac{2\eta\Lambda(t)}{\mu}\right)\Phi\left[-\sqrt{\frac{\eta}{D-y_n}}\left(\frac{D-y_n}{\mu}+\Lambda(t)\right)\right] \end{aligned} \tag{5.38}$$

此时，若 $\Lambda(t)$ 可微，则首达时间概率密度函数可以进一步表示为

$$f(t \mid Y_{1:n}) = \int f(t \mid \mu, Y_{1:n}; \eta, \Lambda(t)) p(\mu \mid Y_{1:n}; \omega, k) \mathrm{d}\mu \tag{5.39}$$

其中，

$$f(t\mid\mu,Y_{1:n};\eta,\Lambda(t))=\phi\left[\sqrt{\frac{\eta}{D-y_n}}\left(\Lambda(t)-\frac{D-y_n}{\mu}\right)\right]\left(\sqrt{\frac{\eta}{D-y_n}}\right)\Lambda'(t)$$
$$-\exp\left(\frac{2\eta\Lambda(t)}{\mu}\right)\frac{2\eta}{\mu}\Lambda'(t)\Phi\left[-\sqrt{\frac{\eta}{D-y_n}}\left(\frac{D-y_n}{\mu}+\Lambda(t)\right)\right]$$
$$+\exp\left(\frac{2\eta\Lambda(t)}{\mu}\right)\phi\left[-\sqrt{\frac{\eta}{D-y_n}}\left(\frac{D-y_n}{\mu}+\Lambda(t)\right)\right]\left(\sqrt{\frac{\eta}{D-y_n}}\right)\Lambda'(t) \tag{5.40}$$

将5.2节得到的参数估计结果代入到式(5.39)中就可以得到设备首达失效时间概率密度函数。具体步骤如下：

步骤1：确定第$j(j=1,2,\cdots,M)$个设备逆高斯退化模型随机参数μ_j^{-1}的先验分布，并给分布中的参数w_j和k_j^{-1}赋初值；

步骤2：根据第j组设备性能退化数据$Y_{1:n}^j$，利用式(5.20)得到固定参数的估计值$\hat{\Theta}_j=(\hat{\omega}_j,\hat{\kappa}_j^{-2},\hat{\eta}_j^{-1},\hat{p}_j)$；

步骤3：采用基于证据推理的逆高斯模型固定参数融合算法得到融合后的各个参数估计值$\hat{\Theta}=(\hat{\omega},\hat{\kappa}^{-2},\hat{\eta}^{-1},\hat{p})$；

步骤4：针对新投入使用设备，记录其在每个监测时刻$t_i(i=0,1,\cdots,n)$对应的关键性能参数值$Y(t_i)$，并根据式(5.2)计算对应的阈值函数增量值λ_i和退化量增量$y_i,i=1,\cdots,n$；

步骤5：将λ_i和$y_i,i=1,\cdots,n$代入式(5.14)和式(5.15)，对模型随机参数μ^{-1}的分布进行贝叶斯更新。然后，以步骤3中获得的参数估计结果作为其逆高斯退化模型中固定参数的初值，利用式(5.20)计算得到t_n时刻固定参数估计值$\hat{\Theta}_n$；

步骤6：将参数估计结果代入式(5.37)和式(5.39)，就可以得到基于退化数据$Y_{1:n}$的设备失效时间概率分布函数及其概率密度函数。

5.4 实验验证

本节对前面所介绍的理论结果进行仿真验证。首先假设逆高斯退化过程$\Lambda(t)$函数为幂指数形式，即$\Lambda(t)=t^q$，并进一步令$q=1$，其他参数分别为：$\omega=2$，$\kappa^{-2}=0.9$，$\eta=3$。然后，根据给定的参数产生n个随机参数μ的实现值，并用实现值产生n组性能退化数据。最后，从n组数据中随机抽取三个样本进行参数融合估计，另取一组数据作为新投入使用设备的性能监测数据。这里只对参数ω和η进行ER融合。这三组性能退化数据的增量曲线分别如图5.2~图5.4所示。

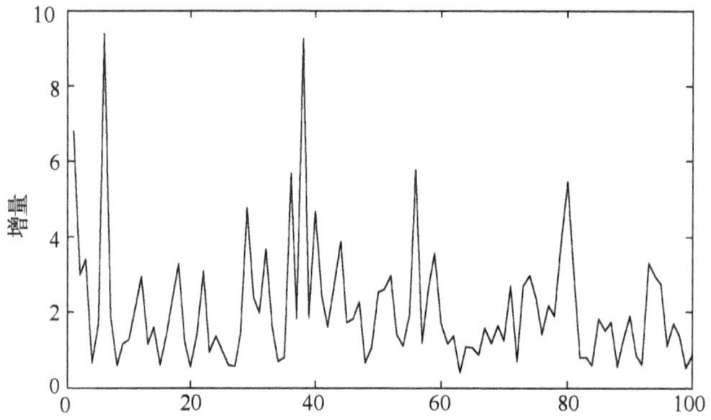

图 5.2　第一组退化数据增量曲线

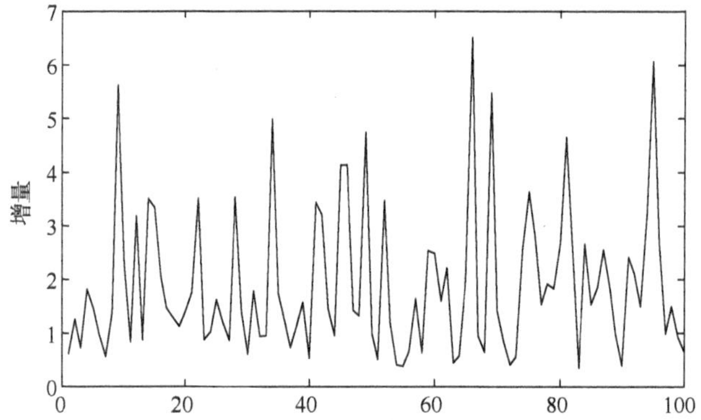

图 5.3　第二组退化数据增量曲线

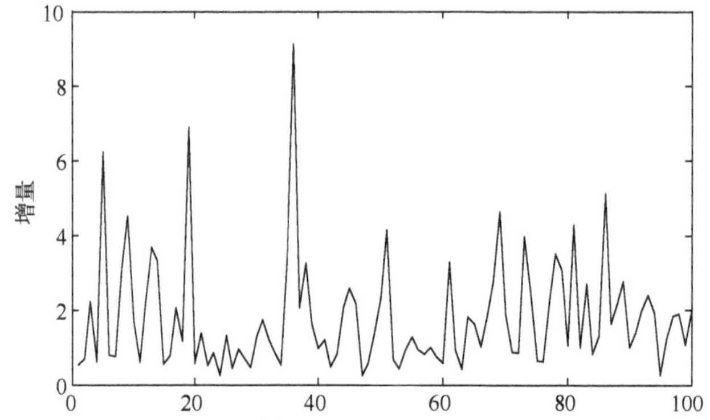

图 5.4　第三组退化数据增量曲线

在进行参数估计时，首先利用 5.2.1 小节相关方法对参数 ω 和 η 进行估计，然后，利用 5.2.2 小节中的方法进行基于证据推理算法的融合处理，参数 ω 给定参考值为[1.7,1.8,1.9,2,2.1]，参数 η 给定参考值为[2,2.5,3,3.5,4]。每个数据的参数估计结果如表 5.1 所列。此外，以参数估计值与真实值之间偏差的绝对值作为衡量估计准确度的度量标准,则可得到表 5.2 所列的结果。参数 ω 和 η 的置信度曲线分别如图 5.5 和图 5.6 所示。结果表明,经过证据推理融合后的参数和未经过融合的参数相比较而言偏差较小,更接近真值,体现了所提算法的有效性。

表 5.1　参数估计结果

	第一组	第二组	第三组	ER 融合
ω	2.0986	1.8860	1.7967	1.8917
η	3.8052	3.0051	2.3905	2.9677

表 5.2　参数估计结果比较

	第一组	第二组	第三组	前三组平均值	ER 融合
ω 偏差绝对值	0.0986	0.1140	0.2033	0.1386	0.1083
η 偏差绝对值	0.8052	0.0051	0.0323	0.2809	0.0323

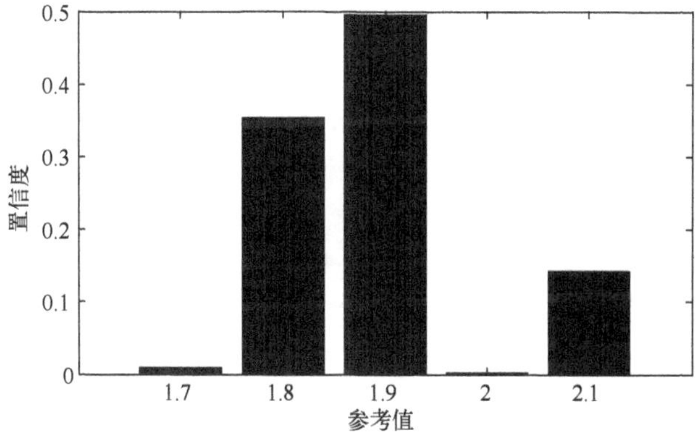

图 5.5　参数 ω 的置信度

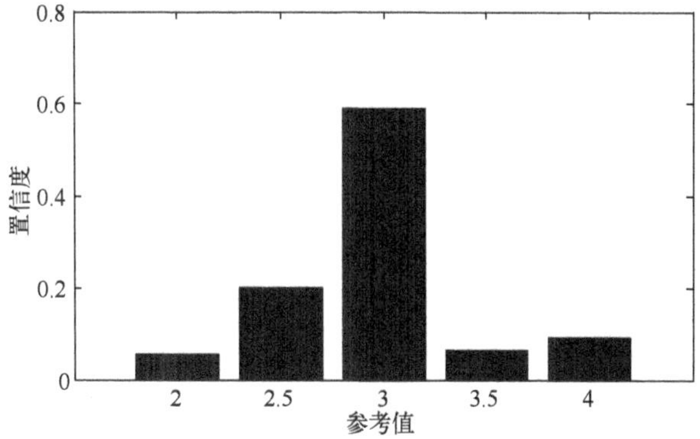

图 5.6　参数 η 的置信度

接下来,利用前面参数估计的结果对新投入使用设备的剩余寿命进行预测。新投入使用设备的性能退化数据增量曲线如图 5.7 所示。

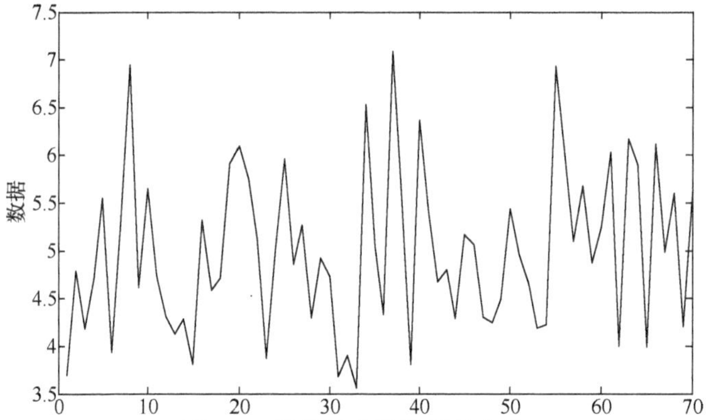

图 5.7　性能退化数据增量曲线

利用 5.2.1 小节中介绍的参数估计方法,并以证据推理融合后的参数估计结果为初值,对随机参数的后验分布和固定参数进行估计。然后,利用估计结果进行性能退化轨迹一步预测,结果如图 5.8 所示。这里未采用多步预测,是因为多步预测虽然可以获知设备性能退化参数的动态性能,但是累积误差的存在可能会导致预测结果不准确[14,15]。为了进行充分比较,图 5.8 同时给出了基于维纳过程的性能退化一步预测轨迹。其中,维纳过程的参数采用文献[9]中的方法进行估计。从图 5.8 可以看出,本章所讨论的方法可以很好地对逆高斯退化数据进行跟踪和一步预测。维纳过程虽然也可跟踪真实的退化轨迹,但波动较大,且对单调增数据拟合效果不如逆高斯过程,尤其体现在初期达到稳定的时间比较长。

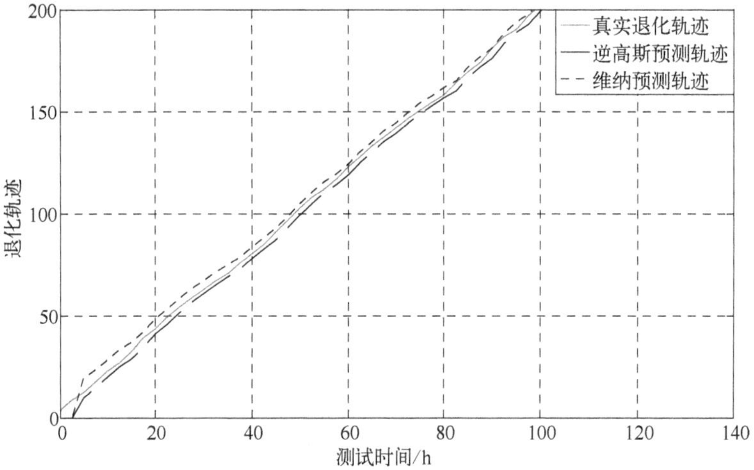

图 5.8　设备性能参数真实退化轨迹和预测轨迹

在得到每步更新的模型参数及其先验分布参数后，根据5.3节中给出的剩余寿命计算方法，可以分别得到设备的失效概率和剩余寿命概率密度函数曲线，如图5.9和图5.10所示。

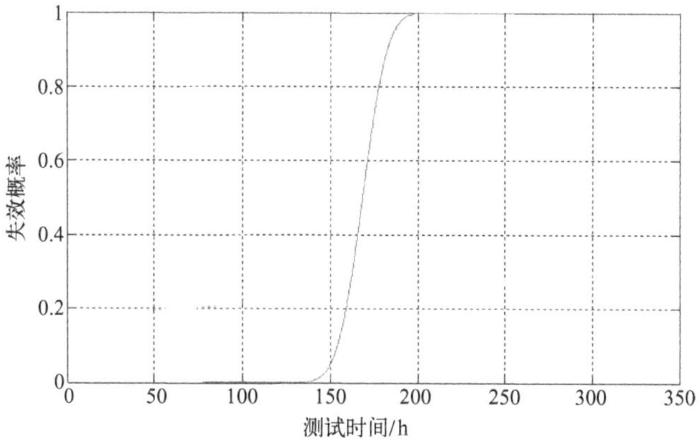

图5.9 设备失效概率曲线

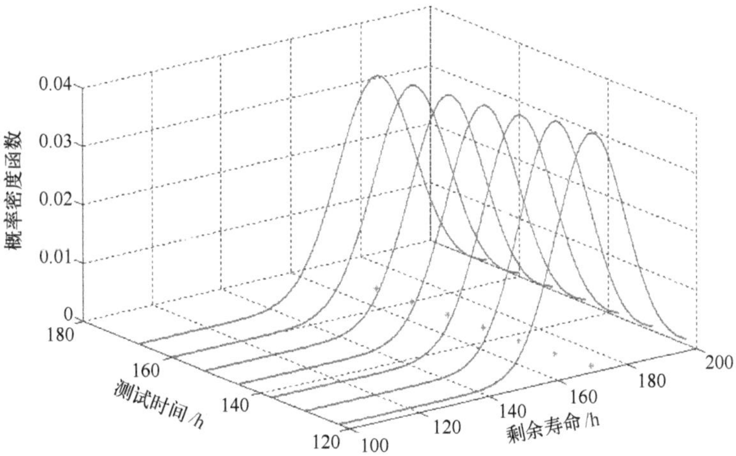

图5.10 设备剩余寿命概率密度函数曲线

通过实验仿真的结果，可以看出本章所提出的算法能够很好地拟合逆高斯退化数据，使得在此基础上所给出的剩余寿命预测结果更加合理。从图5.9中可以看出，设备大约在第200小时的时候完全发生失效。基于上述预测结果，还可对设备维修提供一定的参考意见。

5.5 本章小结

对于退化过程具有单调特性的设备,逆高斯模型可以对其关键性能参数变化轨迹进行较好的模拟,这在国内外已引起部分学者的重视。本章结合国外学者的部分建模思想,提出了一种可自适应更新的逆高斯退化模型,从理论上进一步地探索了逆高斯退化建模问题。

本章利用逆高斯过程对设备进行退化过程建模,采用了包括先验信息、同批次多个设备性能退化数据在内的多源数据。首先利用单个设备性能退化数据,通过贝叶斯方法对单个设备退化模型中的随机参数进行更新,再采用期望最大化算法对退化模型的其他固定参数进行估计。在获得了每个设备退化模型中的参数后,利用证据推理算法对各个设备参数估计结果进行融合,得到融合后的参数,并以此作为新投入使用设备退化模型中参数的初始值。在此基础上,针对新投入使用设备,根据实时观测数据,用贝叶斯方法和期望最大化算法分别对随机参数和固定参数进行实时地更新,进而对新投入使用设备的剩余寿命进行预测。最后,通过数值仿真的方式,验证了本章方法的可行性。

参考文献

[1] Wang X,Xu D. An inverse Gaussian process model for degradation data[J]. Technometrics, 2010,52(2):188-197.

[2] Xu W,Wang W. RUL estimation using an adaptive inverse Gaussian model[J]. Chemical Engineering Transactions,2013,33:331-336.

[3] 李明福,胡昌华,周志杰,等. 基于逆高斯过程和证据推理的退化建模方法[J]. 电光与控制,2015,22(1):92-96.

[4] 李明福. 基于逆高斯过程的剩余寿命预测及维护决策方法研究[D].西安:第二炮兵工程大学,2014.

[5] Ye Z S,Chen N. The inverse Gaussian process as a degradation model[J].Technometrics,2014, 56(3):302-311.

[6] Yang J B,Sing M G. An evidential reasoning approach for multiple attribute decision making with uncertainty[J]. IEEE Trans Syst Man Cybern A,1994,24:1-18.

[7] Yang J B,Xu D L. Nonlinear information aggregation via evidential reasoning in multiattribute decision analysis under uncertainty[J]. IEEE Trans Syst Man Cybern A,2002,32:376-393.

[8] 胡昌华,司小胜. 基于信度规则库的惯性平台健康状态参数在线估计[J]. 航空学报, 2010,7:1454-1465.

[9] Si X S,Wang W B,Chen M Y,et al. A degradation path-dependent approach for remaining useful life estimation with an exact and closed-form solution[J]. European Journal of Operational

Research. 2012;226(1):53-66.
[10] 连军艳．EM 算法及其改进在混合模型参数估计中的应用研究[D]. 西安:长安大学,2006.
[11] 温津伟,罗四维,赵嘉莉,等．基于 Bayesian 的期望最大化方法-BEM 算法[J]. 计算机研究与发展,2001,(7):821-825.
[12] 彭宝华．基于 Wiener 过程的可靠性建模方法研究[D]. 长沙:国防科技大学,2010.
[13] 周志杰,杨剑波．置信规则库专家系统与复杂系统建模[M]. 北京:科学出版社,2011.
[14] 张盛刚,李巍华,丁康．基于证据可信度的证据合成新方法[J]. 控制理论与应用,2009, 26 (7):812-814.
[15] Gertsbackh I B, Kordonskiy K B. Models of Failure [M]. New York, USA: Springer-Verlag,1969.

第6章

基于支持向量机的性能退化建模与剩余寿命预测

通常情况下,高可靠、长寿命产品由于价格昂贵和测量损伤等原因导致产品个体往往是小样本性能退化数据,而复杂产品的性能退化规律通常是非线性的。如何在小样本、非线性情形下建立产品个体的性能退化轨迹模型是本章要解决的一个基础性问题。

支持向量机建立在统计学习理论的 Vapnik-Chervonemkis(VC)维和结构风险最小化原则基础上,具有结构简单、泛化能力强、小样本学习能力强等优点,它通过引入核函数将线性不可分转化为特征空间线性可分,最后化为一个线性约束的凸二次规划求解问题。支持向量机算法最初是针对分类问题提出来的,Vapnik 通过引入 ε 不敏感损失函数,将其推广应用到非线性回归估计中,得到支持向量回归机(Support Vector Regression,SVR)。

目前,SVR 已经在回归分析、函数估计、概率密度估计、子空间分析和时间序列预测等领域得到了广泛的应用,我们可以查找到的文献数不胜数,但关于退化建模方面的文献只有很少的几篇[1-4]。吴军[5-6]研究了基于最小二乘支持向量回归机(Least Square Support Vector Regression,LS-SVR)的退化轨迹建模方法,提出重复使用网格搜索—交叉验证方法的两步参数最优化和搜索方法。徐国平[7-9]将灰色理论与 SVR 相结合,提出一种灰色支持向量回归机模型,并对陀螺振动能量数据进行建模预测,研究了基于支持向量机的动调陀螺仪寿命预测方法。可见,SVR 在退化建模中的应用研究还非常少,有必要深入开展 SVR 在退化建模领域的应用研究。

因此,本章以 SVR 算法为基本理论工具,主要考虑两种小样本性能退化数据情形下的建模问题:①只有特定个体的小样本数据;②同时有丰富的同类产品数据[10-14]。

针对只有特定个体小样本数据情形下的退化建模,为了提高 SVR 的性能,采用遗传算法(Genetic Algorithm,GA)优化选择模型参数,并对核函数进行比较选择,提出一种基于 GA 优化 SVR 的退化轨迹建模和寿命预测方法[11]。在有丰富的同类产品性能退化数据时,为了充分利用这些数据以进一步提高模型精度,从考虑退化轨迹相似性的角度出发,提出一种基于退化轨迹相似性加权的建模思想[12]。规范化同类产品的退化数据,并采用模糊 C 均值(Fuzzy C-Means,FCM)聚类算法对规范化数据进行归纳,基于特定个体与同类产品的退化轨迹相似性加权同类产品模型得到特定个体的模型,并结合特定个体的实时测量数据进行权值更新,实现实时寿命预测。根据特定个体的测量时刻是否规范化,分别提出基于 SVR 和 FCM 聚类的实时退化轨迹建模和寿命预测方法——隶属度加权法和误差加权法。

6.1　SVR 原理

6.1.1　原始问题与对偶问题

给定 l 个训练数据 $\{(\boldsymbol{x}_i,\boldsymbol{y}_i),i=1,2,\cdots,l\}$,其中:输入 $\boldsymbol{x}_i \in \boldsymbol{R}^h$;输出 $\boldsymbol{y}_i \in \boldsymbol{R}$。SVR 首先通过非线性映射 φ 将输入映射到一个高维的 Hilbert 空间 $\boldsymbol{H}$ 中,然后,在 $\boldsymbol{H}$ 中构造一个可以拟合训练样本集的线性函数:

$$f(\boldsymbol{x})=\boldsymbol{\omega}^{\mathrm{T}}\varphi(\boldsymbol{x}_i)+b,\boldsymbol{\omega}\in \boldsymbol{H},\varphi:\boldsymbol{R}^h\rightarrow \boldsymbol{H}$$

式中:$\boldsymbol{\omega}$ 为 $\boldsymbol{H}$ 中的权值向量;b 为偏置项。

选择 ε 不敏感损失函数 $L_\varepsilon(\boldsymbol{x},y,f(\boldsymbol{x}))=\max\{0,|y-f(\boldsymbol{x})|-\varepsilon\}$,根据结构风险最小化准则,SVR 算法的原始优化问题为

$$\min_{\boldsymbol{\omega},b,\boldsymbol{\xi}^{(*)}} \frac{1}{2}\boldsymbol{\omega}^{\mathrm{T}}\boldsymbol{\omega}+\frac{c}{l}\sum_{i=1}^{l}(\xi_i+\xi_i^*)$$

$$s.t.\begin{cases}[\boldsymbol{\omega}^{\mathrm{T}}\varphi(\boldsymbol{x}_i)+b]-y_i\leqslant\varepsilon+\xi_i\\ y_i-[\boldsymbol{\omega}^{\mathrm{T}}\varphi(\boldsymbol{x}_i)+b]\leqslant\varepsilon+\xi_i^*\\ \xi_i,\xi_i^*\geqslant 0\end{cases}\tag{6.1}$$

式中:$\boldsymbol{\xi}^{(*)}=[\xi_1,\xi_1^*,\cdots,\xi_l,\xi_l^*]\in\boldsymbol{R}^{2l}$ 为松弛因子,(*)表示同时包含无*号和有*号两种情况;$\varepsilon(\varepsilon>0)$为不敏感参数;$c(c>0)$为惩罚参数,控制对误差超出 ε 的样本的惩罚程度。

因为原始问题(6.1)是凸的,其可行域非空,所以关于$(\boldsymbol{\omega},b)$的解存在。对于线性映射 $\varphi(\boldsymbol{x})=\boldsymbol{x}$,即线性 SVR 算法,文献[15]已经证明原始问题(6.1)关于 $\boldsymbol{\omega}$ 的解是存在且唯一的。同时,对于这里要研究的非线性映射 φ,可以类似证明原始问题(6.1)关于 $\boldsymbol{\omega}$ 的解是存在且唯一的,这里不再赘述。

引入 Lagrange 函数：

$$L(\boldsymbol{\omega},b,\boldsymbol{\xi}^{(*)},\boldsymbol{\alpha}^{(*)},\boldsymbol{\eta}^{(*)})$$

$$=\frac{1}{2}\boldsymbol{\omega}^{\mathrm{T}}\boldsymbol{\omega}+\frac{c}{l}\sum_{i=1}^{l}(\xi_i+\xi_i^*)-\sum_{i=1}^{l}(\eta_i\xi_i+\eta_i^*\xi_i^*)- \tag{6.2}$$

$$\sum_{i=1}^{l}\alpha_i(\varepsilon+\xi_i+y_i-\boldsymbol{\omega}^{\mathrm{T}}\varphi(\boldsymbol{x}_i)-b)-\sum_{i=1}^{l}\alpha_i^*(\varepsilon+\xi_i^*+y_i-\boldsymbol{\omega}^{\mathrm{T}}\varphi(\boldsymbol{x}_i)-b)$$

式中：$\boldsymbol{\alpha}^{(*)},\boldsymbol{\eta}^{(*)}\in\boldsymbol{R}^{2l}$为 Lagrange 乘子，满足 $\alpha_i^*,\eta_i^*\geqslant 0$。根据 Wolf 对偶理论，分别对 $\boldsymbol{\omega},b$ 和 $\boldsymbol{\xi}^{(*)}$求偏导并令它们为 0，得到

$$\begin{cases}\dfrac{\partial L}{\partial \boldsymbol{\omega}}=\boldsymbol{\omega}-\sum\limits_{i=1}^{l}(\alpha_i^*-\alpha_i)\varphi(\boldsymbol{x}_i)=\boldsymbol{0}\\ \dfrac{\partial L}{\partial b}=\sum\limits_{i=1}^{l}(\alpha_i-\alpha_i^*)=0\\ \dfrac{\partial L}{\partial \boldsymbol{\xi}_i^{(*)}}=\dfrac{c}{l}-\boldsymbol{\eta}_i^{(*)}-\alpha_i^{(*)}=0\end{cases} \tag{6.3}$$

由式(6.3)可得

$$\begin{cases}\omega=\sum\limits_{i=1}^{l}(\alpha_i^*-\alpha_i)\varphi(\boldsymbol{x}_i)\\ \sum\limits_{i=1}^{l}(\alpha_i-\alpha_i^*)=0\\ \boldsymbol{\eta}_i^{(*)}=\dfrac{c}{l}-\alpha_i^{(*)}\end{cases} \tag{6.4}$$

将式(6.4)代入式(6.2)中，并对式(6.2)关于 $\boldsymbol{\alpha}^{(*)}$求极大得

$$\max_{\boldsymbol{\alpha}^{(*)}}-\frac{1}{2}\sum_{i,j=1}^{l}(\alpha_i^*-\alpha_i)(\alpha_j^*-\alpha_j)(\varphi(\boldsymbol{x}_i)\cdot\varphi(\boldsymbol{x}_j))-\varepsilon\sum_{i=1}^{l}(\alpha_i^*+\alpha_i)+\sum_{i=1}^{l}y_i(\alpha_i^*-\alpha_i)$$

$$s.t.\begin{cases}\sum\limits_{i=1}^{l}(\alpha_i^*-\alpha_i)=0\\ 0\leqslant\alpha_i,\alpha_i^*\leqslant\dfrac{c}{l}\end{cases}$$

式中：(·)表示向量的内积。用核函数 $K(\cdot,\cdot)$表示非线性映射 φ 在 Hilbert 空间 $\boldsymbol{H}$ 中的内积，即 $K(\boldsymbol{x}_i,\boldsymbol{x}_j)=(\varphi(\boldsymbol{x}_i)\cdot\varphi(\boldsymbol{x}_j))=\varphi(\boldsymbol{x}_i)^{\mathrm{T}}\varphi(\boldsymbol{x}_j)$，于是得到原始问题(6.1)的对偶问题为

$$\min_{\boldsymbol{\alpha}^{(*)}}\frac{1}{2}\sum_{i,j=1}^{l}(\alpha_i^*-\alpha_i)(\alpha_j^*-\alpha_j)K(\boldsymbol{x}_i,\boldsymbol{x}_j)+\varepsilon\sum_{i=1}^{l}(\alpha_i^*+\alpha_i)-\sum_{i=1}^{l}y_i(\alpha_i^*-\alpha_i)$$

$$s.t.\begin{cases}\sum_{i=1}^{l}(\alpha_i^* - \alpha_i) = 0 \\ 0 \leqslant \alpha_i, \alpha_i^* \leqslant \dfrac{c}{l}\end{cases} \tag{6.5}$$

可见,SVR 通过核函数将原输入空间的线性不可分转化为 Hilbert 空间的线性可分,最后化为一个线性约束的凸二次规划求解问题。

因为对偶问题(6.5)是凸的,其可行域非空,所以它的解存在。由于对偶问题(6.5)不一定是严格凸的,所以它的解不一定唯一,但从对偶问题(6.5)的任意一个解出发,可以求得原始问题(6.1)关于$(\boldsymbol{\omega}, b)$的解。关于对偶问题(6.5)与原始问题(6.1)解的关系,有如下定理:

定理 6.1　设$\bar{\boldsymbol{\alpha}}^{(*)} = [\bar{\alpha}_1, \bar{\alpha}_1^*, \cdots, \bar{\alpha}_l, \bar{\alpha}_l^*]^{\mathrm{T}}$是对偶问题(6.5)的解,则原始问题(6.1)关于$\boldsymbol{\omega}$的唯一解可表示为

$$\bar{\boldsymbol{\omega}} = \sum_{i=1}^{l}(\alpha_i^* - \alpha_i)\varphi(\boldsymbol{x}_i) \tag{6.6}$$

证明:令$\boldsymbol{K} = (K(\boldsymbol{x}_i, \boldsymbol{x}_j))_{l\times l}$,$\boldsymbol{\alpha} = [\alpha_1, \cdots, \alpha_l]^{\mathrm{T}}$,$\boldsymbol{\alpha}^* = [\alpha_1^*, \cdots, \alpha_l^*]^{\mathrm{T}}$,$\boldsymbol{e} = [1, \cdots, l]^{\mathrm{T}} \in \boldsymbol{R}^l$,$\boldsymbol{y} = [y_1, \cdots, y_l]^{\mathrm{T}}$,则对偶问题(6.5)可表示为

$$\min_{\boldsymbol{\alpha}^{(*)}} \frac{1}{2}(\boldsymbol{\alpha}^* - \boldsymbol{\alpha})^{\mathrm{T}}\boldsymbol{K}(\boldsymbol{\alpha}^* - \boldsymbol{\alpha}) + \varepsilon \boldsymbol{e}^{\mathrm{T}}(\boldsymbol{\alpha}^* + \boldsymbol{\alpha}) - \boldsymbol{y}^{\mathrm{T}}(\boldsymbol{\alpha}^* - \boldsymbol{\alpha})$$

$$s.t.\begin{cases}\boldsymbol{e}^{\mathrm{T}}(\boldsymbol{\alpha}^* - \boldsymbol{\alpha}) = 0 \\ 0 \leqslant \alpha_i, \alpha_i^* \leqslant \dfrac{c}{l}\end{cases}$$

如果$\bar{\boldsymbol{\alpha}}^{(*)}$是对偶问题(6.5)的任意解,则根据 KKT(Karush-Kuhn-Tucker)条件可知:存在 Lagrange 乘子$\bar{b}$,$\bar{\boldsymbol{s}}^{(*)}$和$\bar{\boldsymbol{\xi}}^{(*)}$,使得

$$\begin{cases}\boldsymbol{K}(\bar{\boldsymbol{\alpha}}^* - \bar{\boldsymbol{\alpha}}) + \varepsilon \boldsymbol{e} - \boldsymbol{y} + \bar{b}\boldsymbol{e} - \bar{\boldsymbol{s}}^* + \bar{\boldsymbol{\xi}}^* = \boldsymbol{0} \\ -\boldsymbol{K}(\bar{\boldsymbol{\alpha}}^* - \bar{\boldsymbol{\alpha}}) + \varepsilon \boldsymbol{e} + \boldsymbol{y} - \bar{b}\boldsymbol{e} - \bar{\boldsymbol{s}} + \bar{\boldsymbol{\xi}} = \boldsymbol{0} \\ \bar{\boldsymbol{s}}^{(*)} \geqslant \boldsymbol{0} \\ \bar{\boldsymbol{\xi}}^{(*)} \geqslant \boldsymbol{0}\end{cases} \tag{6.7}$$

并且有

$$\bar{\xi}_i^*\left(\bar{\alpha}_i^* - \frac{c}{l}\right) = 0, \bar{s}_i^*\ \bar{\alpha}_i^* = 0 \tag{6.8}$$

式(6.7)和式(6.8)意味着

$$\begin{cases}\boldsymbol{K}(\bar{\boldsymbol{\alpha}}^* - \bar{\boldsymbol{\alpha}}) - \boldsymbol{y} + \bar{b}\boldsymbol{e} \geqslant -\varepsilon \boldsymbol{e} - \bar{\boldsymbol{\xi}}^* \\ -\boldsymbol{K}(\bar{\boldsymbol{\alpha}}^* - \bar{\boldsymbol{\alpha}}) + \boldsymbol{y} - \bar{b}\boldsymbol{e} \geqslant -\varepsilon \boldsymbol{e} - \bar{\boldsymbol{\xi}}\end{cases}$$

令 $\overline{\omega}=\sum_{i=1}^{l}(\alpha_i^*-\alpha_i)\varphi(\boldsymbol{x}_i)$，上述结果等价于

$$\begin{cases}y_i-[\overline{\boldsymbol{\omega}}^{\mathrm{T}}\varphi(\boldsymbol{x}_i)+\overline{b}]\leqslant\varepsilon+\overline{\xi}_i^*\\ [\overline{\boldsymbol{\omega}}^{\mathrm{T}}\varphi(\boldsymbol{x}_i)+\overline{b}]-y_i\leqslant\varepsilon+\overline{\xi}_i\end{cases}$$

联立式(6.7)中的$\overline{\boldsymbol{\xi}}^{(*)}\geqslant\boldsymbol{0}$可知，$(\overline{\boldsymbol{\omega}},b,\overline{\boldsymbol{\xi}}^{(*)})$满足原始问题(6.1)的约束条件，是其可行解。

进一步，根据式(6.8)，有

$$\begin{aligned}&\frac{1}{2}\overline{\boldsymbol{\omega}}^{\mathrm{T}}\overline{\boldsymbol{\omega}}+\frac{c}{l}\sum_{i=1}^{l}(\overline{\xi}_i^*+\overline{\xi}_i)\\
&=\frac{1}{2}\overline{\boldsymbol{\omega}}^{\mathrm{T}}\overline{\boldsymbol{\omega}}+\frac{c}{l}\sum_{i=1}^{l}(\overline{\xi}_i^*+\overline{\xi}_i)-\overline{\boldsymbol{\alpha}}^{*\mathrm{T}}[\boldsymbol{K}(\overline{\boldsymbol{\alpha}}^*-\overline{\boldsymbol{\alpha}})+\varepsilon\boldsymbol{e}-\boldsymbol{y}+\overline{b}\boldsymbol{e}-\overline{\boldsymbol{s}}^*+\overline{\boldsymbol{\xi}}^*]-\\
&\quad\overline{\boldsymbol{\alpha}}^{*\mathrm{T}}[-\boldsymbol{K}(\overline{\boldsymbol{\alpha}}^*-\overline{\boldsymbol{\alpha}})+\varepsilon\boldsymbol{e}+\boldsymbol{y}-\overline{b}\boldsymbol{e}-\overline{\boldsymbol{s}}+\overline{\boldsymbol{\xi}}]\\
&=-\frac{1}{2}(\overline{\boldsymbol{\alpha}}^*-\overline{\boldsymbol{\alpha}})^{\mathrm{T}}\boldsymbol{K}(\overline{\boldsymbol{\alpha}}^*-\overline{\boldsymbol{\alpha}})-\varepsilon\boldsymbol{e}^{\mathrm{T}}(\overline{\boldsymbol{\alpha}}^*+\overline{\boldsymbol{\alpha}})+\boldsymbol{y}^{\mathrm{T}}(\overline{\boldsymbol{\alpha}}^*-\overline{\boldsymbol{\alpha}})-\overline{b}\boldsymbol{e}^{\mathrm{T}}(\boldsymbol{\alpha}-\boldsymbol{\alpha}^*)-\\
&\quad\overline{\boldsymbol{\xi}}^{(*)\mathrm{T}}\left(\overline{\boldsymbol{\alpha}}^{(*)}-\frac{c}{l}\boldsymbol{e}\right)+\overline{\boldsymbol{s}}^{(*)\mathrm{T}}\overline{\boldsymbol{\alpha}}^{(*)}\\
&=-\frac{1}{2}(\overline{\boldsymbol{\alpha}}^*-\overline{\boldsymbol{\alpha}})^{\mathrm{T}}\boldsymbol{K}(\overline{\boldsymbol{\alpha}}^*-\overline{\boldsymbol{\alpha}})-\varepsilon\boldsymbol{e}^{\mathrm{T}}(\overline{\boldsymbol{\alpha}}^*+\overline{\boldsymbol{\alpha}})+\boldsymbol{y}^{\mathrm{T}}(\overline{\boldsymbol{\alpha}}^*-\overline{\boldsymbol{\alpha}})\end{aligned}$$

即原始问题(6.1)在点$(\overline{\boldsymbol{\omega}},b,\overline{\boldsymbol{\xi}}^{(*)})$处的目标函数值与对偶问题(6.5)的最优值相等。于是根据强对偶定理知，$(\overline{\boldsymbol{\omega}},b,\overline{\boldsymbol{\xi}}^{(*)})$是原始问题(6.1)的解。

在定理6.1的证明中已经阐明了Lagrange乘子$\overline{b}$就是原始问题(6.1)关于b的解，下面讨论$\overline{b}$的表达式。

定理6.2 设$\overline{\boldsymbol{\alpha}}^{(*)}=[\overline{\alpha}_1,\overline{\alpha}_1^*,\cdots,\overline{\alpha}_l,\overline{\alpha}_l^*]^{\mathrm{T}}$是对偶问题(6.5)的解。记

$$S_1^0=\{i\mid\overline{\alpha}_i=0\},S_1=\{i\mid\overline{\alpha}_i\in(0,c/l)\},S_1^{c/l}=\{i\mid\overline{\alpha}_i=c/l\},$$
$$S_2^0=\{i\mid\overline{\alpha}_i^*=0\},S_2=\{i\mid\overline{\alpha}_i^*\in(0,c/l)\},S_2^{c/l}=\{i\mid\overline{\alpha}_i^*=c/l\}$$

对$j\in\{1,2\}$和$k\in\{0,c/l\}$定义

$$d_{\max}(S_j^k)=\max_{i\in S_j^k}\{y_i-\overline{\boldsymbol{\omega}}^{\mathrm{T}}\varphi(\boldsymbol{x}_i)\},d_{\min}(S_j^k)=\min_{i\in S_j^k}\{y_i-\overline{\boldsymbol{\omega}}^{\mathrm{T}}\varphi(\boldsymbol{x}_i)\}$$

则原始问题(6.1)关于$(\boldsymbol{\omega},b)$的解所组成的集合可表示为

$$\{(\boldsymbol{\omega},b)\mid\boldsymbol{\omega}=\overline{\boldsymbol{\omega}},b\in[b_d,b^u]\}\tag{6.9}$$

其中，$\overline{\boldsymbol{\omega}}=\sum_{i=1}^{l}(\alpha_i^*-\alpha_i)\varphi(\boldsymbol{x}_i)$，$b_d,b^u$按下列不同情况计算：

(i) 如果$S_1\neq\varnothing$或者$S_2\neq\varnothing$，则取$j\in S_1$或者$k\in S_2$，并据此计算

$$b_d = b^u = \begin{cases} y_j - \sum_{i=1}^{l} (\bar{\alpha}_i^* - \bar{\alpha}_i) K(\boldsymbol{x}_i, \boldsymbol{x}_j) + \varepsilon, S_1 \neq \varnothing \\ y_k - \sum_{i=1}^{l} (\bar{\alpha}_i^* - \bar{\alpha}_i) K(\boldsymbol{x}_i, \boldsymbol{x}_k) - \varepsilon, S_2 \neq \varnothing \end{cases} \tag{6.10}$$

（ii）如果 $S_1=\varnothing$并且 $S_2=\varnothing$,则计算

$$\begin{cases} b^u = \min\{d_{\min}(S_2^{c/l}) - \varepsilon, d_{\min}(S_1^0) + \varepsilon\} \\ b_d = \max\{d_{\max}(S_1^{c/l}) + \varepsilon, d_{\max}(S_2^0) - \varepsilon\} \end{cases} \tag{6.11}$$

证明:根据定理 6.1 可知,如果$\bar{\boldsymbol{\alpha}}^{(*)}$是对偶问题(6.5)的解,则存在$\bar{b}$和$\bar{\boldsymbol{\xi}}^{(*)}$使得$(\bar{\boldsymbol{\omega}}, b, \bar{\boldsymbol{\xi}}^{(*)})$是原始问题(6.1)的解。而$\bar{b}$为解的充要条件是它满足 KKT 条件(6.7)和(6.8)。分别讨论下面两种情况:

（1）$S_1 \neq \varnothing$或者 $S_2 \neq \varnothing$

如果存在$j \in S_1$ 或者 $k \in S_2$,则 KKT 条件意味着

$$\bar{\xi}_j = \bar{s}_j = 0, \bar{\boldsymbol{\omega}}^{\mathrm{T}} \varphi(\boldsymbol{x}_j) + \bar{b} - y_j = \varepsilon$$

或者

$$\bar{\xi}_k^* = \bar{s}_k^* = 0, y_k - [\bar{\boldsymbol{\omega}}^{\mathrm{T}} \varphi(\boldsymbol{x}_k) + \bar{b}] = \varepsilon$$

联立得出结论(i)。

（2）$S_1=\varnothing$并且 $S_2=\varnothing$

KKT 条件等价于

$$\begin{cases} \bar{s}_i = 0, \bar{\xi}_i = -\varepsilon + \bar{\boldsymbol{\omega}}^{\mathrm{T}} \varphi(\boldsymbol{x}_i) + \bar{b} - y_i \geqslant 0, i \in S_1^{c/l} \\ \bar{s}_i^* = 0, \bar{\xi}_i^* = -\varepsilon - \bar{\boldsymbol{\omega}}^{\mathrm{T}} \varphi(\boldsymbol{x}_i) - \bar{b} + y_i \geqslant 0, i \in S_2^{c/l} \\ \bar{\xi}_i = 0, \bar{s}_i = \varepsilon - \bar{\boldsymbol{\omega}}^{\mathrm{T}} \varphi(\boldsymbol{x}_i) - \bar{b} + y_i \geqslant 0, i \in S_1^0 \\ \bar{\xi}_i^* = 0, \bar{s}_i^* = \varepsilon + \bar{\boldsymbol{\omega}}^{\mathrm{T}} \varphi(\boldsymbol{x}_i) + \bar{b} - y_i \geqslant 0, i \in S_2^0 \end{cases}$$

联立得出结论(ii)。

于是,求解出对偶问题(6.5)的最优解$\boldsymbol{\alpha}^{(*)}$后,再根据定理6.2确定出 b 的值,即可得到 SVR 算法构造的非线性回归函数:

$$f(\boldsymbol{x}) = \sum_{i=1}^{l} (\alpha_i^* - \alpha_i) K(\boldsymbol{x}_i, \boldsymbol{x}) + b \tag{6.12}$$

6.1.2　SVR 的稀疏性

由定理 6.2 的结论可知,原始问题(6.1)的解$(\bar{\boldsymbol{\omega}}, \bar{b})$只依赖于训练集中对应于$(\alpha_i^* - \alpha_i)$非零的那些样本点$(\boldsymbol{x}_i, y_i)$,而其他的样本点对结果没有影响,从而可以简化非线性回归函数的计算,这体现出 SVR 的稀疏性。文献[15]讨论了$\boldsymbol{\alpha}^{(*)}$分量的取值情况以及它们与对应样本点的关系,下面直接加以引用。

定义 6.1(支持向量) 称训练集$\{(\boldsymbol{x}_i,y_i),i=1,2,\cdots,l\}$中的输入$\boldsymbol{x}_i$为支持向量,如果求解对偶问题(6.5)得到的$\alpha_i\neq0$或$\alpha_i^*\neq0$。

定义 6.2(ε-带) 给定正数ε,一个超平面$y=f(\boldsymbol{x})$的ε-带是指该超平面沿y轴依次上下平移ε扫过的区域。

定理 6.3[19] 设$\boldsymbol{\alpha}^{(*)}\in\boldsymbol{R}^{2l}$是最优化问题(6.5)的解,则对$i=1,\cdots,l$有$\alpha_i\in[0,c/l]$,$\alpha_i^*\in[0,c/l]$而且一对$\alpha_i$和$\alpha_i^*$中最多只能有一个不为零。

定理 6.4[15] 设$\boldsymbol{\alpha}^{(*)}\in\boldsymbol{R}^{2l}$是最优化问题(6.5)的解,(i)若$\alpha_i=\alpha_i^*=0$则相应的样本点$(\boldsymbol{x}_i,y_i)$一定在$\varepsilon$-带的内部或边界上;(ii)若$\alpha_i\in(0,c/l)$,$\alpha_i^*=0$或$\alpha_i=0$,$\alpha_i^*\in(0,c/l)$则相应的样本点$(\boldsymbol{x}_i,y_i)$一定在$\varepsilon$-带的边界上;(iii)若$\alpha_i=c/l$,$\alpha_i^*=0$或$\alpha_i=0$,$\alpha_i^*=c/l$则相应的样本点$(\boldsymbol{x}_i,y_i)$一定在$\varepsilon$-带的外部或边界上。

推论 6.1[15] (i)若样本点$(\boldsymbol{x}_i,y_i)$在ε-带内部,则$\alpha_i=\alpha_i^*=0$;(ii)若样本点$(\boldsymbol{x}_i,y_i)$在ε-带的边界上,则$\alpha_i\in[0,c/l]$,$\alpha_i^*=0$或$\alpha_i=0$,$\alpha_i^*\in[0,c/l]$;(iii)若样本点$(\boldsymbol{x}_i,y_i)$在ε-带外部,则$\alpha_i=c/l$,$\alpha_i^*=0$或$\alpha_i=0$,$\alpha_i^*=c/l$。

由推论6.1的结论(i)可见,在ε-带内部的所有样本点$(\boldsymbol{x}_i,y_i)$都满足$\alpha_i=\alpha_i^*=0$,也就是说,它们都不是支持向量,对构造的非线性回归函数没有贡献。那么,去掉这些不是支持向量的样本点也不会影响最终的非线性回归函数。反之,只有那些对应于$\alpha_i\neq0$或者$\alpha_i^*\neq0$的样本点$(\boldsymbol{x}_i,y_i)$才会影响非线性回归函数的结果。上述情形所体现的稀疏性将有可能简化非线性回归函数的计算。这个优点显然与所采用的ε-不敏感损失函数密不可分。

从推论6.1还可以发现,ε的取值决定了ε-带的宽度,并影响支持向量的数目,外在表现为SVR构造的非线性回归函数(6.12)的复杂度。如果ε的取值太小,会使得所有的样本点均为支持向量,则SVR算法不具备稀疏性,即式(6.12)的结构最复杂;如果ε的取值太大,将使得没有支持向量,根据定理6.2可知,SVR算法构造的回归函数形式为直线$y=b$,而且有无穷多个,但这些函数对训练样本的拟合效果显然不理想。总之,ε越小,支持向量数目越多,式(6.12)越复杂,训练误差越小,即拟合精度越高;反之,支持向量数目越少,式(6.12)越简单,训练误差越大,拟合精度越差。

6.1.3 核函数

式(6.5)中,映射的选择非常重要。选定映射后,即可由其内积构造出核函数$K(\cdot,\cdot)$,从而进行SVR的计算。一种映射只能对应一个Hilbert空间,得到一种核函数;但不同Hilbert空间的内积可以得到同一种核函数。因此,一种核函数能够对应多种映射,我们只要选定核函数$K(\cdot,\cdot)$就够了,而不需要知道具体的映射是什么。$K(\cdot,\cdot)$有较大的选择范围,但它必须满足下面的定义。

定义 6.3(核函数)　设$\boldsymbol{\chi}$是$\boldsymbol{R}^h$中的一个子集。称定义在$\boldsymbol{\chi}\times\boldsymbol{\chi}$上的函数$K(\boldsymbol{x},\boldsymbol{x}')$是核函数,如果存在着从$\boldsymbol{\chi}$到某一个 Hilbert 空间$\boldsymbol{H}$的映射

$$\varphi:\begin{matrix}\boldsymbol{\chi}\rightarrow\boldsymbol{H}\\ \boldsymbol{x}\mapsto\varphi(\boldsymbol{x})\end{matrix}$$

使得

$$K(\boldsymbol{x},\boldsymbol{x}')=(\varphi(\boldsymbol{x})\cdot\varphi(\boldsymbol{x}'))=\varphi(\boldsymbol{x})^{\mathrm{T}}\varphi(\boldsymbol{x}')$$

定义 6.3 所定义的核函数也称为核或者正定核,文献[15]已经证明了其充要条件,并研究了正定核的性质,这里不再赘述。

常用的核函数有:

(1) 高斯径向基核,也称为高斯核(Gaussian Kernel,GK)或者径向基核(Radial Basis Kernel,RBK):

$$K(\boldsymbol{x},\boldsymbol{x}')=\exp(-\|\boldsymbol{x}-\boldsymbol{x}'\|^2/\sigma^2)\tag{6.13}$$

(2) 小波核(Wavlet Kernel,WK)[16]:

$$K(\boldsymbol{x},\boldsymbol{x}')=\prod_{k=1}^{h}\cos\left(1.75\frac{x_{ik}-x_{jk}}{\sigma_k}\right)\exp\left(-\frac{\|x_{ik}-x_{jk}\|^2}{2\sigma_k^2}\right)\tag{6.14}$$

式中:σ_k为伸缩因子。

(3) 多项式核(Polynomial Kernel,PK)

$$K(\boldsymbol{x},\boldsymbol{x}')=[(\boldsymbol{x}\cdot\boldsymbol{x}')+\sigma_1]^{\sigma_2},\sigma_1\geqslant 0,\sigma_2\in\mathbf{N}\geqslant 2\tag{6.15}$$

式中:当$\sigma_1>0$时称为非齐次多项式核,当$\sigma_1=0$时称为齐次多项式核。

为了表述方便,后面的内容将统一用σ表示核函数的参数,其包含的分量个数根据所选择的核函数种类或输入的维数确定。

6.2　基于 GA 优化 SVR 的退化建模和剩余寿命预测方法

6.2.1　问题描述

假设产品在恒定应力水平下工作,产品的某项性能参数y会随着运行时间t(或者行程距离、应力周期次数等)呈递增或递减的趋势变化,定义当y达到失效阈值η时产品即发生失效。在产品运行期间,对其性能参数y共进行了m次测量,得到的历史测量退化数据集为$\{(t_i,y_i),i=1,2,\cdots,m\}$。

本节所要解决的数学问题是:已知m个数据$\{(t_i,y_i),i=1,2,\cdots,m\}$,其中$t_i,y_i\in R$,采用 6.1 节的 SVR 算法构造出$y$关于$t$的函数,具体的函数形式为

$$y=f(t)=\sum_{i=1}^{m}(\alpha_i^*-\alpha_i)K(t_i,t)+b\tag{6.16}$$

6.2.2 基本思路

采用SVR算法进行退化轨迹建模和寿命预测的基本思路为：首先，选择合适的核函数并确定SVR算法中的模型参数；然后，将训练数据代入对偶问题(6.5)并求解得到Lagrange乘子，再根据定理6.2计算出偏置b，从而建立式(6.16)所示的退化轨迹模型；最后，用式(6.16)对未来时刻的退化量进行预测，结合失效阈值η估计产品的失效时间，减去当前的时间即得产品的剩余寿命。

由于本节研究的是小样本数据下的退化轨迹建模问题，SVR的训练学习不存在大规模训练样本集问题，对对偶问题的优化求解利用牛顿法、内点法等成熟的经典最优化算法即可很好完成。因此，本节直接调用MATLAB中的QUADPROG函数实现对偶问题(6.5)的求解。

考虑到训练数据的输入维数$h=1$，选择RBK或WK时核函数参数都只有一个分量；选择PK时核函数参数有两个分量。根据第6.1.1节的SVR原理可知，对偶问题(6.5)中有3个参数：核函数参数σ、不敏感参数ε和惩罚参数c。不同的核函数及核函数参数σ对应着不同的特征空间和特征映射。惩罚参数c是在经验风险与泛化能力之间进行平衡，理想的c值是使得经验风险与泛化误差都较小。如果c取得太小，则对支持向量的惩罚就小，使经验风险变大，模型的泛化误差也随之变大，会产生“欠学习”现象；如果c取得太大，则权值ω的内积就越小，支持向量数目也越多，导致经验风险越小，模型的泛化能力也随之降低，又会产生“过学习”现象。可见，参数(σ,ε,c)的取值关系到对偶问题(6.5)解的结果，并最终影响SVR算法所建立的模型，也就是说，参数(σ,ε,c)的确定是影响模型(6.16)预测精度的重要因素。因此，需要对参数(σ,ε,c)进行优化，以保证所建立的退化轨迹模型有较好的泛化能力。

鉴于遗传算法(GA)具有优秀的全局搜索能力，这里采用GA对参数(σ,ε,c)进行优化。基于GA进行参数优化的基本思路是：首先从m个数据中选取l个数据用来训练学习，余下的$(m-l)$个数据作为检验集，根据适应度函数检验SVR算法构造的非线性回归函数的泛化能力；设定各参数变量的取值范围，用GA在参数变化空间内搜索种群个体，分别以种群各个体为SVR算法的参数，用l个数据训练建模，GA根据适应度函数值挑选保留的种群个体并交叉、变异生成新种群个体，反复迭代，直至满足迭代停止条件，使适应度函数值最小的种群个体即为最优参数。

在GA搜索到最优参数后，将最优参数代入对偶问题(6.5)，并用全部m个数据训练求解，构造的非线性回归函数即为基于GA优化SVR算法建立的退化轨迹模型。使用GA最重要的一点是设计适应度函数，以SVR算法所建模型对检验集相对估计误差的绝对均值作为适应度函数：

$$e(\boldsymbol{g},\hat{\boldsymbol{g}}_i)=\frac{1}{\boldsymbol{r}}\sum_{j=1}^{r}\left|\frac{g_j-\hat{g}_{ij}}{g_j}\right|\times 100\% \tag{6.17}$$

式中：$\boldsymbol{g}$ 为检验集的真实输出值；$\hat{\boldsymbol{g}}_i$ 为第 i 次迭代后对检验集的预测值；r 为检验集的样本个数。

6.2.3　方法的具体步骤

基于 GA 优化 SVR 的退化轨迹建模方法：

步骤1：确定训练集和检验集：选取数据集$\{(t_i,y_i),i=1,2,\cdots,m\}$的前 l 个数据作为训练集，后 $r(r=m-l)$ 个数据作为检验集。

步骤2：令代数变量 $i=0$，设置迭代代数最大值 $i_{\max}$ 和适应度最大值 $e_{\max}$，确定交叉概率值、变异概率值和各优化参数的取值范围；随机产生优化参数的 M 组初始值（初始种群），分别以初始种群各个体为 SVR 算法的参数，构造并求解对偶问题(6.5)，再根据定理6.2求出 b，建立式(6.12)所示的退化轨迹模型并对检验集进行预测，根据式(6.17)计算各个体的适应度值。

步骤3：令 $i=i+1$；根据适应度值选择较优的个体，按照交叉概率均匀交叉产生新个体，按变异概率对个体进行变异操作，形成新的种群；再分别以新种群各个体为 SVR 算法的参数，建立退化轨迹模型并计算各个体的适应度值。

步骤4：如果同时满足 $i_{\max}=i$ 和 $\max e(\boldsymbol{g},\hat{\boldsymbol{g}}_i)>e_{\max}$，则转步骤3；否则选择适应度最小值对应的个体为最优参数$(\bar{\sigma},\bar{\varepsilon},\bar{c})$。

步骤5：以全部 m 个数据为训练样本，在$(\bar{\sigma},\bar{\varepsilon},\bar{c})$下求解对偶问题(6.5)，根据定理6.2建立最终的退化轨迹模型(6.16)。

根据退化轨迹模型(6.16)，可以实现对未来时刻退化量的预测，并能据此进行寿命预测。当预测的退化量值首次达到 $\boldsymbol{\eta}$ 时，即认为产品发生了失效，定义 t_T 为该产品的寿命（失效时间），则有 $t_T=\min\{t\,|\,f(t)=\boldsymbol{\eta}\}$。于是，该产品在 t 时刻的剩余寿命为 t_T-t。

6.2.4　实例分析

疲劳裂纹增长数据[17]已被很多学者作为性能退化数据进行研究分析，如图6.1所示。共有21条裂纹的增长数据，初始裂纹长度 y_0 均为2.286cm，失效阈值 η 为4.064cm；每间隔 10^4 个应力循环测量一次，试验截止时间为 12×10^4 个应力循环，故每条裂纹最多能测量12次（即测量次数 $m=12$）；如果某次测量时发现某条裂纹的长度 $y\geqslant\eta$，则该条裂纹随即退出试验。从图6.1中可以发现：1#~12#裂纹在试验截止前已发生失效；1#裂纹共测量9次，2#裂纹共测量10次，3#~8#裂纹均测量11次，9#~21#裂纹均测量12次。

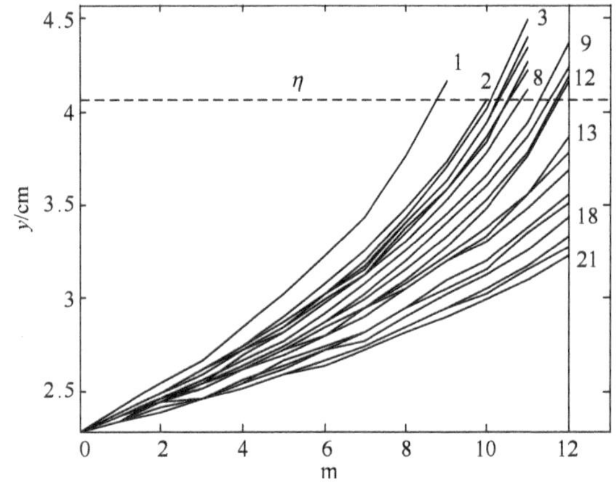

图 6.1　疲劳裂纹增长数据

对 21 条裂纹,均将最后 3 次测量数据作为检验集,即检验集样本个数 $r=3$。根据 6.2.3 小节基于 GA 优化 SVR 的退化轨迹建模方法的步骤 1 至步骤 4,SVR 算法分别采用径向基核(RBK-SVR)、小波核(WK-SVR)和多项式核(PK-SVR)进行训练建模和预测,在各核函数下分别搜索各条裂纹的最优参数。GA 中定义 SVR 算法参数的取值范围为:$\varepsilon\in[10^{-4},1]$,$c\in[1,100]$;RBK-SVR 和 WK-SVR 的 $\sigma\in[0.01,20]$,PK-SVR 的 $\sigma_1\in[0,20]$,$\sigma_2\in[2,10]$。为了对比预测效果,同时采用 RBF 神经网络(RBF Neural Network, RBFNN)对 21 条裂纹进行了训练和预测。表 6.1给出 4 种模型对检验集的相对估计误差结果,其中:$m-2$、$m-1$ 和 m 依次表示检验集的 3 个测量时刻;对 21 条裂纹相同位置处检验样本的相对估计误差进行统计分析,e_l和 e_h分别表示最小和最大值,e_m 表示绝对均值。

表 6.1　4 种模型对裂纹检验集的相对估计误差结果

模型名称	时　　间	相对估计误差/%		
		e_l	e_h	e_m
RBK-SVR	$m-2$	-1.10	2.60	0.59
	$m-1$	-1.29	5.15	2.17
	m	0.01	12.96	6.14
WK-SVR	$m-2$	-1.01	1.65	0.52
	$m-1$	-0.07	3.89	1.77
	m	0.83	9.49	5.38
PK-SVR	$m-2$	-1.30	2.82	0.89
	$m-1$	-1.61	6.53	3.12
	m	-0.23	14.08	6.96
RBFNN	$m-2$	-2.32	3.01	1.31
	$m-1$	-2.51	7.23	3.84
	m	-0.86	15.12	7.56

从表 6.1 中可以看出：

（1）4 种模型对检验集的相对估计误差范围（即 e_h-e_l）和 e_m 值均随着测量时刻的增加而增大，表明模型的泛化能力随着外推距离的增大而降低。因此，要想获得较高的预测精度，应该尽量减小外推距离。

（2）在检验集各测量时刻，RBFNN 模型的相对估计误差范围都比 3 种 SVR 模型大，对应的 e_m 值也要大得多。表明小样本情形下 SVR 算法的学习和泛化能力优于 RBFNN 算法。

（3）3 种 SVR 模型中，WK-SVR 模型对检验集的相对估计误差范围小于 RBK-SVR和 PK-SVR 模型的，对应的 e_m 值也较小。表明针对疲劳裂纹增长数据来说，WK 的映射能力优于 RBK 和 PK。因此，本章节中，关于疲劳裂纹增长数据的分析一律采用小波核函数，以便获得较高的建模和预测精度。

表 6.2 给出采用 WK-SVR 算法对 21 条裂纹进行退化轨迹建模时 GA 确定的最优参数。根据 6.2.3 小节基于 GA 优化 SVR 的退化轨迹建模方法的步骤 5，分别对 21 条裂纹在最优参数下建立退化轨迹模型（6.16），然后根据模型（6.16）进行寿命预测，结果如表 6.3 所列。表 6.3 还给出了 WK-SVR 模型、RBK-SVR 模型、PK-SVR 模型和 RBFNN 模型的寿命预测结果，以及文献[15]中采用 Paris Law（PL）模型估计的寿命。PL 模型的形式为

$$y=0.9\left(1-0.9^{\theta_2}\theta_1\theta_2 t\right)^{-1/\theta_2}$$

表 6.2　GA 优化的 WK-SVR 算法参数

裂纹	$\varepsilon(\times10^{-4})$	c	σ	裂纹	$\varepsilon(\times10^{-4})$	c	σ
1	26.3672	91.1719	0.2357	12	5.8828	91.2500	0.1116
2	16.6403	90.0000	0.1016	13	1.9531	81.2500	0.1058
3	9.8501	100.0000	0.0863	14	1.0000	94.9375	0.1387
4	1.0000	99.2500	0.0725	15	1.0000	78.9922	0.1038
5	1.0000	97.5508	0.0725	16	15.0757	96.5000	0.1272
6	28.8086	99.6719	0.0803	17	1.3428	92.0313	0.3282
7	30.8595	100.0000	0.0719	18	76.4160	96.0000	0.0935
8	27.5879	92.5938	0.3030	19	12.9394	94.9844	0.1038
9	1.9531	99.1133	0.1272	20	19.0430	97.1875	0.1139
10	1.0000	83.5000	0.0920	21	20.2637	86.0000	0.0869
11	1.0000	99.2500	0.0982				

表 6.3 5 种模型的寿命预测结果

模型名称	裂纹序号										
	1	2	3	4	5	6	7	8	9	10	11
WK-SVR	8.8	10.0	10.2	10.4	10.4	10.5	10.6	10.8	11.3	11.5	11.8
RBK-SVR	8.8	10.0	10.3	10.4	10.5	10.6	10.7	10.9	11.4	11.5	11.7
PK-SVR	8.8	10.0	10.0	10.4	10.4	10.5	10.7	10.9	11.4	11.5	12.0
RBFNN	8.8	10.0	10.1	10.3	10.2	10.5	10.5	10.8	11.2	11.4	11.8
PL	8.8	10.0	10.1	10.3	10.3	10.6	10.6	10.9	11.3	11.5	11.8
模型名称	裂纹序号										
	12	13	14	15	16	17	18	19	20	21	
WK-SVR	11.8	12.7	13.7	13.8	14.6	14.9	15.6	16.2	16.8	17.0	
RBK-SVR	11.8	12.5	14.0	13.5	14.8	15.1	16.0	16.6	17.2	17.4	
PK-SVR	11.9	12.6	13.6	13.1	14.0	14.2	14.8	15.4	16.3	17.5	
RBFNN	11.7	12.9	13.5	12.8	13.8	14.0	14.4	14.8	15.2	15.8	
PL	11.8	12.9	13.3	13.8	14.4	14.6	15.1	16.0	16.7	17.0	

式中：θ_1 和 θ_2 为固定参数，个体间的 θ_1 和 θ_2 分别独立同分布于正态分布。

从表 6.3 中可以发现：

(1) 由于 1#~12#裂纹已经发生失效，5 种模型均是通过内插值估计寿命，它们的寿命预测结果差异很小，表明拟合能力都很好。

(2) 13#~21#裂纹在试验期间未发生失效，5 种模型是通过外推估计寿命，预测结果差异较大。为了更直观地比较，将寿命预测结果示于图 6.2 中。

从图 6.2 中可以看出：

(1) 16#~20#裂纹的寿命预测值都是按照 RBFNN、PK-SVR、PL、WK-SVR 和 RBK-SVR 模型的顺序由小到大排列，15#和 21#仅仅由于一种模型打乱了顺序；13#和 14#裂纹外推的距离很小，未体现出 5 种模型的预测规律。表明 5 种模型通过外推预测裂纹寿命时，估计值基本按照 RBFNN、PK-SVR、PL、WK-SVR 和 RBK-SVR 模型的顺序变大，也就是说，RBFNN 模型的寿命预测值最为保守，这反映出 RBFNN 模型对未来时刻的退化量预测值最高，与表 6.1 中 RBFNN 模型对检验集的相对估计误差最大相符合，再次体现出 RBFNN 算法在小样本情形下的泛化能力不及 SVR 算法。

(2) 以 PL 模型的寿命预测结果为基准，则 WK-SVR 和 RBK-SVR 模型都高估了裂纹的寿命，但 WK-SVR 比 RBK-SVR 模型更接近于 PL 模型的预测结果；RBFNN 和 PK-SVR 模型都低估了裂纹的寿命，而且 RBFNN 模型是显著低估，这仍然与 RBFNN 模型在小样本情形下的泛化能力较差有关。

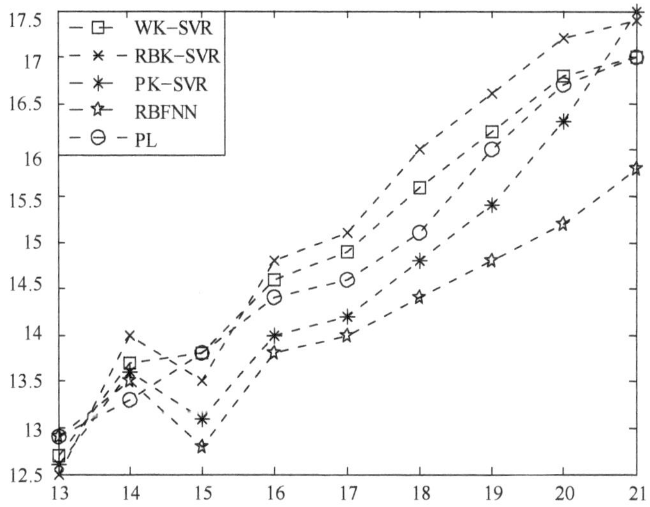

图6.2　5种模型对13#~21#裂纹的寿命预测结果

（3）综合比较3种SVR模型的寿命预测结果，WK-SVR模型的绝大多数结果介于RBK-SVR和PK-SVR模型之间，并且与PL模型的寿命预测结果最为接近。表明采用WK-SVR模型进行寿命预测的精度最高，即选择小波核函数最为合适。

6.3　基于SVR和FCM聚类的实时退化建模和剩余寿命预测方法

6.3.1　问题描述

上一节针对只有产品个体小样本性能退化数据的情形，研究了一种基于GA优化SVR的退化轨迹建模和寿命预测的方法，取得了良好的预测效果，但该方法仅仅利用了产品自身的小样本历史性能退化数据，并没有综合考虑同类产品的退化数据信息。然而，在工程实践中，我们还可以收集到同类（或者同批次）产品的性能退化数据，这些数据一般比较丰富。对于同类产品，虽然各个体的退化轨迹存在差异，但总体退化趋势是一致的，例如：

（1）疲劳裂纹增长数据[17]（见第6.2.4节）；

（2）CG36A晶体管退化数据[18]，对CG36A晶体管的100个样品进行退化寿命试验，每个样品均测量9次，测量时刻为[0,1,3,10,30,100,250,500,1000]小时，规定当性能参数z相对于初始值z_0增长变化达到30%时产品失效，于是定义退化量为$y=(z-z_0)/z_0$，则η为0.3，退化数据如图6.3所示。

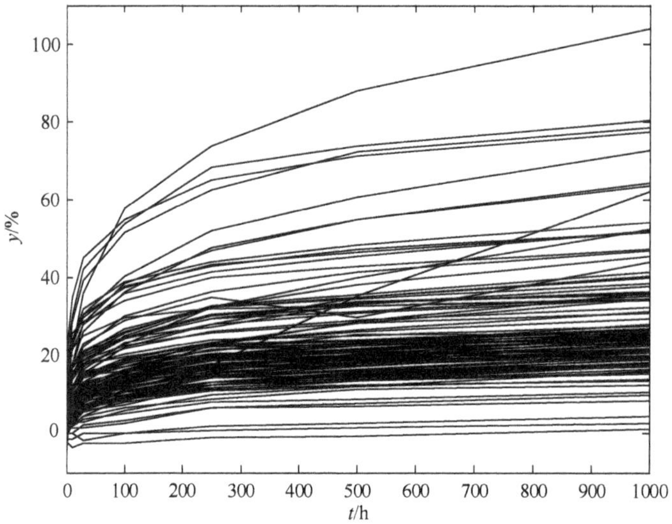

图 6.3　CG36A 晶体管退化数据

从图 6.1 和图 6.3 可以发现：同类产品的性能退化数据包含了丰富的信息，特别是退化轨迹之间同时存在着几乎相同和差异较大这一情况。通过研究特定个体与同类产品退化轨迹之间的相似性，可以找到与特定个体最相似的退化轨迹。如果基于相似性加权同类产品的退化轨迹，并以此作为特定个体的退化轨迹进行寿命预测，则可能获得更为可信的结果，而且，还可以根据特定个体的实时测量数据更新相似性，从而实现特定个体退化轨迹模型的实时更新。因此，基于同类产品的性能退化数据，本节从退化轨迹相似性的角度开展特定个体实时退化轨迹建模和寿命预测方法的研究。

考虑到某些同类产品的退化轨迹可能几乎相同，当该类情形较为突出时，在离线阶段合并相似的退化轨迹，有利于减少实时寿命预测阶段的加权计算量。模糊 c 均值(FCM)聚类算法是一种基于目标函数的聚类方法，它通过反复修改聚类中心集和隶属度矩阵来实现动态的迭代聚类，使得被划分到同一簇的对象之间相似度最大，而不同簇之间的相似度最小[19]。对于退化轨迹相似性的确定，本节提出以规范化测量时刻为基准，将对应的退化测量值向量作为特征向量，则特征向量间的欧几里得(Euclid)距离能反映相似性，即 Euclid 距离越小相似性越大，Euclid 距离越大相似性越小。可见，无论同类产品退化轨迹的结构相同与否，对其特征向量进行 FCM 聚类分析均可实现有效的合并和分类。因此，为了充分利用同类产品的性能退化数据，以基于 GA 优化 SVR 的退化轨迹建模方法和 FCM 聚类算法为理论基础，本节提出一类基于 SVR 和 FCM 聚类的实时退化轨迹建模和寿命预测方法。

定义 6.4　设$[t_1,\cdots,t_m]^{\mathrm{T}}$为规范化测量时刻,共有 n 个同类产品,t_{ij}为第 i 个产品的第 j 次测量时刻,y_{ij}为退化测量值,m_i为第 i 个产品的总测量次数,$D_i=\{(t_{ij},y_{ij}),j=1,\cdots,m_i\}$为第 i 个产品的性能退化数据,$D_s=\{(t_{sj},y_{sj}),j=1,\cdots,m_s\}$为特定个体的历史测量数据。若 $\prod_{j=1}^{m}P(t_{ij}=t_j)=1$ 成立,则称 D_i 为规范化性能退化数据。若 $\prod_{j=1}^{m_s}P(t_{sj}=t_j)=1$ 成立,则称 D_s 为规范化历史测量数据。

本节所要解决的问题如下:

(1) 已知数据集 $D_i(i=1,\cdots,n)$和 D_s,充分利用 $D_i(i=1,\cdots,n)$并采用 SVR 算法构造出 D_s 中 y 关于 t 的函数模型 $y=f_s(t)$;

(2) 结合失效阈值 η 预测特定个体的失效时间 t_T,即求解 $\eta=f_s(t_T)$,从而预测特定个体的剩余寿命(t_T-t);

(3) 根据特定个体的实时测量数据(t,y_s)更新模型 $y=f_s(t)$,并进行实时寿命预测。

下面具体介绍基于 SVR 和 FCM 聚类的实时退化建模和寿命预测方法。

6.3.2　基本思路与具体步骤

同类产品包含了丰富的退化轨迹曲线,特定个体的退化轨迹极有可能与某个同类产品非常相似甚至相同,或者介于几个同类产品之间。因此,只要能确定特定个体对同类产品退化轨迹的相似度,即可根据相似度加权同类产品的模型建立其退化轨迹模型,再结合特定个体的实时测量数据更新相似度的计算,即可实现特定个体的实时建模。其中,准确的同类产品退化轨迹模型是前提,离线阶段基于 GA 优化的 SVR 退化轨迹建模方法能够保证模型的精度。相似度的量化是关键,当 D_s 为规范化历史测量数据时,其与同类产品截短的特征向量间的 Euclid 距离能够反映退化轨迹的相似程度;但如果 D_s 不是规范化数据,由于其测量次数较少,不适宜对 D_s 进行规范化处理,考虑到两条退化轨迹越相似,其在任意相同时刻处的性能退化值越接近。于是,在特定个体最近一次测量时刻处,其与同类产品的性能退化值的差异大小可以反映退化轨迹之间的相似程度。因此,针对 D_s 是否为规范化历史测量数据的情形,本节提出两种实时退化轨迹建模和寿命预测方法——隶属度加权法和误差加权法。

本节所提方法的完整流程图如图 6.4 所示,整个方法分为离线和实时两个阶段:

(1) 离线阶段。首先,判断同类产品的性能退化数据是否为规范化性能退化数据,是则直接进行最优 FCM 聚类,否则基于 SVR 进行规范化处理后再进行最优 FCM 聚类;最后,基于 SVR 建立各聚类中心的退化轨迹模型。

(2) 实时阶段。首先,判断特定个体的历史测量数据是否为规范化历史测量数据，是则采用隶属度加权法，否则采用误差加权法，得到特定个体的退化轨迹模型；再结合特定个体的实时测量数据进行模型更新和寿命预测。

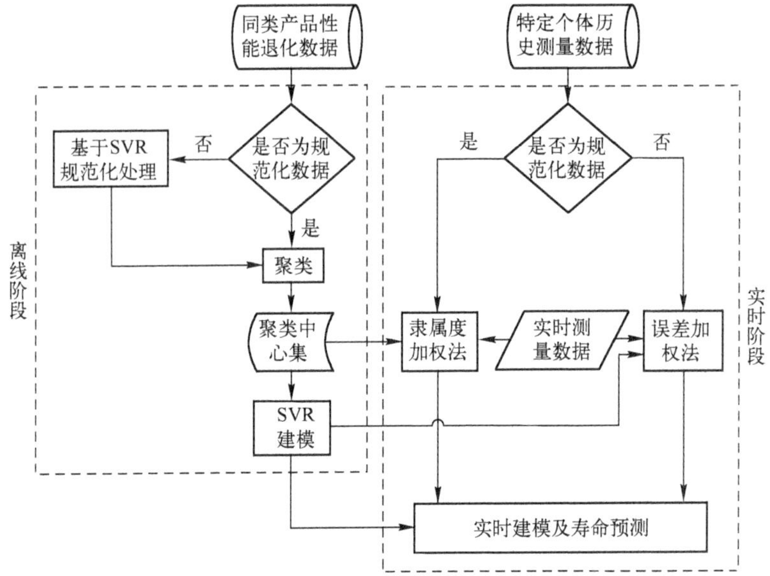

图 6.4　基于 SVR 和 FCM 聚类的实时退化建模和寿命预测方法流程图

1. 离线阶段

首先，根据 n 个产品的测量时刻和测量次数确定合适的规范化测量时刻。规范化测量时刻的确定原则为：①力求测量次数尽量多，测量时刻尽量等间距；②力求需规范化处理的产品个数尽量少。

工程实践中，由于各用户对同类产品进行测量的时刻和次数可能不一致，导致收集的数据不一定都是规范化性能退化数据。因此，对同类产品的退化轨迹进行 FCM 聚类之前，需要先做规范化判断，如果不是规范化数据，则采用第 6.2 节基于 GA 优化 SVR 的退化轨迹建模方法建立模型，然后进行规范化处理。

假设 D_i 不是规范化数据，对其进行规范化处理的步骤如下：

步骤 1：采用第 6.2.3 节基于 GA 优化 SVR 的退化轨迹建模方法建立 D_i 的退化轨迹模型 $f_i(t)$；

步骤 2：以规范化测量时刻为基准，将 D_i 对应缺少的时刻 t_j 依次代入 $f_i(t)$ 估计性能退化值。

记规范化处理后的 D_i 为 $\hat{D}_i=\{(t_{ij},\hat{y}_{ij}),j=1,\cdots,m_i\}$，记 $\hat{D}_i$ 的特征向量为 $\boldsymbol{y}_i=[\hat{y}_{i1},\cdots,\hat{y}_{im}]^{\mathrm{T}}$。$n$ 个样本的特征向量 $\boldsymbol{y}_i$ 构成矩阵 $\boldsymbol{Y}\in\boldsymbol{R}^{m\times n}$，将其分为 $c(2\leqslant c<n)$ 类。设 $\boldsymbol{V}\in\boldsymbol{R}^{m\times c}$ 为聚类中心集，$\boldsymbol{v}_k$ 为第 k 个聚类中心，d_{ki} 为 $\boldsymbol{y}_i$ 与 $\boldsymbol{v}_k$ 的 Euclid 距离，$\boldsymbol{U}\in$

$\boldsymbol{R}^{c\times n}$为隶属度矩阵，$u_{ki}$为$\boldsymbol{y}_i$对$\boldsymbol{v}_k$的隶属度。建立一个基于可能性分布的聚类有效性函数$F(\boldsymbol{U},c)$[19]，即

$$F(\boldsymbol{U},c)=\frac{1}{n}\sum_{k=1}^{c}\sum_{i=1}^{n}u_{ki}^{2}-\frac{1}{c}\sum_{k=1}^{c}\left[\left(\sum_{i=1}^{n}u_{ki}\right)^{-1}\sum_{i=1}^{n}u_{ki}^{2}\right] \tag{6.18}$$

选择使得$F(\boldsymbol{U},c)$取值最小的c值为最优聚类数，记为$\bar{c}$，在(6.18)该值下求得的最优聚类中心集和隶属度矩阵分别记为$\overline{\boldsymbol{V}}$和$\overline{\boldsymbol{U}}$。

算法6.1(最优FCM聚类算法)

步骤1：设定加权指数q和迭代停止阈值δ，令$c=2$；

步骤2：令迭代次数$p=0$，初始化$\boldsymbol{V}(p)=[\boldsymbol{v}_1,\cdots,\boldsymbol{v}_c]$；

步骤3：根据式(6.19)计算隶属度矩阵$\boldsymbol{U}$，根据$\hat{\boldsymbol{v}}_k=\left(\sum_{i=1}^{n}u_{ki}^{q}\right)^{-1}\left(\sum_{i=1}^{n}u_{ki}^{q}\boldsymbol{y}_i\right)$计算新的聚类中心$\hat{\boldsymbol{V}}(p)$。

$$u_{ki}=\begin{cases}0, & 若\ d_{kj}=0,i\neq j\\ \sum_{j=1}^{c}(d_{ki}d_{kj}^{-1})^{2/(q-1)}, & 若\ d_{kj}\neq 0,d_{ki}\neq 0\\ 1, & 其他\end{cases} \tag{6.19}$$

步骤4：如果$\|\hat{\boldsymbol{V}}(p)-\hat{\boldsymbol{V}}(p-1)\|>\delta$，令$p=p+1$并转步骤3；否则根据式(6.18)计算聚类有效性函数值，令$c=c+1$并转步骤5。

步骤5：如果$c<n$，转步骤2；否则选择使得$F(\boldsymbol{U},c)$取值最小的c值为$\bar{c}$，并获得对应的$\overline{\boldsymbol{V}}$和$\overline{\boldsymbol{U}}$。

在经过FCM聚类后，以规范化测量时刻$[t_1,\cdots,t_m]^{\mathrm{T}}$为输入，聚类中心$\bar{\boldsymbol{v}}_i(i=1,\cdots,\bar{c})$为输出，采用第6.2节基于GA优化SVR的退化轨迹建模方法，依次建立$\bar{c}$个聚类中心的退化轨迹模型$\{\bar{f}_1(t),\cdots,\bar{f}_{\bar{c}}(t)\}$。

值得指出的是：如果同类产品的数量不大或者退化轨迹几乎相同的情形不突出，采用FCM聚类不能很好地归纳信息，也不能有效减少实时阶段的计算量；如果绝大多数同类产品都要进行规范化处理，也就是说绝大多数同类产品都要进行SVR建模，那么把这些模型直接用于实时建模阶段的计算能获得更好的建模精度。因此，上述情况下不必进行FCM聚类，直接把各同类产品的SVR模型和规范化数据用于实时建模阶段的计算。

2. 实时阶段

1）隶属度加权法

隶属度加权法(Degree-of-membership-based Weighted Method，DWM)适用于D_s为规范化历史测量数据的情形。DWM的基本思想是：计算特定个体的历史性能退化值向量与各聚类中心前m_s个元素组成向量的Euclid距离，以此确定特定个

体对各聚类中心的隶属度值,从而加权各聚类中心的退化轨迹模型得到特定个体的退化轨迹模型,最后,结合特定个体的实时测量数据依次更新 Euclid 距离、隶属度值及其退化轨迹模型,将失效阈值代入模型求解失效时间,实现实时剩余寿命预测。其步骤如下:

步骤 1: 令 $p=m_s, t_0=t_p, \boldsymbol{y}_s=[y_{s1},\cdots,y_{sp}]^{\mathrm{T}}$;

步骤 2: 取$\overline{\boldsymbol{V}}$的前 p 行记为矩阵$\overline{\boldsymbol{V}}_p$,计算 $\boldsymbol{y}_s$ 与$\overline{\boldsymbol{V}}_p$ 各列向量的 Euclid 距离,将距离值代入式(6.19)计算出特定个体对聚类中心的隶属度向量 $\boldsymbol{w}=[w_1,\cdots,w_{\bar{c}}]$;

步骤 3: 建立特定个体的退化轨迹模型 $f_s(t)=\sum_{i=1}^{\bar{c}} w_i \bar{f}_i(t)$;

步骤 4: 求解 $\eta=f_s(t_T)$ 得失效时间预测值 t_T,计算剩余寿命 t_T-t_0;

步骤 5: 采集实时测量数据(t,y_s),令 $t_0=t, p=p+1, \boldsymbol{y}_s=[\boldsymbol{y}_s;y_s]$,转步骤 2。

2) 误差加权法

误差加权法[20](Error-based Weighted Method,EWM)对 D_s 没有限制,适用于任何情形。EWM 的基本思想是:把特定个体的最近一次测量时刻代入各聚类中心退化轨迹模型,估计性能退化值,根据各估计误差的平方确定权值,从而加权各聚类中心的退化轨迹模型得到特定个体的退化轨迹模型,最后,结合特定个体的实测数据依次更新性能退化估计值、权值及其退化轨迹模型,将失效阈值代入模型求解失效时间,实现实时寿命预测。其步骤如下:

步骤 1: 令 $p=m_s, t_0=t_{sp}, y_0=y_{sp}$;

步骤 2: 把 t_0 代入$\{\bar{f}_1(t),\cdots,\bar{f}_{\bar{c}}(t)\}$得到$\{\bar{f}_1(t_0),\cdots,\bar{f}_{\bar{c}}(t_0)\}$,计算估计误差的平方 $e_i=[\bar{f}_i(t_0)-y_0]^2$,根据式(6.20)计算权值:

$$w_i'=\begin{cases}0, & \text{若 } e_j=0,\text{且 } j\neq i\\ \left(\sum_{j=1}^{\bar{c}}\dfrac{e_i}{e_j}\right)^{-1}, & \text{若 } e_i\neq 0, e_j\neq 0\\ 1, & \text{其他}\end{cases}\tag{6.20}$$

步骤 3: 建立特定个体的退化轨迹模型 $f_s'(t)=\sum_{i=1}^{\bar{c}} w_i' \bar{f}_i(t)$;

步骤 4: 求解 $\eta=f_s(t_T)$ 得失效时间预测值 t_T,计算剩余寿命 t_T-t_0;

步骤 5: 采集实时测量数据(t,y_s),令 $t_0=t, y_0=y_s$,转步骤 2。

6.3.3 实例分析

6.3.3.1 在疲劳裂纹增长数据中的应用

继续研究第 6.2.4 节分析过的疲劳裂纹增长数据,选取 5#、10#和 15#裂纹作为需要进行寿命预测的特定个体,其余 18 条裂纹作为同类产品的性能退化数据使用。

1. 离线阶段

确定规范化测量时刻为前 11 次测量时刻（即 $m=11$），只有 1#和 2#裂纹需要进行规范化处理（进行增补）。第 6.2.4 节已经得到了各条裂纹 WK-SVR 模型的最优参数，于是，分别在 1#和 2#裂纹的最优参数下对它们进行规范化处理。然后，对 18 条裂纹经过规范化处理后的特征向量进行 FCM 聚类，FCM 聚类算法中取加权指数 $q=2$，迭代停止阈值 $\delta=10^{-5}$，确定 18 条裂纹的最优聚类数为 12，可见，聚类将使实时阶段的加权计算量减少 1/3。

图 6.5 给出 FCM 聚类得到的最优聚类中心，与图 6.1 相比较发现，最优聚类中心保持了原有数据的特性，例如：靠外侧的裂纹条数较少，中间部分的裂纹较为密集；几条差异较大的裂纹得到了单独的分类。

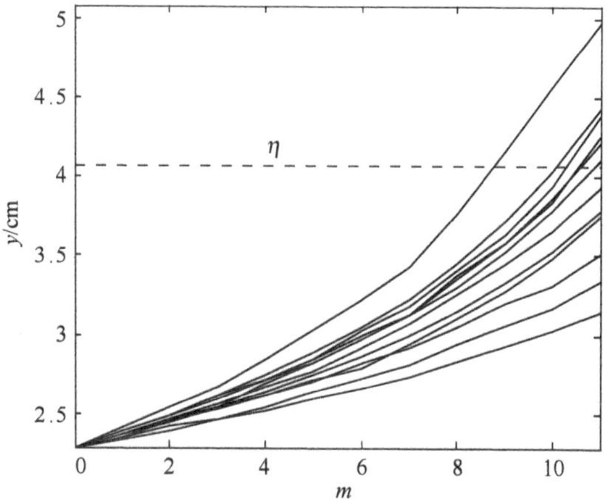

图 6.5　疲劳裂纹增长数据的最优 FCM 聚类中心

最后，采用第 6.2.3 节基于 GA 优化 SVR 的退化轨迹建模方法，对 12 个聚类中心进行退化轨迹建模。

2. 实时阶段

首先，取 $t_0=6$，即用特定个体前 6 次测量的数据进行建模，第 6 次以后测量的数据用于检验模型的精度；然后，逐次增加 1 次测量数据以实现实时建模，其后的测量数据用于检验模型的精度。分别用 DWM 和 EWM 进行建模实验，图 6.6(a) 和图 6.6(c) 分别给出两种方法对 5#裂纹进行 5 次实时建模的预测结果。为了对比预测效果，用同样的数据，以 PL 模型进行实时建模和预测，图 6.6(b) 给出对 5#裂纹进行 5 次实时建模的预测结果。表 6.4 给出 3 种方法对 3 个特定个体未来规范化测量时刻处的预测误差，其中：e_l 和 e_h 分别表示最小和最大相对估计误差，e_m 表示相对估计误差的绝对均值。表 6.5 给出 3 种方法 6 次预测得到的失效时间及均值和标准差。

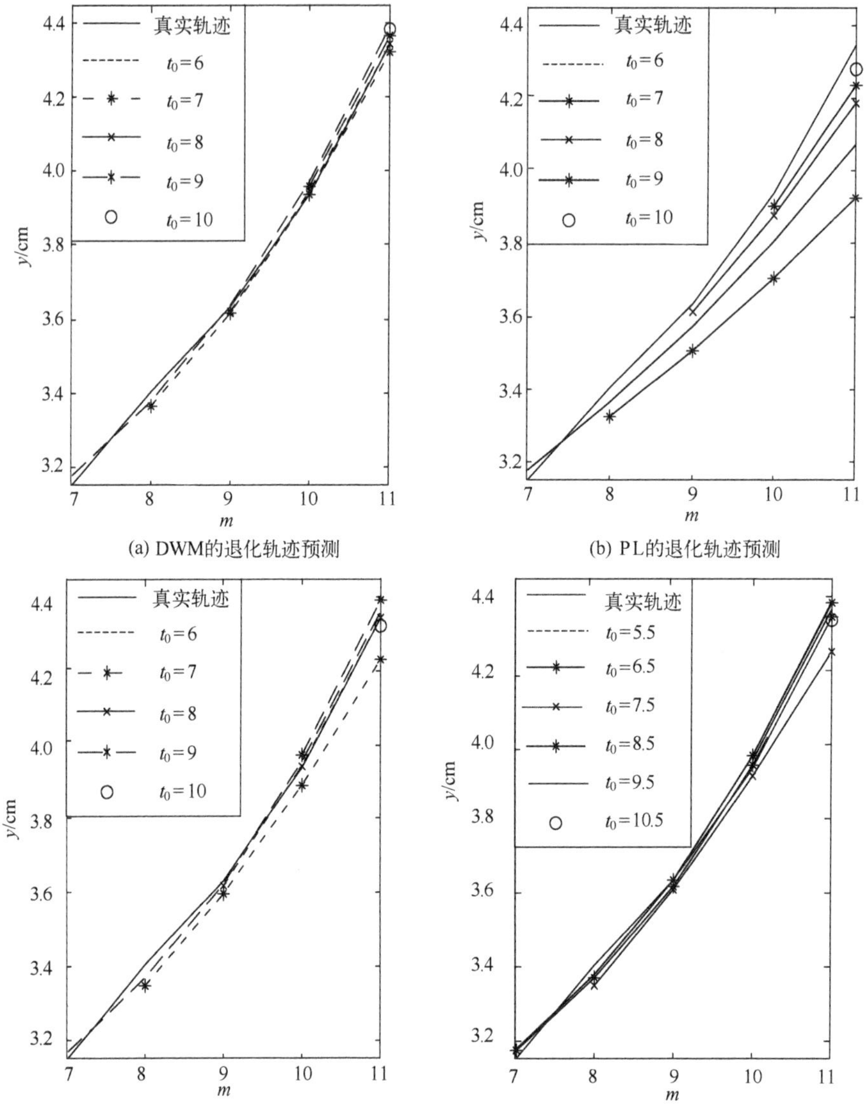

(a) DWM的退化轨迹预测 (b) PL的退化轨迹预测

(c) EWM在规范化时刻处的退化轨迹预测 (d) EWM在非规范化时刻处的退化轨迹预测

图 6.6 DWM、PL 和 EWM 对 5#裂纹的退化轨迹预测

鉴于 EWM 的广泛适用性,用 WK-SVR 模型对 5#裂纹的历史测量数据进行仿真插值,然后用 EWM 在插值时刻处进行实时建模。增加的非规范化测量时刻为[5.5,6.5,7.5,8.5,9.5,10.5],对应的退化量插值为[2.9345,3.0777,3.2812,3.5034,3.7770,4.1272]。图 6.6(d)给出 EWM 对 5#裂纹进行 6 次实时建模的预测结果。

比较图 6.6(a)~(c)发现：5#裂纹为规范化历史测量数据时，DWM、EWM 和 PL 的建模精度依次降低。比较图 6.6(b)和图 6.6(d)发现：5#裂纹为非规范化历史测量数据时，EWM 的建模精度高于 PL。可见，DWM 和 EWM 考虑了特定个体与同类产品退化轨迹的相似性，基于相似性加权同类产品的退化轨迹模型，使建模精度得到提高。

分析表 6.4，3 种方法均对特定个体的 15 个未来规范化测量时刻进行了预测，对 15 个相对估计误差进行统计分析，比较相对估计误差范围（即 e_h-e_l）和 e_m 值发现：DWM 对 3 个特定个体的预测精度都是最高；EWM 对 10#裂纹的预测精度最差，对 5#和 15#裂纹的预测精度都较高；PL 对 10#裂纹的预测精度较高，对 5#和 15#裂纹的预测精度最差。表明 DWM 的建模精度高于 EWM。由于 DWM 是根据规范化历史数据确定权值，考虑了特定个体的全部历史数据，而 EWM 是基于特定个体当前的实时数据确定权值，可能是部分当前时刻的测量数据精度较低所致，也说明了 DWM 更为鲁棒。

表 6.4　DWM、EWM 和 PL 的预测精度

裂纹序号	方法	相对估计误差/%		
		e_l	e_h	e_m
5#	DWM	−1.778	1.407	0.953
	EWM	−2.859	1.580	1.113
	PL	−9.658	0.924	3.019
10#	DWM	−2.209	0.864	1.080
	EWM	−3.071	1.025	1.466
	PL	−0.754	2.859	1.157
15#	DWM	−0.990	1.436	0.895
	EWM	−2.848	0.504	1.174
	PL	−3.888	2.841	1.682

从表 6.5 可以看出：

(1) DWM 和 EWM 多次预测结果的最大标准差分别为 0.2776 和 0.5065，而 PL 的最大标准差为 0.8138。表明 DWM 方法的鲁棒性最好，EWM 方法次之，PL 的鲁棒性最差。

(2) 由于退化轨迹的低估导致失效时间的高估，结合图 6.6 发现，PL 一直低估 5#裂纹的退化轨迹，所以，PL 对 5#裂纹的失效时间预测结果高于真实值；DWM 和 EWM 对 5#裂纹退化轨迹的实时估计忽高忽低，因此，取失效时间多次预测结果的均值作为寿命估计值较为可信。

表 6.5　裂纹失效时间预测结果

裂纹序号	方　法	t_0/次						μ	σ
		6	7	8	9	10	11		
5#	DWM	10.24	10.35	10.32	10.28	10.25	10.30	10.2900	0.0420
	EWM	10.28	10.52	10.32	10.23	10.35	10.36	10.3433	0.0989
	PL	10.98	11.60	10.63	10.51	10.41	10.32	10.7417	0.4791
10#	DWM	12.11	12.02	11.79	11.67	11.78	11.61	11.8300	0.1963
	EWM	12.33	12.17	12.00	11.86	11.84	11.73	11.9883	0.2259
	PL	11.51	11.34	11.22	11.25	11.50	11.62	11.4067	0.1605
15#	DWM	13.34	13.54	13.80	14.07	13.98	13.61	13.7233	0.2776
	EWM	13.97	15.14	15.09	14.54	14.48	14.00	14.5367	0.5065
	PL	14.64	12.43	12.55	12.68	12.98	13.15	13.0717	0.8138

6.3.3.2　在 CG36A 晶体管退化数据中的应用

关于 CG36A 晶体管退化数据的特点，在 6.3.1 节的首段已经做了介绍。Chen 等[21]用模型 $y=\theta_1 t^{\theta_2}$(Ch&Zh)对退化轨迹进行拟合，考虑到模型的符号恒定性，他们剔除掉 11 个包含负增长变化阶段的样品，在个体寿命预测时发现 1 个样品的寿命值过大，也予以剔除，最终用 88 个样品进行总体寿命分布估计。文献[21]特别指出：剔除 12 个样品可能是不适当的，应该验证数据的有效性并找出导致个体差异的原因，对这些个体应该特别对待。对于本节所提方法，基于 GA 优化 SVR 的退化轨迹建模方法能够较好地拟合各种非线性曲线，FCM 聚类算法能够将特殊个体单独划分为一类。因此，本节所提方法无需剔除样品。

1. 离线阶段

将 9 个测量时刻定义为规范化测量时刻，则 100 个样品都是规范化性能退化数据。挑选 3 个样品作为特定个体，分别编号为 1#、2#和 3#。对其余 97 个样品进行最优 FCM 聚类，确定最优聚类数为 29，聚类将使实时阶段的加权计算量减少 70%。图 6.7 给出了 FCM 聚类得到的最优聚类中心，与图 6.3 相比较发现，最优聚类中心保持了原有数据的特性，比如：靠外侧的曲线较少，中间部分的曲线较为密集；几条差异较大的曲线得到了单独的分类。

在基于 GA 优化的 SVR 退化轨迹建模过程中，为了减小不等时间间隔所造成的影响，这里去除零时刻及其对应的零初始退化量，并对其余测量时刻取以 10 为底的对数，即以 $\lg t$ 作为输入。

2. 实时阶段

首先，将特定个体的前 5 次测量数据(即起始点为 $t_0=100,\lg t_0=2$)用于建模，后面的 3 次测量数据用于检验模型的精度；然后，逐次增加 1 次测量数据以实现实时建模，其后的测量数据用于检验模型的精度。分别用 DWM 和 EWM 进行建模实

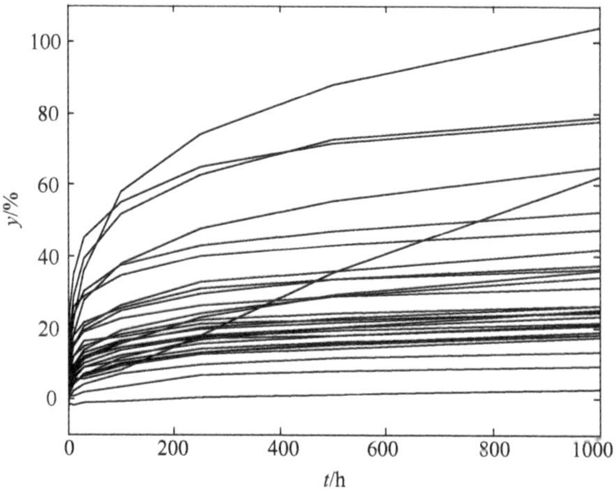

图 6.7　晶体管数据的最优 FCM 聚类中心

验,对同样的数据,用模型 Ch&Zh 也进行实时建模和预测。表 6.6 给出 3 种方法对 3 个特定个体未来规范化测量时刻处的预测误差。表 6.7 给出 3 种方法 4 次预测的失效时间及均值和标准差。

分析表 6.6,3 种方法均对特定个体的 6 个未来规范化测量时刻进行了预测,对 6 个相对估计误差进行统计分析,比较相对估计误差范围(即 $e_h - e_l$)和 e_m 值,发现:

(1) 对 3 个特定个体,预测精度都是按照 DWM、EWM 和 Ch&Zh 方法的顺序降低。表明 DWM 和 EWM 考虑了特定个体与同类产品退化轨迹的相似性,基于相似性加权同类产品的退化轨迹模型,使建模精度得到提高;而且,DWM 考虑了特定个体的全部历史数据,EWM 是基于特定个体当前的实时数据确定权值,实时数据的不准确对 EWM 预测精度的影响要明显大于 DWM。

(2) Ch&Zh 方法对 3 个特定个体的预测误差都非常大,所有的相对估计误差都高于 11%,最大的误差竟然高达 60%。表明 Ch&Zh 方法的泛化能力很差,即使该方法能够准确描述大部分晶体管的退化规律,但至少不适合对本节所选的 3 个晶体管进行外推预测。

表 6.6　DWM、EWM 和 Ch&Zh 的预测精度

裂纹序号	方　法	相对估计误差/%		
		e_l	e_h	e_m
1#	DWM	-6.710	-2.262	4.317
	EWM	-15.840	1.464	6.394
	Ch&Zh	22.266	60.169	35.725

（续）

裂纹序号	方法	相对估计误差/%		
		e_l	e_h	e_m
2#	DWM	1.162	6.652	4.762
	EWM	-0.760	33.548	11.210
	Ch&Zh	11.269	34.639	21.811
3#	DWM	-3.525	1.131	1.398
	EWM	-6.777	1.890	2.973
	Ch&Zh	12.928	31.311	18.976

从表6.7中可以看出：

（1）3个特定个体在试验期间都发生了失效，而且1#和3#晶体管的失效时间都未超过100h，即实时阶段的t_0，2#晶体管的失效时间也没超过下一个测量时刻，也就是说，对它们都是内插值估计失效时间。

（2）由于是内插值估计，如果Ch&Zh模型是合适的，则历次插值估计的寿命值应该差别很小，但2#晶体管的3次寿命预测值差距很大。表明随着测试数据的增多，Ch&Zh模型的参数估计值变化较大，反映出该模型并不合适。

（3）从原始数据可知，3#晶体管的失效时间低于30h，但Ch&Zh模型的每次预测结果都大于30，所以Ch&Zh模型也不能精确地描述3#晶体管的退化规律。

（4）对于1#晶体管，三种方法的预测结果大多数都在50h左右，剔除掉22.233后，对剩余11次预测结果取均值得53.555，DWM的历次预测均值最为接近，表明DWM的预测结果最为可信。

（5）DWM和EWM多次预测结果的最大标准差分别为3.447和15.430，而PL的最大标准差为39.451，表明DWM方法的鲁棒性最好，EWM方法次之，PL的鲁棒性最差。

表6.7　晶体管失效时间预测结果

晶体管序号	方法	t_0/h				μ	σ
		100	250	500	1000		
1#	DWM	55.463	53.211	52.845	53.333	53.713	1.185
	EWM	22.233	52.845	52.966	53.456	45.375	15.430
	Ch&Zh	42.073	51.151	58.108	63.649	53.745	9.311
2#	DWM	170.216	176.198	177.828	172.584	174.207	3.447
	EWM	174.985	203.704	186.209	177.419	185.579	13.009
	Ch&Zh	126.613	150.915	186.029	216.535	170.023	39.451

（续）

晶体管序号	方　法	t_0/h				μ	σ
		100	250	500	1000		
3#	DWM	27.670	27.353	27.040	27.227	27.323	0.265
	EWM	28.576	26.792	27.102	29.235	27.926	1.169
	Ch&Zh	33.498	38.477	42.472	46.020	40.117	5.382

6.4 本章小结

本章研究了小样本数据下的非线性退化轨迹建模问题，分别考虑了两种数据源：①只有特定个体的小样本数据；②同时有丰富的同类产品数据。针对小样本数据下的退化建模，为了提高 SVR 算法的性能，采用 GA 优化选择模型参数，并对核函数进行比较选择，提出一种基于 GA 优化 SVR 的退化轨迹建模和寿命预测方法，通过疲劳裂纹增长数据分析表明：SVR 模型的预测精度高于 RBF 神经网络模型，并确定小波核函数对该类数据的映射能力最好。在有丰富同类产品退化数据的情形下，为了充分利用这些数据以进一步提高模型精度，从考虑退化轨迹相似性的角度出发，提出一种基于相似性加权的建模思想。基于 SVR 模型规范化同类产品的退化数据，并采用 FCM 聚类算法对规范化数据进行归纳，针对特定个体的历史测量时刻是否规范化，分别提出两种基于 SVR 和 FCM 聚类的实时退化轨迹建模和寿命预测方法：①隶属度加权法（DWM），适用于历史测量时刻为规范化测量时刻的特定个体，根据特定个体与同类产品退化轨迹之间的 Euclid 距离确定隶属度权值；②误差加权法（EWM），对历史测量时刻没有限制，具有普适性，根据同类产品退化轨迹模型对特定个体最近一次测量时刻处的预测误差确定权值。最后，将所提方法分别应用于疲劳裂纹增长数据和 CG36A 晶体管退化数据，验证了所提方法的有效性，结果表明：DWM 的预测精度高于 EWM 和现有模型的精度，DWM 的鲁棒性也最好。

参考文献

[1] 蔡艳宁，胡昌华，汪洪桥，等．基于自适应动态无偏 LSSVM 的故障在线检测[J]．系统仿真学报，2009，21(13)：4129-4134.

[2] 蔡艳宁，胡昌华．基于支持向量回归机的陀螺漂移预测模型[J]．中国惯性技术学报，2007，15(5)：595-597.

[3] 陈伟．支撑矢量机预测技术及在惯性器件故障预报中的应用研究[D]．西安：第二炮兵工程学院，2006.

[4] 陈伟,胡昌华,樊红东,等. 基于最小二乘支撑矢量机的陀螺仪漂移预测[J]. 宇航学报,2006,27(1):135-138.

[5] 吴军. 基于性能参数的数控装备服役可靠性评估方法与应用[D]. 武汉:华中科技大学.2008.

[6] Wu J,Deng C,Shao X Y,XIE S Q. A Reliability Assessment Method Based on Support Vector Machines for CNC Equipment[J]. Science in China Series E: Technological Sciences,2009,52(7): 1849-1857.

[7] 徐国平. 基于支持向量机的动调陀螺仪寿命预测方法研究[D]. 上海:上海交通大学.2008.

[8] Guoping Xu,Weifeng Tian,Zhihua Jin and Li Qian. Temperature drift modelling and compensation for a dynamically tuned gyroscope by combining WT and SVM method[J]. Measurement Science and Technology,2007,18(5): 1425-1432.

[9] Guoping Xu,Weifeng Tian,Zhihua Jin and Li Qian. A statistical parameter analysis and SVM based fault diagnosis strategy for dynamically tuned gyroscopes[J]. Journal of Shanghai Jiaotong University,2007,12(5): 592-596.

[10] 胡昌华,胡锦涛,张伟,等. 支持向量机用于性能退化的可靠性评估[J]. 系统工程与电子技术,2009,31(5): 1246-1249.

[11] 胡友涛,胡昌华. 一种基于 GA 优化小波 LS-SVR 的实时寿命预测方法[J]. 南京航空航天大学学报,2011,43(S): 203-206.

[12] 胡友涛,胡昌华,孔祥玉,等. 基于 WSVR 和 FCM 聚类的实时寿命预测方法[J]. 自动化学报,38(3):331-340,2012.

[13] 胡友涛,胡昌华. 一种基于遗传算法优化小波支持向量机的实时寿命预测方法[J]. 上海交通大学学报,2011,45(8): 1216-1220+1225.

[14] 胡友涛. 基于支持向量回归机的退化建模和寿命预测方法研究[D]. 西安: 第二炮兵工程大学,2012.

[15] 邓乃扬,田英杰. 数据挖掘中的新方法:支持向量机[M]. 北京:科学出版社,2004.

[16] 张莉,周伟达,焦李成. 子波核函数网络[J]. 红外与毫米波学报,2001,20(3): 223-227.

[17] Lu C J,Meeker W. Q. Using Degradation Measures to Estimate a Time-to-Failure Distribution [J]. Technometrics,1993,35(2): 161-174.

[18] 庄东辰. 退化失效模型及其统计分析[D]. 上海:华东师范大学,1994.

[19] 高新波. 模糊聚类分析及其应用[M]. 西安: 西安电子科技大学出版社,2004.

[20] Gebraeel N Z,Lawley M,Liu R,Parmeshwaran V. Residual Life Predictions from Vibration-Based Degradation Signals: A Neural Network Approach[J]. IEEE Trans on Industrial Electronics,2004,51(3): 694-700.

[21] Chen Z H,Zheng S R. Lifetime Distribution Based Degradation Analysis[J]. IEEE Trans on Reliability,2005,54(1): 3-10.

第7章

基于相关向量机模糊模型的性能退化建模与剩余寿命预测

通常情况下,要实现实际系统的预测、控制、决策等,其核心是建立系统的数学模型。然而,对于大多数系统来说,其往往具有复杂、病态、非线性等特性,传统的建模方法难以建立精确的数学模型。相比之下,模糊系统在处理复杂性、非线性和模糊不确定性等问题时具有明显的优势。模糊系统由一系列的“If-Then”规则组成,由于可以同时利用语言信息、数据信息以及现实世界中的模糊不确定性信息,并且可以方便地选择初始参数以加速辨识算法的收敛,而被广泛应用于复杂非线性系统建模,并取得了很好的效果。

基于模糊系统退化建模与预测问题的关键是:利用设备的历史信息(定性的或定量的)描述系统退化规律的数学模型,并利用实时测得的信息对模型进行优化更新,从而实现退化建模与预测。显然,该问题的核心是建立反映设备退化状况的模糊系统模型。通常情况下,模糊建模主要有两种途径[1]:①基于先验知识的方法,我们称为“经验方法”,基于此方法建立的模糊系统通常称为模糊专家系统;②基于数据的方法,我们称为“数据驱动方法”,基于此方法建立模糊模型的过程称为模糊模型辨识,是最常用的模糊建模方法。该方法包括结构辨识和参数辨识两个阶段。其中,结构辨识是模糊模型辨识的难点和核心[2]。另外,将经验方法和数据驱动方法两者结合的方法也有一些学者研究[3]。

当对辨识对象的先验知识不足,只有大量输入输出数据时,聚类法被认为是最适宜的结构辨识方法[4],尤其是基于模糊聚类的模糊模型辨识一直是模糊建模领域的研究重点。然而,在大多数情况下我们所获得的数据也是有限的,特别是在设备服役初期,只能得到少量的测试数据。在这种情况下建立的基于模糊聚类的模糊模型的效果很难得到保证。因此,我们需要进一步考虑一种在小样本数据情况下仍具有良好性能的模糊建模方法。近年来将基于统计学习理论的支持向量机

(Support Vector Machine,SVM)和核函数思想融合到模糊系统理论中的研究,大大改进了目前机器学习能力,提高了模糊模型泛化能力和建模品质,从而使基于SVM和核函数的模糊建模方法成为模糊建模领域的一个新的研究热点[1,5-8],但SVM算法存在稀疏性不强、计算量大、核函数必须满足Mercer条件等缺点[9]。相关向量机(Relevance Vector Machine,RVM)是由Tipping提出的一种基于正定核的非线性机器学习算法[10,11],它基于稀疏贝叶斯学习理论,不仅具有SVM避免过学习、小样本建模等优点,而且在达到与SVM相同性能的同时比SVM使用更少的核函数,且核函数不需要满足Mercer条件,具有较好的泛化能力[12]。将RVM方法应用于模糊模型辨识是一种新思路,Kim等最先利用RVM方法构造了T-S模糊推理系统(Fuzzy Inference System,FIS)[13],但对RVM与FIS的内在联系未作说明,对所构造的FIS的一致逼近性未做理论证明以及对如何利用RVM方法构建Mamdani型模糊推理系统的情况未作研究。目前利用RVM方法进行模糊模型辨识的研究还较少。

针对以上问题,本章主要研究了如下内容:首先,从函数形式上分析了RVM与FIS之间的相似性,给出了基于RVM的模糊模型的函数形式,并利用Stone-Weierstrass定理证明了其一致逼近性;其次,提出了一种基于RVM和梯度下降法的模糊模型辨识算法,先利用RVM方法提取模糊规则,获取模型结构和参数的初始值,再利用梯度算法对模型参数进行优化更新,实现模糊模型的参数辨识;进而,基于所建立的模糊模型及其参数辨识方法给出了退化建模与剩余寿命预测算法;最后,将所提出的模糊模型辨识与预测方法应用于连续釜式搅拌器仿真应用[14-16]。

7.1 相关向量机模糊模型数学描述及特性分析

7.1.1 模糊模型数学描述

考虑一个多输入单输出的Mamdani型模糊模型,模糊规则的一般形式为

$$R_j: \text{If } x_1 \text{ is } A_1^j \text{ and } x_2 \text{ is } A_2^j \text{ and } \cdots \text{ and } x_r \text{ is } A_r^j, \text{Then } z \text{ is } B^j \tag{7.1}$$

式中:$R_j(j=1,2,\cdots,M)$表示模糊规则,M是规则数目;$x_i(i=1,2,\cdots,r)$表示输入,r是输入维数;z表示模糊模型的输出;A_i^j和B^j分别表示用模糊隶属度函数$u_{A_i^j}(x_i)$和$u_{B^j}(z)$表征的语言项。

若采用乘积推理机、单值模糊产生器及中心平均模糊消除器,则整个模糊推理函数可表示为

$$f(\boldsymbol{x}) = \frac{\sum_{j=1}^{M} \bar{z}^j\left(\prod_{i=1}^{r} u_{A_i^j}(x_i)\right)}{\sum_{j=1}^{M}\left(\prod_{i=1}^{r} u_{A_i^j}(x_i)\right)} \tag{7.2}$$

式中：$f:R^r \to R$；$u_{A_i^j}(x_i)$ 选为高斯型隶属函数；$\bar{z}^j$ 是 $u_{B^j}(z)$ 在输出空间获得最大值的点。

如前所述，进行退化量和剩余寿命预测的关键是构建系统的数学模型，由此，本章的主要任务是完成如式(7.2)所示模糊模型的辨识，具体可分为以下两部分：①结构辨识：主要任务是完成模糊空间的划分，确定式(7.2)中规则的数目 M；②参数辨识：主要完成式(7.2)中隶属度函数参数（包括中心和宽度）以及结论参数 $\bar{z}^j$ 等的最优估计。

下面给出一种利用 RVM 辨识模糊模型的方法。RVM 主要用来从训练数据中抽取模糊规则，确定模糊模型结构和参数的初始值，建造初始的模糊模型。

7.1.2　基于相关向量机的模糊模型

RVM 算法结合了马尔可夫（Markov）性质、贝叶斯（Bayes）原理、自动相关决策先验（Automatic Relevance Determination，ARD）理论和最大似然（Maximum Likelihood）理论等，常用于分类和回归问题。本节首先研究了 RV 回归原理[13-17]，然后提出了一种利用 RVM 构建模糊模型的方法，并对所构建模型的一致逼近性作了证明。

1. 相关向量机回归原理

给定一个多输入单输出的训练样本集 $\{(\boldsymbol{x}_{k_1},t_{k_1}),k_1=1,\cdots,n\}$，$\boldsymbol{x}_{k_1}\in \boldsymbol{R}^r$，$t_{k_1}\in \boldsymbol{R}$，$n$ 为训练样本个数。假设目标值 t_{k_1} 独立同分布，且包含 $\varepsilon_{k_1}\sim(0,\sigma^2)$ 的高斯噪声，则

$$t_{k_1}=f(\boldsymbol{x}_{k_1};\boldsymbol{w})+\varepsilon_{k_1} \tag{7.3}$$

RVM 的模型输出定义为

$$f(\boldsymbol{x};\boldsymbol{w})=\sum_{k_1=1}^{n} w_{k_1}K(\boldsymbol{x},\boldsymbol{x}_{k_1})+w_0=\boldsymbol{\Phi w} \tag{7.4}$$

式中：$\boldsymbol{w}=(w_0,w_1,\cdots,w_n)^{\mathrm{T}}$ 为权值向量；$\boldsymbol{\Phi}$ 为 $n\times(n+1)$ 阶设计矩阵，且 $\boldsymbol{\Phi}=[\boldsymbol{\phi}(\boldsymbol{x}_0),\boldsymbol{\phi}(\boldsymbol{x}_1),\cdots,\boldsymbol{\phi}(\boldsymbol{x}_n)]$，$\boldsymbol{\phi}(x_{k_1})=[K(\boldsymbol{x}_1,\boldsymbol{x}_{k_1}),K(\boldsymbol{x}_2,\boldsymbol{x}_{k_1}),\cdots,K(\boldsymbol{x}_n,\boldsymbol{x}_{k_1})]^{\mathrm{T}}$，$\phi(\boldsymbol{x}_0)=[1,\cdots,1]_{n\times 1}^{\mathrm{T}}$；$K(\boldsymbol{x},\boldsymbol{x}_{k_1})$ 是核函数，$\boldsymbol{x}$ 代表输入向量。

由于目标值 t_{k_1} 是独立的，所以整个训练样本的似然函数可以表示为

$$p(\boldsymbol{t}\mid\boldsymbol{w},\sigma^2)=(2\pi\sigma^2)^{-n/2}\exp\left\{-\frac{1}{2\sigma^2}\|\boldsymbol{t}-\boldsymbol{\Phi w}\|^2\right\} \tag{7.5}$$

式中：$\boldsymbol{t}=[t_1,\cdots,t_n]^{\mathrm{T}}$ 为输出向量。

如果直接使用最大似然的方法来求解 $\boldsymbol{w}$，结果会导致严重的过拟合（Over-Fitting）。为提高模型的泛化能力，一般的方法是给权值系数 $\boldsymbol{w}$ 加上一个附加的约束。比如，给似然函数加上复杂的惩罚函数或错误函数等。而 RVM 直接通过超参

数 $\boldsymbol{\alpha}=[\alpha_0,\alpha_1,\cdots,\alpha_n]^{\mathrm{T}}$ 为每个权值 w_{k_2} 定义了高斯先验概率分布：

$$p(\boldsymbol{w}\mid\boldsymbol{\alpha})=\prod_{k_2=0}^{n}N(w_{k_2}\mid 0,\alpha_{k_2}^{-1})=\prod_{k_2=0}^{n}\sqrt{\alpha_{k_2}/2\pi}\exp(-\alpha_{k_2}w_{k_2}^2/2) \tag{7.6}$$

在上式中,每个超参数 α_{k_2} 对应一个权值 $w_{k_2}(k_2=0,1,\cdots,n)$。

给定了先验概率分布和似然分布,根据贝叶斯准则计算权值的后验概率分布:

$$p(\boldsymbol{w}\mid\boldsymbol{t},\boldsymbol{\alpha},\sigma^2)=\frac{p(\boldsymbol{t}\mid\boldsymbol{w},\sigma^2)p(\boldsymbol{w}\mid\boldsymbol{\alpha})}{p(\boldsymbol{t}\mid\boldsymbol{\alpha},\sigma^2)} \tag{7.7}$$

上式分母项为

$$p(\boldsymbol{t}\mid\boldsymbol{\alpha},\sigma^2)=\int p(\boldsymbol{t}\mid\boldsymbol{w},\sigma^2)p(\boldsymbol{w}\mid\boldsymbol{\alpha})\mathrm{d}\boldsymbol{w}=N(0,\boldsymbol{C}) \tag{7.8}$$

其中,$\boldsymbol{C}=\sigma^2\boldsymbol{I}+\boldsymbol{\Phi}\boldsymbol{A}^{-1}\boldsymbol{\Phi}^{\mathrm{T}}$,$\boldsymbol{A}=\mathrm{diag}(\alpha_0,\alpha_1,\cdots,\alpha_n)$,可知分母项与 $\boldsymbol{w}$ 无关。

从而,可知该权值的后验分布也服从多变量高斯分布

$$p(\boldsymbol{w}\mid\boldsymbol{t},\boldsymbol{\alpha},\sigma^2)=N(\boldsymbol{\mu},\Sigma) \tag{7.9}$$

其中,均值和协方差表达式如下

$$\boldsymbol{\mu}=\sigma^{-2}\Sigma\boldsymbol{\Phi}^{\mathrm{T}}\boldsymbol{t} \tag{7.10}$$

$$\Sigma=(\sigma^{-2}\boldsymbol{\Phi}^{\mathrm{T}}\boldsymbol{\Phi}+\boldsymbol{A})^{-1} \tag{7.11}$$

式中:$\boldsymbol{A}=\mathrm{diag}(\alpha_0,\alpha_1,\cdots,\alpha_n)$ 为超参数矩阵。

RVM 在不断地计算过程中,大部分 w_{k_2} 会趋于零,非零的 w_{k_2} 对应的学习样本称为相关向量(Relevance Vectors,RVs)。

假设 $\tilde{\boldsymbol{x}}_{k_3}(k_3=1,\cdots,N)$ 表示相关向量,N 为相关向量个数,$K(\boldsymbol{x},\tilde{\boldsymbol{x}}_{k_3})$ 表示核函数,$\boldsymbol{\Phi}(\boldsymbol{x})$ 为 $1\times(N+1)$ 阶设计矩阵,$\boldsymbol{\Phi}(\boldsymbol{x})=[1,K(x,\tilde{\boldsymbol{x}}_1),K(\boldsymbol{x},\tilde{\boldsymbol{x}}_2),\cdots,K(\boldsymbol{x},\tilde{\boldsymbol{x}}_N)]$,$\tilde{\boldsymbol{w}}=(\tilde{w}_0,\tilde{w}_1,\cdots,\tilde{w}_N)^{\mathrm{T}}$ 为非零的权值组成的向量,则式(7.10)可写为

$$f(\boldsymbol{x};\tilde{\boldsymbol{w}})=\sum_{k_3=1}^{N}w_{k_3}K(\boldsymbol{x},\tilde{\boldsymbol{x}}_{k_3})+\tilde{w}_0=\boldsymbol{\Phi}(\boldsymbol{x})\tilde{\boldsymbol{w}} \tag{7.12}$$

2. 基于相关向量机的模糊模型

若定义 $p_j(\boldsymbol{x})=\prod_{i=1}^{r}u_{A_i^j}(\boldsymbol{x})/\sum_{j=1}^{M}(\prod_{i=1}^{r}u_{A_i^j}(\boldsymbol{x}))$ 为模糊基函数,则式(7.2)可写为

$$f(x)=\sum_{j=1}^{M}p_j(\boldsymbol{x})\bar{z}^j=\boldsymbol{P}(\boldsymbol{x})\bar{\boldsymbol{Z}} \tag{7.13}$$

式中:$\boldsymbol{P}(\boldsymbol{x})=(p_1(\boldsymbol{x}),\cdots,p_M(\boldsymbol{x}))$ 表示模糊基函数矩阵;$\bar{Z}=(\bar{z}^1,\cdots,\bar{z}^M)^{\mathrm{T}}$ 表示结论参数矩阵。

比较式(7.12)和式(7.13),可以看出两者除了符号记法上有所不同外,具有本质的相似性,即都可以看作是一组基函数与其相应权值的乘积形式。因此,某些由稀疏贝叶斯理论得到的 RVM 模型可以解释成取加、乘模糊算子得到的 FIS,同时某些由加、乘模糊算子得到的 FIS 也可以看作由稀疏贝叶斯理论得到的 RVM 模

型。这时,每个作为相关向量的样本数据对应一条模糊推理规则,相关向量在核函数中的取值对应模糊推理规则前件的隶属函数值,从而使得两种机制融为一体,这为基于样本数据辨识模糊模型提供了一个可行的方法。

基于对 RVM 和 FIS 之间关系的比较分析,下面给出一种利用 RVM 构建模糊模型的方法。首先描述了基于 RVM 的模糊模型的函数形式,然后给出了 Stone 代数的定义[18]和 Stone-Weierstrass 引理[18,19],最后证明了所给出的模糊模型在高斯型隶属函数情况下具有一致逼近性。

基于 RVM 的模糊模型具有如下函数形式

$$f(\boldsymbol{x})=\frac{\sum_{j=1}^{M}\bar{z}^{j}K(\boldsymbol{x},\tilde{\boldsymbol{x}}^{j})}{\sum_{j=1}^{M}K(\boldsymbol{x},\tilde{\boldsymbol{x}}^{j})}+\tilde{w}_0 \tag{7.14}$$

式中:$K(\boldsymbol{x},\tilde{\boldsymbol{x}}^{j})=\prod_{i=1}^{r}\mu_{A_i^j}(x_i)\ (j=1,\cdots,M)$ 表示核函数,r 是输入向量维数,M 是模糊规则数目(等于相关向量个数 N),$\mu_{A_i^j}(x_i)=\exp\left[-\frac{1}{2}\left(\frac{x_i-\tilde{x}_i^j}{\sigma_i^j}\right)^2\right]$为高斯型隶属函数,$\tilde{x}_i^j$ 和 σ_i^j 分别表示隶属函数中心和宽度;$\boldsymbol{x}$ 表示输入向量;$\tilde{\boldsymbol{x}}^j=(\tilde{x}_1^j,\cdots,\tilde{x}_i^j,\cdots,\tilde{x}_r^j)$表示第 j 条规则的隶属函数中心向量;$\bar{z}^j$ 表示第 j 条规则相应的结论参数;$\tilde{w}_0$ 表示可调参数。

7.1.3　相关向量机模糊模型的一致逼近性

定义 7.1[18]　Stone 代数

设 Z 是一个定义在紧密论域 U 上的连续实函数的集合,如果 Z 满足以下条件,我们称 Z 为紧密论域 U 上的一个 Stone 代数。

(1) Z 为一个代数,即 Z 对加法、乘法和标量乘法是封闭的;

(2) Z 能分割 U 上的各点,即对每一个 $\boldsymbol{x},\boldsymbol{y}\in$ U,若 $\boldsymbol{x}\neq\boldsymbol{y}$,则必然存在 $f\in$ Z,使得 $f(\boldsymbol{x})\neq f(\boldsymbol{y})$;

(3) Z 在 U 上任意一点不消失,即对每一个 $\boldsymbol{x}\in$ U,均存在 $f\in$ Z,使得 $f(\boldsymbol{x})\neq 0$。

引理 7.1[18,19]　Stone-Weierstrass 定理

如果定义在紧密论域 U 上的连续实函数的集合 Z 是一个 Stone 代数,则 Z 在 U 上所有连续实函数的集合 C(U) 中到处稠密,即可以用 Z 中的元素任意逼近 U 上的任何连续函数 $g(\boldsymbol{x})$。

基于以上 Stone 代数定义和 Stone-Weierstrass 定理,下面给出基于 RVM 的模糊模型的一致逼近性定理及证明。

定理 7.1　基于 RVM 的模糊模型一致逼近性定理

若基于相关向量机的模糊模型 Y 集合包含式(7.14)所描述函数形式的所有函数,那么 Y 对紧密论域 U 上的任何连续函数具有一致逼近性。

证明:

根据定义 7.1 和引理 7.1,只需证明 Y 为紧密论域 U 上的一个 Stone 代数即可。

(1) 首先证明 Y 为一个代数。

假设 $f_1, f_2 \in \mathrm{Y}$,所以可以写成

$$f_1(\boldsymbol{x}) = \frac{\sum_{j_1=1}^{M_1} \bar{z}^{j_1} K(\boldsymbol{x}, \widetilde{\boldsymbol{x}}^{j_1})}{\sum_{j_1=1}^{M_1} K(\boldsymbol{x}, \widetilde{\boldsymbol{x}}^{j_1})} + \widetilde{w}_{01} \tag{7.15}$$

$$f_2(\boldsymbol{x}) = \frac{\sum_{j_2=1}^{M_2} \bar{z}^{j_2} K(\boldsymbol{x}, \widetilde{\boldsymbol{x}}^{j_2})}{\sum_{j_2=1}^{M_2} K(\boldsymbol{x}, \widetilde{\boldsymbol{x}}^{j_2})} + \widetilde{w}_{02} \tag{7.16}$$

① 加法封闭性:

$$f_1(\boldsymbol{x}) + f_2(\boldsymbol{x}) = \frac{\sum_{j_1=1}^{M_1} \sum_{j_2=1}^{M_2} (\bar{z}^{j_1} + \bar{z}^{j_2}) K(\boldsymbol{x}, \widetilde{\boldsymbol{x}}^{j_1}) K(\boldsymbol{x}, \widetilde{\boldsymbol{x}}^{j_2})}{\sum_{j_1=1}^{M_1} \sum_{j_2=1}^{M_2} K(\boldsymbol{x}, \widetilde{\boldsymbol{x}}^{j_1}) K(\boldsymbol{x}, \widetilde{\boldsymbol{x}}^{j_2})} + (\widetilde{w}_{01} + \widetilde{w}_{02}) \tag{7.17}$$

② 乘法封闭性:

$$f_1(\boldsymbol{x}) f_2(\boldsymbol{x}) = \frac{\sum_{j_1=1}^{M_1} \sum_{j_2=1}^{M_2} (\widetilde{w}_{02} \bar{z}^{j_1} + \widetilde{w}_{01} \bar{z}^{j_2} + \bar{z}^{j_1} \bar{z}^{j_2}) K(\boldsymbol{x}, \widetilde{\boldsymbol{x}}^{j_1}) K(\boldsymbol{x}, \widetilde{\boldsymbol{x}}^{j_2})}{\sum_{j_1=1}^{M_1} \sum_{j_2=1}^{M_2} K(\boldsymbol{x}, \widetilde{\boldsymbol{x}}^{j_1}) K(\boldsymbol{x}, \widetilde{\boldsymbol{x}}^{j_2})} + (\widetilde{w}_{01} \widetilde{w}_{02}) \tag{7.18}$$

③ 标量乘法封闭性:

对任意的 $c_0 \in \mathbf{R}$,有

$$c_0 f_1(\boldsymbol{x}) = \frac{\sum_{j_1=1}^{M_1} (c_0 \bar{z}^{j_1}) K(\boldsymbol{x}, \widetilde{\boldsymbol{x}}^{j_1})}{\sum_{j_1=1}^{M_1} K(\boldsymbol{x}, \widetilde{\boldsymbol{x}}^{j_1})} + (c_0 \widetilde{w}_{01}) \tag{7.19}$$

由于隶属函数是高斯型隶属函数，它们的乘积仍是高斯型的，所以式(7.17)、式(7.18)、式(7.19)与式(7.14)具有相同的形式，即 $f_1(x)+f_2(x)\in Y$，$f_1(x)f_2(x)\in Y$，$c_0f_1(x)\in Y$，故 Y 为一个代数。

(2) 其次证明 Y 能分割 U 上的各点。

在此，我们通过构造满足要求的函数来证明 Y 能分割 U 上的各点。

设任意 $\boldsymbol{x}^0,\boldsymbol{y}^0\in U$，若 $\boldsymbol{x}^0\neq\boldsymbol{y}^0$。要构造 $f\in Y$，使得 $f(\boldsymbol{x}^0)\neq f(\boldsymbol{y}^0)$。现设计 f 只有两条规则：

R_1: If x_1 is A_1^1 and x_2 is A_2^1 and ⋯ and x_r is A_r^1, Then z is $\bar{z}^1$;

R_2: If x_1 is A_1^2 and x_2 is A_2^2 and ⋯ and x_r is A_r^2, Then z is $\bar{z}^2$。

假设 $\boldsymbol{x}^0=(x_1^0,x_2^0,\cdots,x_r^0)$，$\boldsymbol{y}^0=(y_1^0,y_2^0,\cdots,y_r^0)$，定义两个模糊集合 $A_i^1,A_i^2(i=1,\cdots,r)$，其相应的隶属函数为

$$\mu_{A_i^1}(x_i)=\exp\left[-\frac{(x_i-x_i^0)^2}{2}\right],\mu_{A_i^2}(x_i)=\exp\left[-\frac{(x_i-y_i^0)^2}{2}\right] \tag{7.20}$$

这样就定义了 f 的部分设计参数，只有 $\bar{z}^1$，$\bar{z}^2$ 及 w_{x0}，w_{y0} 待定。因此，有

$$f(\boldsymbol{x}_0)=\frac{\bar{z}^1+\bar{z}^2\prod_{i=1}^{r}\exp[-(x_i^0-y_i^0)^2/2]}{1+\prod_{i=1}^{r}\exp[-(x_i^0-y_i^0)^2/2]}+w_{x0} \tag{7.21}$$

$$f(\boldsymbol{y}_0)=\frac{\bar{z}^2+\bar{z}^1\prod_{i=1}^{r}\exp[-(x_i^0-y_i^0)^2/2]}{1+\prod_{i=1}^{r}\exp[-(x_i^0-y_i^0)^2/2]}+w_{y0} \tag{7.22}$$

因为 $\boldsymbol{x}^0\neq\boldsymbol{y}^0$，总有某个 i，使 $x_i^0\neq y_i^0$，因此存在 $\exp[-(x_i^0-y_i^0)^2/2]\neq1$。此时，只需选择 $\bar{z}^1=0$，$\bar{z}^2=1$ 且选取合适的 w_{x0}，w_{y0}，就可以得到 $f(\boldsymbol{x})\neq f(\boldsymbol{y})$。

(3) 最后证明 Y 在 U 上任意一点不消失。

在式(7.14)中，只需选择 $\bar{z}^j\geqslant0(j=1,\cdots,M)$，$\widetilde{w}_0>0$，即可得

$$f(\boldsymbol{x})=\frac{\sum_{j=1}^{M}\bar{z}^jK(\boldsymbol{x},\widetilde{\boldsymbol{x}}^j)}{\sum_{j=1}^{M}K(\boldsymbol{x},\widetilde{\boldsymbol{x}}^j)}+\widetilde{w}_0\geqslant0+\widetilde{w}_0>0 \tag{7.23}$$

以上证明过程可知，Y 为紧密论域 U 上的一个 Stone 代数。因此，可得：

基于 RVM 的模糊模型 Y 能以任意精度逼近紧密论域 U 上的任意连续实函数，即对于紧密论域 U 上的任意连续实函数 $g(\boldsymbol{x})$，总能找到一个基于 RVM 的模糊模型 $f(\boldsymbol{x})$，使 $f(\boldsymbol{x})$ 一致逼近于 $g(\boldsymbol{x})$。

注释 7.1　式(7.14)所示的函数形式相对于式(7.2)所表示的模糊推理模型增加了可调参数 $\widetilde{w}_0$，从而提高了模型可调度，但对函数类型没有影响，即式(7.14)仍属于模糊模型。

由定理 7.1 可知:利用 RVM 方法构建的如式(7.14)所示的模糊模型能以任意精度逼近任意连续实函数,一项重要的工作就是要合理优化模型参数。基于式(7.14)的函数形式,下面给出一种基于相关向量机和梯度下降算法的模糊模型辨识方法。

7.2 相关向量机模糊模型辨识

要实现式(7.14)所示模糊模型的辨识,主要包括以下两个方面:①结构辨识,即确定式(7.14)中模糊规则的数目 M;②参数辨识,即通过学习算法对式(7.14)中的隶属函数中心$\tilde{x}_i^j$ 和宽度 σ_i^j,结论参数$\tilde{z}^j$ 以及可调参数$\tilde{w}_0$ 进行最优估计。

针对上节所构建的基于 RVM 的模糊模型,RVM 主要用来实现模糊模型的结构辨识和参数初始辨识,需利用学习算法对模型参数作进一步优化调整,下面给出辨识过程(图 7.1)和辨识算法。

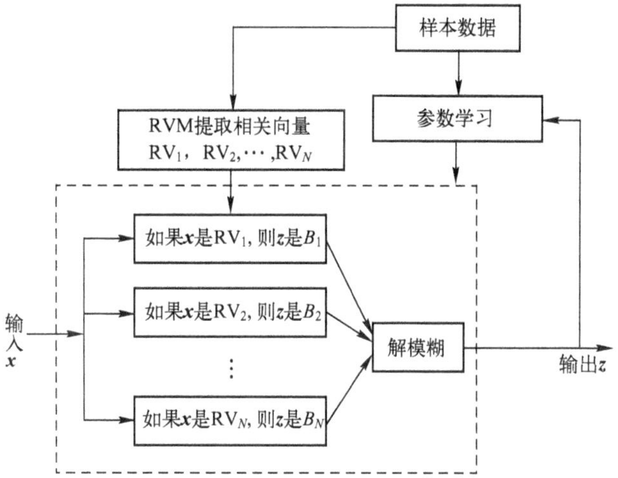

图 7.1 基于 RVM 的模糊模型辨识过程

7.2.1 结构辨识

在利用 RVM 方法辨识模糊模型的过程中,RVM 从训练样本中提取相关向量(RVs),每个相关向量对应一条规则。可以得到基于 RVM 的模糊模型的结构辨识算法——算法 7.1,算法流程图如图 7.2 所示。

算法 7.1 基于 RVM 的模糊模型结构辨识算法

步骤 1:输入输出数据预处理。确定输入输出变量维数,生成训练样本和检验样本;

步骤 2:系统初始化。包括超参数 $\boldsymbol{\alpha}=[\alpha_0,\alpha_1,\cdots,\alpha_n]^{\mathrm{T}}$,核函数宽度 σ^2,最大循

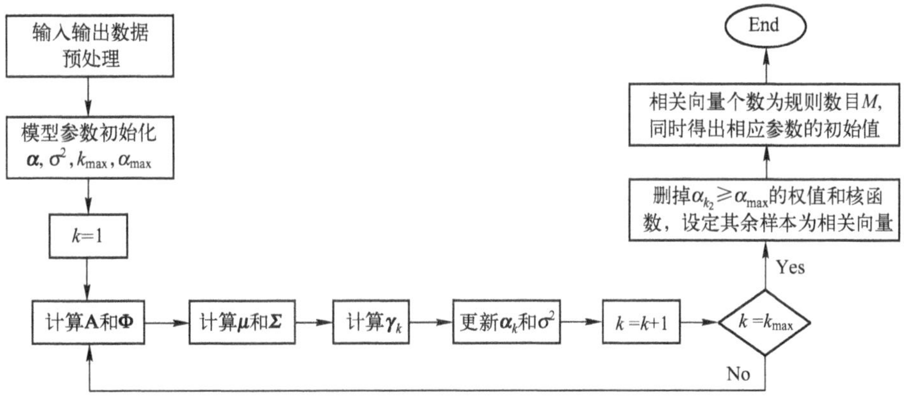

图 7.2　基于 RVM 的模糊模型结构辨识流程图

环次数 k_{max}，超参数上限 α_{max}，选取隶属函数类型为高斯型，令 $k=1$；

步骤 3：计算超参数矩阵 $\boldsymbol{A}=\mathrm{diag}(\alpha_0,\alpha_1,\cdots,\alpha_n)$ 和设计矩阵 $\boldsymbol{\Phi}$；

步骤 4：利用式(7.10)和式(7.11)分别计算权值的后验统计量 $\boldsymbol{\mu}$ 和 $\boldsymbol{\Sigma}$，从而得出此时的 $\boldsymbol{\gamma}_{k_2}=1-\alpha_{k_2}\boldsymbol{\Sigma}_{(k_2+1)(k_2+1)}$，$\boldsymbol{\Sigma}_{(k_2+1)(k_2+1)}$ 为权值后验协方差矩阵 $\boldsymbol{\Sigma}$ 的第 k_2+1 个对角元素，$k_2=0,1,\cdots,n$；

步骤 5：通过 $\alpha_{k_2}^{new}=\gamma_{k_2}/\mu_{(k_2+1)}^2$ 和 $(\sigma^2)^{new}=\|\boldsymbol{t}-\boldsymbol{\Phi\mu}\|^2/(n-\sum_{k_2=0}^{n}\boldsymbol{\gamma}_{k_2})$ 两式更新超参数和核函数宽度，$\boldsymbol{\mu}_{(k_2+1)}$ 为后验均值的第 k_2+1 项；

步骤 6：$k=k+1$，若 $k=k_{max}$ 转入**步骤 7**，否则返回**步骤 3**；

步骤 7：删除超参数中 $\alpha_{k_2}\geqslant\alpha_{max}$ 的 α_{k_2} 所对应的权值 w_{k_2} 及其相应核函数，设定其余样本为相关向量，每个相关向量对应一条模糊规则，相关向量对应的样本数据为 $(\tilde{\boldsymbol{x}}^j,\bar{z}^j)(j=1,\cdots,M)$，其中 M 是模糊规则数目（等于相关向量个数），$\tilde{\boldsymbol{x}}^j$ 为第 j 条规则的隶属函数中心向量初值，$\bar{z}^j$ 为相应的结论参数初值，同时更新后的核函数宽度 σ^2 和权值 w_0 分别作为隶属函数宽度 σ_i^j 和可调参数 $\tilde{w}_0$ 的初值。

7.2.2　参数辨识

利用 RVM 方法确定了模糊模型的结构和参数的初始值后，如何对参数进行学习和优化也是影响辨识精度的一个重要方面。这里采用高斯型隶属函数，用 θ 表示所有待估计的参数，则 $\boldsymbol{\theta}=(\bar{z}^1,\cdots,\bar{z}^M,\tilde{x}_1^1,\cdots,\tilde{x}_r^M,\sigma_1^1,\cdots,\sigma_r^M,\tilde{w}_0)$，下面利用梯度下降算法对所有参数进行优化更新，参数学习过程如图 7.3 所示。

假设获取的任一输入输出数据对为 $(\boldsymbol{x}_{k_1},z_{k_1})$，$f(\boldsymbol{x}_{k_1};\theta)$ 表示基于 RVM 的模糊模型输出，z_{k_1} 表示实际输出，$e(\boldsymbol{\theta})$ 表示模型输出与实际输出之差，$k_1=1,\cdots,n$，n 为训练数据个数。

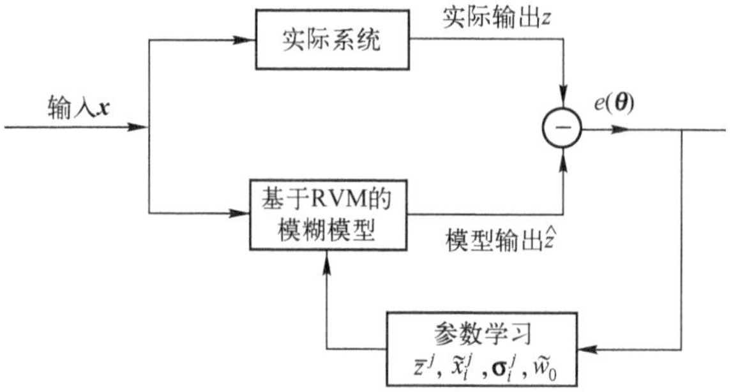

图 7.3　基于 RVM 的模糊模型参数学习过程图

取准则函数为

$$J=\frac{1}{2}\sum_{k_1=1}^{n}e^2(\boldsymbol{\theta})=\frac{1}{2}\sum_{k_1=1}^{n}\left[f(\boldsymbol{x}_{k_1};\theta)-z_{k_1}\right]^2 \tag{7.24}$$

采用梯度下降算法,对结论参数$\bar{z}^j(j=1,2,\cdots,M)$,有

$$\bar{z}^j(\eta+1)=\bar{z}^j(\eta)-\lambda_1\left.\frac{\partial J}{\partial\bar{z}^j}\right|_{\theta=\theta(\eta)} \tag{7.25}$$

若将 $K(\boldsymbol{x},\tilde{\boldsymbol{x}}^j)$ 简记作 K^j,令 $a=\sum_{j=1}^{M}K^j$, $b=\sum_{j=1}^{M}\bar{z}^jK^j$,则 $z=b/a+\tilde{w}_0$。那么

$$\frac{\partial J}{\partial\bar{z}^j}=\frac{\partial J}{\partial z}\frac{\partial z}{\partial b}\frac{\partial b}{\partial\bar{z}^j}=\sum_{k_1=1}^{n}(f(\boldsymbol{x}_{k_1};\theta)-z_{k_1})\frac{1}{a}K^j \tag{7.26}$$

式(7.26)代入式(7.25),得$\bar{z}^j$ 的迭代公式为

$$\bar{z}^j(\eta+1)=\bar{z}^j(\eta)-\lambda_1\sum_{k_1=1}^{n}\left[(f(\boldsymbol{x}_{k_1};\theta(\eta))-z_{k_1})\frac{1}{a(\eta)}K^j(\eta)\right] \tag{7.27}$$

同理可得,$\tilde{x}_i^j$、$\sigma_i^j(i=1,2,\cdots,r)$和$\tilde{w}_0$ 的迭代公式分别为

$$\tilde{x}_i^j(\eta+1)=\tilde{x}_i^j(\eta)-\lambda_2\sum_{k_1=1}^{n}\left[(f(\boldsymbol{x}_{k_1};\theta(\eta))-z_{k_1})\frac{\bar{z}^j(\eta)-f(\boldsymbol{x}_{k_1};\theta(\eta))}{a(\eta)}K^j(\eta)\frac{x_i(k_1)-\tilde{x}_i^j(\eta)}{(\sigma_i^j(\eta))^2}\right] \tag{7.28}$$

$$\sigma_i^j(\eta+1)=\sigma_i^j(\eta)-\lambda_3\sum_{k_1=1}^{n}\left[(f(\boldsymbol{x}_{k_1};\theta(\eta))-z_{k_1})\frac{\bar{z}^j(\eta)-f(\boldsymbol{x}_{k_1};\theta(\eta))}{a(\eta)}K^j(\eta)\frac{x_i(k_1)-\tilde{x}_i^j(\eta)}{(\sigma_i^j(\eta))^3}\right] \tag{7.29}$$

$$\tilde{w}_0(\eta+1)=\tilde{w}_0(\eta)-\lambda_4\sum_{k_1=1}^{n}\left[(f(\boldsymbol{x}_{k_1};\theta(\eta))-z_{k_1})\right] \tag{7.30}$$

式中:$x_i(k_1)$是输入 $\boldsymbol{x}_{k_1}$的第 i 维;$\boldsymbol{\lambda}_1\sim\boldsymbol{\lambda}_4$ 代表学习率;$\boldsymbol{\eta}$ 代表迭代步数。

由于利用 RVM 方法进行结构辨识的过程中可以得到较优的参数初始值,从而加快了运用梯度下降算法对参数优化的收敛速度，使参数得到了进一步优化。

7.2.3　基于相关向量机和梯度下降方法的模糊模型辨识算法

总结以上模糊模型结构辨识和参数辨识的步骤，可得到基于 RVM 和梯度下降的模糊模型辨识算法——算法 7.2。

算法 7.2　基于 RVM 和梯度下降的模糊模型辨识算法

步骤 1：实验数据采集与预处理。采集实验数据，并对数据进行预处理，生成样本数据。

步骤 2：模型结构辨识。调用算法 7.1，确定模糊模型规则数目和参数初始值。

步骤 3：模型参数辨识。利用式(7.27)～式(7.30)对参数进行训练优化，得到优化的参数模型。

步骤 4：模型验证。利用检验样本验证模型的性能，如果满足要求，则最终确定模型；否则返回步骤 1，重新学习训练。

7.3　基于相关向量机模糊模型的退化建模与剩余寿命预测

利用基于相关向量机的模糊模型进行退化建模与预测的实质是根据已有观测数据辨识系统模型，预测表征系统退化情况的特征参数，从而进行退化量与剩余寿命的预测。

假设系统的输入输出观测数据可以表示为输入输出数据对的形式($\boldsymbol{x}(t)$, $z(t)$)。其中，$\boldsymbol{x}(t)$表示系统 t 时刻的输入向量，由与系统输出相关的变量组成，$z(t)$表示系统 t 时刻的输出变量，是描述系统退化情况的特征参数，预测函数有如下的形式[20]：

$$\hat{z}(t)=f(x_{t-m},x_{t-m-2},\cdots,x_{t-m-r}) \tag{7.31}$$

式中：预测函数$f(\cdot)$通过上节辨识的模糊模型得到；$\hat{z}(t)$为预测输出；m 为预测步数；r 为与输出相关的向量个数。注意，当 $m=1$ 为一步预测。

基于自适应模糊系统的退化建模与剩余寿命预测流程如图 7.4 所示，其基本原理是：根据 t 时刻以前获得的有效信息($x_{t-m-1},x_{t-m-2},\cdots,x_{t-m-r}$)，利用式(7.31)预测 t 时刻的特征参数值$\hat{z}(t)$。令预测的特征参数$\hat{z}(t)$等于预设的失效阈值 ω，计算得出此时的时间 t_ω，则退化设备在 t_{t-m} 时刻的剩余寿命 RUL_{t-m} 可通过下式计算得到：

$$\mathrm{RUL}_t=t_\omega-t_{t-m} \tag{7.32}$$

式中：t_{t-m}为当前时刻。

基于以上退化建模与预测原理的分析，可得出基于 RVM 和梯度下降算法的模

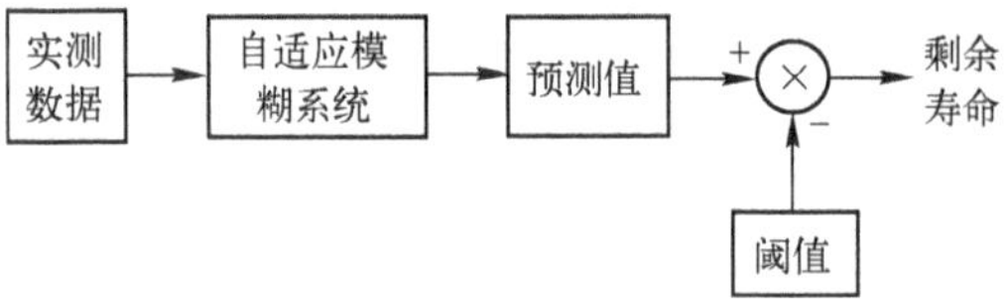

图 7.4　退化建模与预测流程图

糊系统的退化建模与预测算法——算法 7.3。

算法 7.3　基于 RVM 的模糊系统退化建模与预测算法

步骤 1:数据采集和预处理。选取表征系统退化情况的特征参数作为输出 $z(t)$,与之相关的变量构成输入向量 $\boldsymbol{x}(t)$。

步骤 2:调用算法 7.3 中的**步骤 1~步骤 3**,辨识如式(7.31)所示的系统模型,并令 $t_k=1$。

步骤 3:选取输入变量 $\boldsymbol{x}(t_k)$ 利用得出的模糊模型式(7.31)预测系统未来的退化量 $\hat{z}(t_k+m)$。

步骤 4:选取恰当的阈值 ω,利用式(7.32)计算设备的剩余寿命。

步骤 5:令 $t_k=t_k+1$,返回**步骤 3**。

7.4　实验验证

为验证本书所提出的模糊模型辨识和预测方法的有效性,利用所建立的模糊模型(RVM-FIS)对 CSTR 这一非线性系统进行辨识,辨识精度采用平均绝对百分比误差(MAPE)和均方根误差(RMSE)来衡量,将其预测结果与基于 SVM 的模糊模型(SVM-FIS)的预测结果作比较。SVM-FIS 借鉴文献[21]的建模方式:先用 SVM 方法进行结构辨识,再用梯度下降算法进行参数辨识,其中 $C=60$,不敏感系数 $\varepsilon=0.5$,采用高斯核函数,且核函数宽度 $\sigma_{\text{svm}}=0.6$。

7.4.1　连续釜式搅拌器仿真系统描述

连续釜式搅拌器(CSTR)是一个多变量非线性系统,反应物在其内部发生不可逆放热反应,可以通过控制流经反应器的冷却剂流速 q(温度为 T_c)使反应物的浓度 C_A(温度为 T)达到生产要求。其反应方程可以由以下方程组来描述:

$$
\begin{aligned}
\frac{\mathrm{d}C_A}{\mathrm{d}t}&=\frac{q}{V}(C_{Af}-C_A)-k_0\exp\left(-\frac{E}{RT}\right)C_A\\
\frac{\mathrm{d}T_A}{\mathrm{d}t}&=\frac{q}{V}(T_f-T_A)+\frac{-\Delta H}{\rho C_p}k_0\exp\left(-\frac{E}{RT_A}\right)C_A+\frac{UA}{V\rho C_p}(T_c-T_A)
\end{aligned}
\tag{7.33}
$$

对上面模型进行欧拉离散化,并且考虑系统噪声,得到下列离散时间模型

$$
\begin{aligned}
&\boldsymbol{x}(k+1)=\boldsymbol{x}(k)+\mathrm{d}t\cdot g(\boldsymbol{x}(k),u(k))+\boldsymbol{w}_k\\
&g(x(k),u(k))=\begin{bmatrix}\dfrac{q}{V}(C_{Af}-x_1(k))-k_0\exp\left(-\dfrac{E}{Rx_2(k)}\right)x_1(k)\\ \dfrac{q}{V}(T_f-x_2(k))+\dfrac{-\Delta H}{\rho C_p}k_0\exp\left(-\dfrac{E}{Rx_2(k)}\right)x_1(k)+\dfrac{UA}{V\rho C_p}(u(k)-x_2(k))\end{bmatrix}\\
&\boldsymbol{y}(k+1)=[x_1(k+1),x_2(k+1)]^{\mathrm{T}}+\boldsymbol{v}_{k+1}
\end{aligned}
\tag{7.34}
$$

各参数的意义及取值参考文献[22]，选择合适的输入输出变量，即可利用该模型验证书中所提出的模糊模型辨识方法的有效性。

7.4.2　仿真实验及其结果

系统的初始状态设置如下[22]：采样时间为 $\mathrm{d}t=0.2\mathrm{min}$，系统状态的初始值是 $x_1(0)=0.22\mathrm{mol/L}$ 和 $x_2(0)=447\mathrm{K}$；过程噪声 $\boldsymbol{w}_k$ 是零均值、协方差矩阵为 $\begin{bmatrix}0.005^2 & 0\\ 0 & 0.5^2\end{bmatrix}$ 的高斯白噪声；$\boldsymbol{v}_k$ 是零均值、协方差矩阵为 $\begin{bmatrix}0.005^2 & 0\\ 0 & 0.5^2\end{bmatrix}$ 的高斯白噪声。本实验中的控制律是要使反应物的浓度保持在 $x_1^d(k)=0.2\mathrm{mol/L}$，我们采用了一个 PID 的控制律如下：

$$
\begin{aligned}
&u(k)=u(k-1)+A_0\varepsilon(k)-A_1\varepsilon(k-1)+A_2\varepsilon(k-2)\\
&\varepsilon(k)\triangleq\hat{x}_1(k\mid k)-x_1^d(k)\\
&A_0=K_p\left(1+\frac{\mathrm{d}t}{T_i}+\frac{T_d}{\mathrm{d}t}\right),A_1=K_p\left(1+2\frac{T_d}{\mathrm{d}t}\right),A_2=K_p\frac{T_d}{\mathrm{d}t}
\end{aligned}
\tag{7.35}
$$

其中 $K_p=100,T_i=0.4,T_d=0.1,u(0)=419$。

当系统运行 100 步后，对系统设置一个变化，使冷却剂流速按此趋势变化：$q(s)=q(100)-(s-100)\times0.2$。其中，$s\geqslant100$，代表系统运行步数。

假设系统包含两个输入（输入冷水温度 T_c 和冷却剂流速 q），一个输出（反应器温度 T_A）。取 300 个数据构成样本数据，利用前 200 个数据进行训练，后 100 个数据进行检验，验证模型的辨识精度和有效性。在训练阶段，记录 RVM-FIS 和 SVM-FIS 生成模糊规则的条数；在检验阶段，用两种模型对反应器温度 T_A 进行预测，完成后统计其预测误差和运行时间。在主频 1.91GHZ，内存 1.00G 的计算机上进行仿真，结果如图 7.5～图 7.8 所示。两种模糊模型的预测结果定量指标如表 7.1所列。

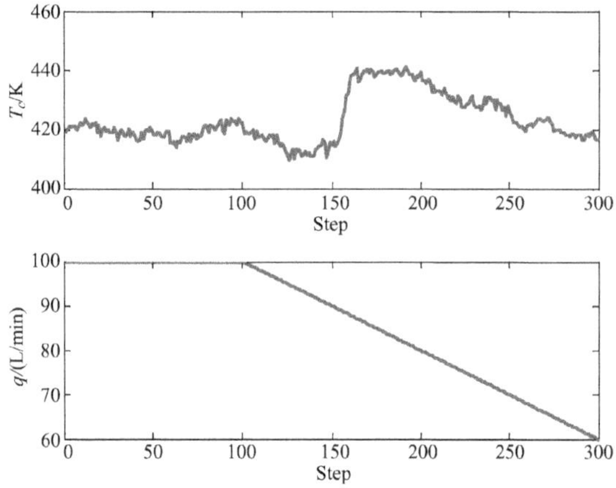

图 7.5　输入冷水温度和冷却剂流速曲线图

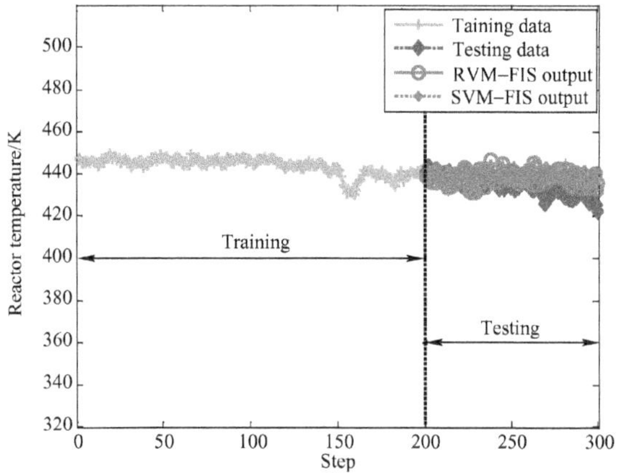

图 7.6　两种模糊模型的训练与测试曲线图

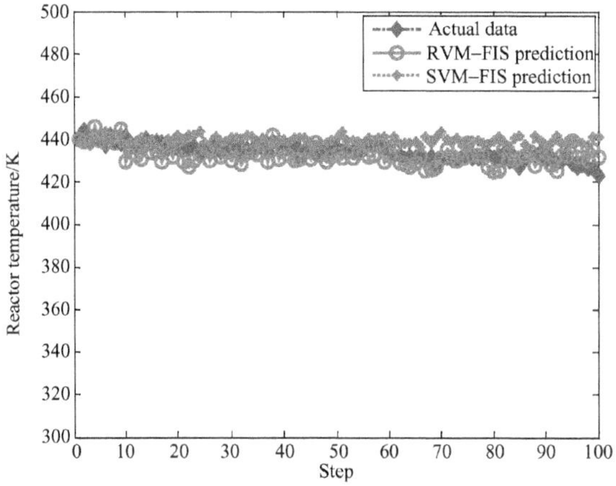

图 7.7　两种模糊模型的预测曲线图

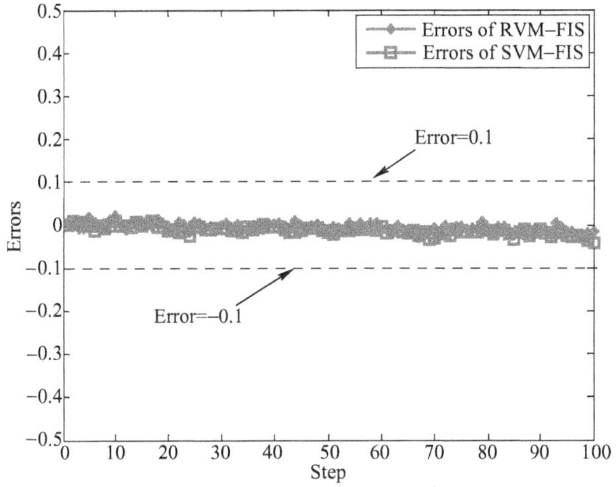

图 7.8 两种模糊模型的预测误差曲线图

表 7.1 两种模糊模型预测结果比较

算法	最终规则数/条	预测误差		预测时间/s
		MAPE	RMSE	
SVM–FIS	163	0.0134	0.1160	80.53
RVM–FIS	30	0.0122	0.1059	1.15

为明确说明预测的准确性，考虑噪声的随机性，进行了 100 次 Monte–Carlo 仿真实验，分别在选取预测残差为 0.03 和 0.05 的情况下，对退化建模与预测的准确率进行了统计，预测准确率 ζ 通过下式计算：

$$\zeta = \frac{\sum_{m=1}^{\mathrm{num\_MC}} \frac{\mathrm{num\_a}(m)}{\mathrm{num\_t}}}{\mathrm{num\_MC}} \times 100\% \tag{7.36}$$

式中：num_MC 表示进行 Monte–Carlo 仿真实验的次数；num_t 表示每次实验测试点的个数；num_a (m) 表示第 m 次实验中预测准确的点的个数。

本实验的统计结果如表 7.2 所列。

表 7.2 预测准确率统计结果

预测残差	平均预测时间/s	准确率/%
0.03	1.24	92
0.05	1.01	96

7.4.3 结果分析

从图中可以看出，CSTR具有较强的非线性性，两种模糊建模方法对其均具有较好的逼近能力，预测结果与真实数据比较接近，预测精度较高，误差较小。由表7.1的定量比较可以看出，无论是MAPE还是RMSE，RVM-FIS的预测误差均比SVM-FIS小，并且RVM-FIS只用了30条规则，模型结构更简单，进行预测的时间也只用了1.15s，速度比SVM-FIS有了大幅提高，其原因是：RVM的训练基于稀疏贝叶斯理论，在训练时通过引入权值的超参数先验分布，对RVM的权值进行了训练，在训练过程中大部分权值会很快趋于零，可以得到更少的模糊规则条数，从而保证了解的稀疏性[11]。也就是说，RVM-FIS在保持与SVM-FIS精度相当的前提下，模糊模型的结构相对更加简洁，从而预测时间更短。由表7.2预测准确率的统计情况可以看出，所建立的模糊模型及其辨识算法具有较高的预测准确率，从而得出以下结论：

(1) 基于RVM和梯度下降算法的模糊模型辨识方法是可行的，且具有较高的辨识精度和泛化能力；

(2) 相对于SVM-FIS，RVM-FIS具有下列优点：模糊模型结构更加简单，预测时间更快，原因是RVM方法引入了超参数$\boldsymbol{\alpha}$，使模糊规则数更少，模型稀疏性更强，并保持了较高的精度；不需要再计算正规化参数C和不敏感系数ε，从而减小了计算量；另外，RVM核函数不需要满足Mercer条件。

显然，模糊模型对剩余寿命的预测精度与对退化量的预测精度成正比，也就是说，退化模型对退化量预测越准确，其对设备剩余寿命的预测精度也就越高。以上实验主要验证了基于相关向量机模糊模型对设备退化量(特征参数)的预测能力。基于以上预测结果，只需给定某一失效阈值ω，利用式(7.32)便可实现设备在任意时刻剩余寿命的准确预测。

7.5 本章小结

本章提出了一种利用RVM辨识模糊模型的方法，给出了其函数形式，并通过Stone-Weierstrass定理对基于RVM的模糊模型的一致逼近性进行了证明，进而给出了一种基于RVM和梯度下降算法的模糊模型辨识方法，并将其应用于退化建模与预测之中。通过理论分析和仿真实验，可以得出以下结论：

(1) 基于RVM的模糊模型在理论上具有一致逼近性，而且基于RVM的模糊模型可以同时利用定性知识和定量数据两方面的信息，为将专家经验知识应用于模型辨识和控制提供了基础；

（2）基于 RVM 和梯度下降算法的模糊模型辨识方法能够构造简洁的模糊模型，且辨识精度较高；

（3）基于 RVM 模糊模型的退化建模与预测算法可以对系统的退化情况做出准确的预测。

参考文献

[1] 陈永义．支持向量机方法与模糊系统[J]．模糊系统与数学，2005，19(1)：1-11.

[2] Dragan K. Design of adaptive Takagi-Sugeno-Kang fuzzy models [J]. Applied Soft Computing, 2002, 2(2): 89-103.

[3] Chen S W, Wang J, Wang D S. Extraction of fuzzy rules by using support vector machines [C]. In: Proceedings of the 2008 Fifth International Conference on Fuzzy Systems and Knowledge Discovery, IEEE Computer Society Washington, DC, USA: IEEE, 2008, 438-442.

[4] Wong C C, Chen C C. A hybrid clustering and gradient descent approach for fuzzy modeling [J]. IEEE Trans. on System Man, and Cybernetics-Part B, 1999, 29(6): 686-693.

[5] Huang X X, Shi F H, Gu W, et al. SVM-based fuzzy rules acquisition system for pulsed GTAW process [J]. Engineering Applications of Artificial Intelligence, 2009, 22(8): 1245-1255.

[6] 蔡前凤，郝志峰，刘伟．基于模糊划分和支持向量机的 TSK 模糊系统[J]．模式识别与人工智能，2009，22(3)：411-416.

[7] 刘涵，周党伟，钱富才．基于支持向量机模糊推理的二级倒立摆控制[J]．仪器仪表学报，2008，29(2)：330-335.

[8] 李卫．基于核方法的模糊模型辨识研究[D]．上海：上海交通大学，2009.

[9] Xu X M, Mao Y F, X J N, et al. Classification performance comparison between RVM and SVM [C]. In: IEEE International Workshop on Anti-counterfeiting, Security, Identification. Fujian, China: IEEE, 2007. 208-211.

[10] Tipping M E. The relevance vector machine [A]. In: S. A. Solla, T. K. Leen and K. -R. Müller (Eds.) Advances in Neural Information Processing Systems 12. Cambridge, MIT Press, 2000. 652-658.

[11] Tipping M E. Sparse bayesian learning and the relevance vector machine [J]. Journal of Machine Learning Research, 2001, 1(3): 211-244.

[12] 张旭东，陈锋，高隽，等．稀疏贝叶斯时间序列预测[J]．控制与决策，2006，21(5)：585-588.

[13] Kim J, Suga Y, Won S. A new approach to fuzzy modeling of nonlinear dynamic systems with noise: relevance vector learning mechanism [J]. IEEE Transactions on Fuzzy Systems, 2006, 14(2): 222-231.

[14] Wang Z Q, Hu C H, et al. A new online fuzzy modelling method considering prior information with its application in PHM. International Journal of Advancements in Computing Technology, 2013, 5(6): 694-703.

[15] 胡昌华,王兆强,等. 一种 RVM 模糊模型辨识方法及在故障预报中的应用. 自动化学报,2011,37(4): 503-512.

[16] 王兆强. 自适应模糊系统及在惯性器件故障预报中的应用[D]. 西安:第二炮兵工程学院,2010.

[17] 杨国鹏,周欣,余旭初. 稀疏贝叶斯模型与相关向量机学习研究[J]. 计算机科学,2010,37(7):225-228.

[18] B K 嘉德克. 多项式一致逼近性导论[M]. 沈燮昌,方企勤,娄元仁,等译. 北京:北京大学出版社,1989.

[19] Wang L X, Mendel J M. Fuzzy basis functions, universal approximation, and orthogonal least-squares learning [J]. IEEE Transactions On Neural Networks, 1992, 3(5): 807-814.

[20] 司小胜. 基于证据推理的非线性系统故障预报方法及其应用研究[D]. 西安:第二炮兵工程学院,2009.

[21] Huang X X, Shi F H, Gu W, et al. SVM-based fuzzy rules acquisition system for pulsed GTAW process [J]. Engineering Applications of Artificial Intelligence, 2009, 22(8): 1245-1255.

[22] Zhou Z J, Hu C H, Xu D L, et al. A model for real-time failure prognosis based on hidden Markov model and belief rule base [J]. European Journal of Operational Research, 2010, 207(1): 269-283.

第 8 章

基于证据推理的性能退化建模与可靠性预测

前面章节讨论了基于随机过程、支持向量机及相关向量机等数据驱动的性能退化建模与剩余寿命预测方法，这些方法在各自的应用条件下都具有不错的效果。然而，人在最终决策过程中拥有不可替换的作用。因此，将数值信息与主观信息结合起来进行决策就显得异常重要，尽管这些主观信息很可能不完全和不准确[1-3]。

为了处理建模与预测过程中的不确定性信息，胡昌华等以证据推理(Evidence Reasoning, ER)方法[4-6]为基础进行了大量的相关研究[7-10]，并提出了一种基于证据推理的退化建模与预测模型[11]。与传统的模型相比，基于证据推理的方法给出了一个更实用的知识表示方案，且能够处理非线性的因果关系。文献[11]已经将该方法应用到了可靠性预测中，并得到了满意的结果。针对该模型中存在的包括属性权重、等级效用在内的参数，文献[11]采用了几种优化方法对其进行选择和调整，但是这些方法都是离线运行。这就导致了算法在大量数据情况下的运行时间过长，从而影响其实际使用。为了解决该问题，有必要设计一种在线算法对 ER 模型的参数进行不断更新。一旦模型被建立且对其参数进行了估计，该 ER 模型即可用来对退化数据进行建模和预测。

受文献[11]启发，本章将提出两种分别针对数值输出和判断性输出两种情形下的 ER 模型参数递归更新算法[11]。为了能够应用期望最大化(Expectation Maximization, EM)[12-14]算法，这里假设在 ER 模型的输入相互独立的情况下，其输出结果也相互独立。在假设实际输出服从正态分布的基础上，本章基于递归 EM 算法得到了 ER 模型参数的更新算法，并通过实例验证所提算法的有效性。

在接下来的内容里，本章首先介绍了证据理论的基础。然后，简要回顾了基于 ER 模型的退化建模方法。接着，分别针对判断性输出和数值输出情形提出了相应的递归更新算法。最后，进行了实例研究，并总结了本章的研究内容。

8.1 基于证据推理的性能退化建模

退化建模和预测的目的是建立能够准确描述性能退化数据变化规律的模型,并利用所建立的模型对性能退化的趋势进行预测,进而能够准确预报故障、估计剩余有效寿命。下面首先对一般意义上的预测模型进行介绍,然后,再给出性能退化建模的问题描述。

8.1.1 预测模型结构与表达形式

设有一组由输入变量值构成的时间序列$\{x(t) \mid x(t) \in R\}$ $(t=1,\cdots,L)$。$L \in Z^+$表示整个时间序列的长度。那么,一般意义上的预测模型为

$$\hat{y}(t+k-1)=f(x_{t-1},x_{t-2},\cdots,x_{t-p}) \tag{8.1}$$

式中:$\hat{y}(t+k-1)$表示在$t+k-1$时刻的输出值;$(x_{t-1},x_{t-2},\cdots,x_{t-p})$为由$p$个输入值构成的输入向量,$p \in Z^+$为嵌入空间的维数,可以利用文献[15]中所提方法来确定其值。为方便起见,令$\boldsymbol{X}(t)=(x_{t-1},x_{t-2},\cdots,x_{t-p})$表示模型的输入向量。

与文献[11]类似,这里只考虑一步预测问题。那么,式(8.1)可以简化成下式

$$\hat{y}(t)=f(x_{t-1},x_{t-2},\cdots,x_{t-p}) \tag{8.2}$$

为了应用证据推理方法,假设$x_{t-1},x_{t-2},\cdots,x_{t-p}$为与性能退化预测值$y(t)$相关的$p$个基本属性。那么,证据推理方法旨在辨识出$\mathbf{X}(t)$和$\hat{y}(t)$之间的内在联系,其本质是如何获取函数$f(\cdot)$。

针对具体的性能退化建模与预测问题,可以将式(8.1)和式(8.2)中的$\hat{y}(t+k-1)$和$\hat{y}(t)$用$\hat{x}(t+k-1)$和$\hat{x}(t)$代替,而输入向量$\mathbf{X}(t)$则由p个之前时刻的性能退化值组成。在辨识出函数$f(\cdot)$后,即可以利用该函数对性能退化量的变化趋势进行刻画,进而用其进行建模与预测。从这个意义上来说,性能退化建模与预测的本质就是利用由性能退化值组成的时间序列获得能够刻画性能退化量变化规律的函数$f(\cdot)$,那么即可将函数$f(\cdot)$称为性能退化模型。因此,本章接下来的内容将不再区分$\hat{y}(t)$和$\hat{x}(t)$之间的区别。

8.1.2 基于证据推理的性能退化建模与预测

本节将介绍如何利用证据推理方法进行性能退化建模与预测。首先,假设有与下一时刻的输出值$y(t)$相关的p个基本属性$x_{t-1},x_{t-2},\cdots,x_{t-p}$。这里,将由这$p$个基本属性构成的集合称为证据集。然后,设第$i$个基本属性的$x_{t-i}$的权值为$w_i(i=1,\cdots,p)$,并令$\omega=\{w_1,\cdots,w_i,\cdots,w_p\}$。需要说明的是,这些基本属性的权值需要通过归一化以满足下列条件:

$$0 \leqslant w_i \leqslant 1 \qquad \sum_{i=1}^{p} \omega_i = 1 \tag{8.3}$$

若将设备的退化程度分成 N 个等级 $F_1,\cdots,F_N$,那么,退化状态识别框架为

$$F=\{F_1,\cdots,F_n,\cdots,F_N\} \tag{8.4}$$

需要说明的是,退化状态的确定依赖于具体问题,因此退化状态识别框架也需要根据实际情况确定。

在工程实际中,数据可能是数值或主观分布的形式。为了能够应用证据推理,需要把工程数据转换为 mass 函数分布的形式。在识别框架 F 下,利用文献[5]提供的证据转换技术,输入向量 $\boldsymbol{X}(t)=(x_{t-1},x_{t-2},\cdots,x_{t-p})$ 中的每一个基本属性 x_{t-i} 可以表示为下列形式:

$$S(x_{t-i})=\{(F_n,\beta_{n,i}(x_{t-i})),n=1,2,\cdots,N\}, \quad i=1,2,\cdots,p \tag{8.5}$$

式中:$\beta_{n,i} \geqslant 0$, $\sum_{n=1}^{N}\beta_{n,i} \leqslant 1$,且 $\beta_{n,i}$ 表示属性 x_{t-i} 被评估为等级 F_n 的置信度。

式(8.5)表示以置信度 $\beta_{n,i}$ 将属性 x_{t-i} 评估为等级 F_n。如果 $\sum_{n=1}^{N}\beta_{n,i}=1$,则称对属性 x_{t-i} 的评估是完整的,否则为不完整的评估。$\beta_{n,i}$ 的获取方式依赖于属性 $x_{t-i}(i=1,2,\cdots,p)$ 的特点,比如定量属性的数据以数值的形式表示,而定性属性的数据以语义的形式表示[4,5,11]。为了在统一的信度框架下处理定性属性与定量属性,学者 Yang[6] 等已经提出了等价信息变换技术,通过变换,数值数据、随机数据或定性信息都可以变换为 mass 函数形式。该技术实用性强,具体的算法参见文献[6]。

在将每一个属性按照式(8.5)进行表示后,可以直接用证据推理方法去组合所有的属性并得到最后的结论。利用 Wang 等[16]给出的 ER 解析算法,最终的预测结果 $\hat{x}(t)$ 可以表示为

$$O(\hat{y}(t))=\{(F_n,\hat{\beta}_n(t)),\ n=1,2,\cdots,N\} \tag{8.6}$$

其中,$\hat{\beta}_n(t)\,(n=1,2,\cdots,N)$ 可以通过 ER 解析算法获得:

$$\hat{\beta}_n(t)=\frac{\prod_{i=1}^{p}(w_i\hat{\beta}_{n,i}(x_{t-i})+1-w_i)-\prod_{i=1}^{p}(1-w_i)}{D(t)} \tag{8.7}$$

$$D(t)=\sum_{n=1}^{N}\prod_{i=1}^{p}(w_i\beta_{n,i}(x_{t-i})+1-w_i)-N\prod_{i=1}^{p}(1-w_i) \tag{8.8}$$

综合评价值 $\hat{y}(t)$ 对系统在 t 时刻的状态进行了完整的刻画。根据 $\hat{y}(t)$ 可以分辨出哪种评价等级被用来对系统进行退化状况进行评估以及该评价等级的置信度。

8.1.3 基于效用的数值型输出

在工程实际中,系统的输出 $\hat{y}(t)$ 往往是精确的数值,在这种情况下,就希望能够得到与式(8.6)中的 $O(\hat{y}(t))$ 等价的数值型输出。而证据推理所有函数输出的

都是置信度形式,因此需要将其等价地变换成数值形式。

通过引入效用期望,就可以实现置信度分布输出向数值输出的变换[5]。假设 $u(F_n)$ 是识别框架 $F_n(n=1,\cdots,N)$ 的效用。如果 F_j 与 F_i 相比,决策者偏好于评估等级 F_j,那么 $u(F_i)<u(F_j)$,$u(F_n)$ 一般通过专家先验知识或客观知识获取[35]。

为了实现 mass 函数与数值型输出的变换,文献[5]引入最大、最小、平均效用,假设评估等级 F_n 的效用为 $u(F_n)$,那么输出评估 $O(\hat{y}(t))$ 的期望效用就可以定义如下:

$$u(O(\hat{y}(t)))=\sum_{n=1}^{N}\hat{\beta}_n(t)u(F_n)$$

其中,$\hat{\beta}_n(t)$ 表示 $\hat{y}(t)$ 被评估为 F_n 的置信度下界值,而 $(\hat{\beta}_n(t)+\hat{\beta}_F(t))$ 是其上界。不失一般性,假设 F_1 得到决策者的最小偏好,F_N 得到决策者的最大偏好,则 $O(\hat{y}(t))$ 最大、最小、平均效用的具体计算如下:

$$u_{\max}(O(\hat{y}(t)))=\sum_{n=1}^{N-1}\hat{\beta}_n(t)u(F_n)+(\hat{\beta}_N(t)+\hat{\beta}_F(t))u(F_N)$$

$$u_{\min}(O(\hat{y}(t)))=(\hat{\beta}_1(t)+\hat{\beta}_F(t))u(F_1)+\sum_{n=2}^{N}\hat{\beta}_n(t)u(F_n)$$

$$u_{avg}(O(\hat{y}(t)))=(u_{\max}(O(\hat{x}(t)))+u_{\min}(O(\hat{x}(t))))/2$$

由此,定义预测的数值型输出结果 $\hat{y}(t)$ 可以按下式计算:

$$\hat{y}(t)=u_{avg}(O(\hat{y}(t)))=\sum_{n=1}^{n=N}\hat{\beta}_n(t)u(F_n)+\frac{u(F_1)+u(F_N)}{2}\hat{\beta}_F(t)$$

其中,$\hat{y}(t)$ 表示预测结果。如果总体的评估结果是完整的、精确的,则有 $\hat{\beta}_F(t)=0$,预测结果 $\hat{y}(t)$ 的计算可以简化为

$$\hat{y}(t)=\sum_{j=1}^{N}\hat{\beta}_j(t)u(F_j) \tag{8.9}$$

显而易见,如果证据推理方法中包括 $\omega_i(i=1,2,\cdots,P)$ 和 $u(F_j)(j=1,2,\cdots,N)$ 在内的参数越准,那么预测结果也越接近于真值。

8.2 基于 EM 算法在线更新 ER 模型的可靠性预测

目前,文献[11]研究了证据推理模型参数的最优学习算法,但是,该算法本质上属于离线型算法,且需要消耗大量的时间用于训练及在获取新的输入输出数据后的再训练。因此,非常有必要设计一种在线参数更新算法,而由 Dempster 等提出的期望最大化(Expectation-Maximization, EM)算法[13]通常被用来达到此目的。周志杰等[40]研究了利用 EM 算法去更新由杨剑波教授等提出的置信规则库[8]的参数。在文献[8]和[11]工作的基础上,本节将从概率角度研究证据推理模型参数的递归更新算法。

在递归算法中,需要输入量和输出量的的观测值,因此,假设能够获取到由观测数据对($\boldsymbol{X}(n)$,$y(n)$)组成的数据集,其中,$\boldsymbol{X}(n)$为给定的输入向量,$y(n)$为通过仪器观测或专家评估得到的输出向量,$\hat{y}(n)$为由基于证据推理的预测模型产生的仿真输出。相应地,这里将研究输出结果为数值和主观判断两种情形下的参数更新算法。为了利用递归 EM 算法来设计 ER 模型参数的递归更新算法,这里假设当 ER 模型的输入量相互独立时,其实际输出也相互独立。在该假设的基础上,本章在接下来的内容里设计了两种递归算法来更新 ER 模型。

8.2.1　基于判断性输出的递归参数估计算法

在这种情况下,判断性输出 $y(n)$可以表示为

$$y(n)=\{(F_j,\beta_j(n)),j=1,2,\cdots,N\} \tag{8.10}$$

其中,$\beta_j(n)$表示在 n 时刻与评估等级 F_j 的匹配程度。实际上,由式(8.10)得到的 $y(n)$是 ER 模型的默认输出格式。令 $\boldsymbol{B}(n)=[\beta_1(n),\cdots,\beta_N(n)]^{\mathrm{T}}$ 表示与输入 $\boldsymbol{X}(n)$相对应的真实输出。这里,将$\beta_j(j=1,2,\cdots,N)$看成是随机变量。于是,在给定 $\boldsymbol{X}(n)$和 $\boldsymbol{Q}$ 的情况下,$\boldsymbol{B}(n)$的条件概率密度为$f(\boldsymbol{B}(n)\mid\boldsymbol{X}(n),\boldsymbol{Q})$,其中,$\boldsymbol{Q}$ 为未知参数向量。根据前面给出的独立性假设,可以直接得到下式

$$f(\boldsymbol{B}(1),\cdots,\boldsymbol{B}(n)\mid\boldsymbol{X}(1),\cdots,\boldsymbol{X}(n),\boldsymbol{Q})=\prod_{\tau=1}^{n}f(\boldsymbol{B}(\tau)\mid\boldsymbol{X}(\tau),\boldsymbol{Q}) \tag{8.11}$$

由式(8.11)可以得到 n 时刻的对数似然函数的期望

$$\mathrm{L}_{n+1}(\boldsymbol{Q})=E\left\{\sum_{\tau=1}^{n}\log f(\boldsymbol{B}(\tau)\mid\boldsymbol{X}(\tau),\boldsymbol{Q})\mid\boldsymbol{X}(1),\cdots,\boldsymbol{X}(n),\boldsymbol{Q}(n)\right\} \tag{8.12}$$

其中,$E(\cdot\mid\cdot)$表示条件期望。

根据上面内容,可以将式(8.12)改写成递归形式

$$\mathrm{L}_{n+1}(\boldsymbol{Q})=\mathrm{L}_n(\boldsymbol{Q})+E\{\log f(\boldsymbol{B}(n)\mid\boldsymbol{X}(n),\boldsymbol{Q})\mid\boldsymbol{X}(n),\boldsymbol{Q}(n)\} \tag{8.13}$$

为了对 $\mathrm{L}_{n+1}(\boldsymbol{Q})$进行合理的近似,本章考虑对式(8.13)右边第一项进行泰勒展开。于是,

$$\begin{aligned}\mathrm{L}_n(\boldsymbol{Q})\approx&\mathrm{L}_n(\boldsymbol{Q}(n))+[\nabla_{\mathrm{Q}}\mathrm{L}_n(\boldsymbol{Q}(n))](\boldsymbol{Q}-\boldsymbol{Q}(n))+\\&\frac{1}{2}(\boldsymbol{Q}-\boldsymbol{Q}(n))^{\mathrm{T}}[\nabla_{\mathrm{Q}}\nabla_{\mathrm{Q}}^{\mathrm{T}}\mathrm{L}_n(\boldsymbol{Q}(n))](\boldsymbol{Q}-\boldsymbol{Q}(n))\end{aligned} \tag{8.14}$$

这里,∇_{Q}为对向量 $\boldsymbol{Q}$ 每一个列元素求梯度的算子。

根据 $\mathrm{L}_n(\boldsymbol{Q})$的定义,$\nabla_{\mathrm{Q}}\nabla_{\mathrm{Q}}^{\mathrm{T}}\mathrm{L}_n(\boldsymbol{Q}(n))$可以被近似为[8,14,17]

$$\nabla_{\mathrm{Q}}\nabla_{\mathrm{Q}}^{\mathrm{T}}\mathrm{L}_n(\boldsymbol{Q}(n))\approx-(n-1)\Xi_1(\boldsymbol{Q}(n)) \tag{8.15}$$

其中,$\Xi_1(\boldsymbol{Q}(n))$可以通过下式进行计算

$$\Xi_1(\boldsymbol{Q}(n))=E\{-\nabla_{\mathrm{Q}}\nabla_{\mathrm{Q}}^{\mathrm{T}}\log f(\boldsymbol{B}(n)\mid\boldsymbol{X}(n),\boldsymbol{Q})\mid\boldsymbol{X}(n),\boldsymbol{Q}(n)\} \tag{8.16}$$

由于 $\boldsymbol{Q}=\boldsymbol{Q}(n)$时由式(8.14)表示的 $\mathrm{L}_n(\boldsymbol{Q})$取值最大,因此,

$$\nabla_Q \mathrm{L}_n(\boldsymbol{Q}(n))=0 \tag{8.17}$$

将式(8.16)和式(8.17)代入式(8.14),可得

$$\begin{aligned}\mathrm{L}_n(\boldsymbol{Q}) \approx & \mathrm{L}_n(\boldsymbol{Q}(n))- \\ & \frac{1}{2}(\boldsymbol{Q}-\boldsymbol{Q}(n))^{\mathrm{T}}[(n-1)\Xi_1(\boldsymbol{Q}(n))](\boldsymbol{Q}-\boldsymbol{Q}(n))\end{aligned} \tag{8.18}$$

令

$$\Gamma_1(\boldsymbol{Q}(n))=\nabla_Q \log f(\boldsymbol{B}(n) \mid \boldsymbol{X}(n),\boldsymbol{Q}(n)) \tag{8.19}$$

式中:$\nabla_Q \log f(\boldsymbol{B}(n) \mid \boldsymbol{X}(n),\boldsymbol{Q}(n))$表示$\boldsymbol{Q}(n)$处的梯度向量。

因此,通过泰勒展开和对$\log f(\boldsymbol{B}(n) \mid \boldsymbol{X}(n),\boldsymbol{Q})$关于$\boldsymbol{Q}(n)$和$\boldsymbol{X}(n)$求期望可得

$$\begin{aligned}\mathrm{L}_{n+1}(\boldsymbol{Q})=\mathrm{L}_n(\boldsymbol{Q}(n))+ & \\ & E\{\log f(\boldsymbol{B}(n) \mid \boldsymbol{X}(n),\boldsymbol{Q}(n)) \mid \boldsymbol{X}(n),\boldsymbol{Q}(n)\}+ \\ & \Gamma_1(\boldsymbol{Q}(n))(\boldsymbol{Q}-\boldsymbol{Q}(n))- \\ & \frac{n}{2}(\boldsymbol{Q}-\boldsymbol{Q}(n))^{\mathrm{T}}[\Xi_1(\boldsymbol{Q}(n))](\boldsymbol{Q}-\boldsymbol{Q}(n))\end{aligned} \tag{8.20}$$

由于$\boldsymbol{Q}=\boldsymbol{Q}(n+1)$为使$\mathrm{L}_{n+1}(\boldsymbol{Q})$取最大值的点,且式(8.20)右边前两项皆为常量,因此,

$$\nabla_Q \mathrm{L}_{n+1}(\boldsymbol{Q}(n+1))=0 \tag{8.21}$$

于是,参数$\boldsymbol{Q}(n+1)$的递归估计形式为

$$\boldsymbol{Q}(n+1)=\boldsymbol{Q}(n)+\frac{1}{n}[\Xi_1(\boldsymbol{Q}(n))]^{-1}\Gamma_1(\boldsymbol{Q}(n)) \tag{8.22}$$

由于属性权重必须满足规一化条件,因此,其必处于0和1之间,且所有权重之和为1。那么,可以将式(8.22)修正为

$$\boldsymbol{Q}(n+1)=\prod_{H_1}\left\{\boldsymbol{Q}(n)+\frac{1}{n}[\Xi_1(\boldsymbol{Q}(n))]^{-1}\Gamma_1(\boldsymbol{Q}(n))\right\} \tag{8.23}$$

式中:$\prod_{H_1}$表示投影到由式(8.3)表示的约束集H_1上。

比较理想的情况是,对于给定的输入向量$\boldsymbol{X}(n)$,由式(8.6)表示的预测输出$\hat{\boldsymbol{y}}(n)$能够尽可能接近其真值$\boldsymbol{y}(n)$。也就是说,对于n时刻的数据对$(\boldsymbol{X}(n),\boldsymbol{y}(n))$,可以通过最小化$\beta_j(n)$和由ER模型产生的$\hat{\beta}_j(n)$之间的差距来对ER模型进行更新。这里,可以将$\beta_j(n)$看作期望值为$\hat{\beta}_j(n)$的随机变量。令$\hat{\boldsymbol{B}}(n)=[\hat{\beta}_1(n),\cdots,\hat{\beta}_N(n)]^{\mathrm{T}}$为$n$时刻的预测输出,且假设$\boldsymbol{B}(n)$服从下列复杂正态分布

$$\begin{aligned}f(\boldsymbol{B}(n) \mid \boldsymbol{X}(n),\boldsymbol{Q})=(2\pi)^{-N/2}\left|\sum\right|^{-1/2} & \\ & \exp\left\{-\frac{1}{2}(\boldsymbol{B}(n)-\hat{\boldsymbol{B}}(n))^{\mathrm{T}}\sum{}^{-1}(\boldsymbol{B}(n)-\hat{\boldsymbol{B}}(n))\right\}\end{aligned} \tag{8.24}$$

式中：$\boldsymbol{Q}=[\boldsymbol{V}^{\mathrm{T}},\sigma_1,\sigma_2]^{\mathrm{T}}$ 为参数向量，$\boldsymbol{V}=[w_i]^{\mathrm{T}}$，$\sigma_1,\sigma_2$ 为协方差矩阵 $\boldsymbol{\Sigma}$ 的元。

鉴于向量 $\boldsymbol{V}$ 的每一项与 $\boldsymbol{\Sigma}$ 项相互独立，式(8.23) 中的 $\Gamma_1(\boldsymbol{Q}(n))$ 和 $\Xi_1(\boldsymbol{Q}(n))$ 可以写成

$$\Gamma_1(\boldsymbol{Q}(n))=[\Gamma_1'(\boldsymbol{Q}(n))^{\mathrm{T}},\Gamma_1''(\boldsymbol{Q}(n))^{\mathrm{T}}]^{\mathrm{T}} \tag{8.25}$$

$$\Xi_1(\boldsymbol{Q}(n))=\begin{bmatrix}\Xi_1'(\boldsymbol{Q}(n)) & \mathbf{0}\\ \mathbf{0} & \Xi_1''(\boldsymbol{Q}(n))\end{bmatrix} \tag{8.26}$$

式中：$\Gamma_1'(\boldsymbol{Q}(n))$ 和 $\Xi_1'(\boldsymbol{Q}(n))$ 为关于 $\boldsymbol{V}$ 的导数；$\Gamma_1''(\boldsymbol{Q}(n))$ 和 $\Xi_1''(\boldsymbol{Q}(n))$ 为关于矩阵 $\boldsymbol{\Sigma}$ 元素的导数。显然，

$$[\Xi_1(\boldsymbol{Q}(n))]^{-1}=\begin{bmatrix}[\Xi_1'(\boldsymbol{Q}(n))]^{-1} & \mathbf{0}\\ \mathbf{0} & [\Xi_1''(\boldsymbol{Q}(n))]^{-1}\end{bmatrix} \tag{8.27}$$

当只考虑参数向量 $\boldsymbol{V}$ 时，可根据式(8.24)和式(8.27)将式(8.23)改写成

$$\boldsymbol{V}(n+1)=\boldsymbol{V}(n)+\frac{1}{n}[\Xi_1'(\boldsymbol{Q}(n))]^{-1}\Gamma_1'(\boldsymbol{Q}(n)) \tag{8.28}$$

式中：$\boldsymbol{V}(n)$ 为已知量。根据式(8.16)和(8.19)，梯度向量 $\Gamma_1'(\boldsymbol{Q}(n))$ 的第 a 项和矩阵 $\Xi_1'(\boldsymbol{Q}(n))$ 的元可以通过下式计算

$$[\Gamma_1'(\boldsymbol{Q}(n))]_a=\frac{\partial\hat{\boldsymbol{B}}(n)^{\mathrm{T}}}{\partial V_a}\boldsymbol{\Sigma}(n)^{-1}(\boldsymbol{B}(n)-\hat{\boldsymbol{B}}(n))\bigg|_{\boldsymbol{V}=\boldsymbol{V}(n)} \tag{8.29}$$

$$[\Xi_1'(\boldsymbol{Q}(n))]_{a,b}=\frac{\partial\hat{\boldsymbol{B}}(n)^{\mathrm{T}}}{\partial V_a}\boldsymbol{\Sigma}(n)^{-1}\frac{\partial\hat{\boldsymbol{B}}(n)}{\partial V_b}\bigg|_{\boldsymbol{V}=\boldsymbol{V}(n)} \tag{8.30}$$

式中：$a=1,\cdots,p$；$b=1,\cdots,p$。

式(8.29) 和式(8.30) 都需要知道协方差矩阵 $\boldsymbol{\Sigma}(n)$。因为 $\beta_1(n),\cdots,\beta_N(n)$ 必须满足 $\Sigma_{j=1}^{N}\beta_j(n)=1$，因此，它们并不相互独立。为了简化计算，不失一般性，假设 $\boldsymbol{\Sigma}=(a_{i,j})_{N\times N}$ 满足

$$\begin{cases}a_{i,j}=\sigma_1, & i=j\\ a_{i,j}=\sigma_2, & i\neq j\end{cases} \tag{8.31}$$

基于此假设，有 $\boldsymbol{Q}=[\boldsymbol{V}^{\mathrm{T}},\sigma_1,\sigma_2]^{\mathrm{T}}$。当参数 $\boldsymbol{V}(n)$ 已知时，可以通过下式计算 $\sigma_i(n)$：

$$\sigma_i(n)=\arg\max_{\sigma_i}\log f(\boldsymbol{B}(n)\mid\boldsymbol{X}(n),\boldsymbol{Q})\mid_{\boldsymbol{V}=\boldsymbol{V}(n)} \tag{8.32}$$

式中：$i=1,2$。该方程可以通过 MATLAB 中的 FSOLVE 函数求解。

由于 $\boldsymbol{V}$ 必须满足由式(8.3)给定的条件，因此，必须对由式(8.23)给出的递归公式进行适当修改。首先，令 $\boldsymbol{V}=[V_1,\cdots,V_p]^{\mathrm{T}}$。那么，由式(8.3)给定的约束条件可以表示成

$$h(\boldsymbol{V})=h(V_1,\cdots,V_p)=\sum_{j=1}^{p}V_j-1=0 \tag{8.33}$$

$$0\leqslant V_i\leqslant 1,\quad i=1,\cdots,p \tag{8.34}$$

令 $\boldsymbol{h}(\boldsymbol{V})=[h(\boldsymbol{V})]^{\mathrm{T}}$，且 $\boldsymbol{H}(\boldsymbol{V})$ 为 $\boldsymbol{h}(\boldsymbol{V})$ 的 Jacobian 矩阵。然后，对式(8.23)进行修改即可以得到满足式(8.33)的递归算法[8,18-20]：

$$\overline{\boldsymbol{V}}(n+1)=\boldsymbol{V}(n)+\frac{1}{n}\boldsymbol{\pi}_1[\boldsymbol{V}(n)][\Xi_1'(\boldsymbol{Q}(n))]^{-1}\Gamma_1'(\boldsymbol{Q}(n)) \tag{8.35}$$

其中 $\overline{\boldsymbol{V}}(n+1)=[\overline{V}_1(n+1),\cdots,\overline{V}_L(n+1)]^{\mathrm{T}}$。假设 $\boldsymbol{I}_p$ 是维数 p 的单位矩阵。那么，

$$\begin{aligned}\boldsymbol{\pi}_1[\boldsymbol{V}(n)]&=\boldsymbol{I}_p-\boldsymbol{H}(\boldsymbol{V}(n))^{\mathrm{T}}(\boldsymbol{H}(\boldsymbol{V}(n))\boldsymbol{H}(\boldsymbol{V}(n))^{\mathrm{T}})^{-1}\boldsymbol{H}(\boldsymbol{V}(n))\\&=\frac{p-1}{p}\boldsymbol{I}_p\end{aligned} \tag{8.36}$$

根据式(8.34)给出的约束条件，通过式(8.35)估计得到的参数 $\overline{V}_j(j=1,\cdots,p)$ 处于上、下界之间，因此，可以利用文献[8]中的投影算法。定义如下的投影算子 $\boldsymbol{\pi}_2[\overline{\boldsymbol{V}}(n+1)]$：

$$\boldsymbol{\pi}_2[\overline{\boldsymbol{V}}(n+1)]=\sum_{j=1}^{p}\hat{V}_j(n+1)\boldsymbol{e}_j \tag{8.37}$$

式中：$\boldsymbol{e}_j$ 为第 j 项为 1，其他项为 0 的列向量。$\hat{V}_j(n+1)$ 则可以通过下式进行计算：

$$\hat{V}_j(n+1)=\frac{\widetilde{V}_j(n+1)}{\sum\limits_{i=1}^{N}\widetilde{V}_j(n+1)},\quad j=1,\cdots,p \tag{8.38}$$

式中：

$$\widetilde{V}_j(n+1)=\begin{cases}0, & \overline{V}_j(n+1)<0\\1, & \overline{V}_j(n+1)>1\\\overline{V}_j(n+1), & 0\leqslant\overline{V}_j(n+1)\leqslant 1\end{cases} \tag{8.39}$$

此外，由于存在只有某些参数会被更新的可能，而这可能导致矩阵 $\Xi_1(\boldsymbol{Q}(n))$ 非奇异，因此，必须进行相应的修改。最终的递归算法为

$$\boldsymbol{V}(n+1)=\boldsymbol{\pi}_2\left\{\boldsymbol{V}(n)+\frac{\alpha}{n}\boldsymbol{\pi}_1[\boldsymbol{V}(n)][\Xi_1'(\boldsymbol{Q}(n))+\gamma\boldsymbol{I}_p]^{-1}\Gamma_1'[\boldsymbol{Q}(n)]\right\} \tag{8.40}$$

式中：$\alpha>0$ 用来改变收敛的速度；$\gamma\boldsymbol{I}_p$ 可以修正矩阵 $\Xi_1'(\boldsymbol{Q}(n))$ 以使其为正定矩阵，$\gamma\geqslant 0$ 为修正因子。

综上所述，基于判断性输出的 ER 模型参数递归更新算法为

初始化：$\boldsymbol{V}(0),\boldsymbol{\Sigma}(0),\alpha,\gamma$。

更新：如果 $\boldsymbol{X}(n)$,$\boldsymbol{y}(n)$,$\boldsymbol{V}(n)$ 已知,那么,

利用式(8.32) 计算 $\boldsymbol{\Sigma}(n)$；

利用式(8.40) 计算 $\boldsymbol{V}(n+1)$。

预测：根据式(8.6) ~ 式(8.8) 计算 $\hat{\boldsymbol{y}}(n+1)$,然后返回至更新步骤。

8.2.2　基于数值输出的递归参数估计算法

在这种情况下,$\boldsymbol{y}(n)$为数值型输出。当 ER 模型的输入相互独立时,可以认为其真实输出 $\boldsymbol{y}(1),\cdots,\boldsymbol{y}(n)$也相互独立,因此

$$f(\boldsymbol{y}(1),\cdots,\boldsymbol{y}(n) \mid \boldsymbol{X}(1),\cdots,\boldsymbol{X}(n),\boldsymbol{Q}) = \prod_{\tau=1}^{n} f(\boldsymbol{y}(\tau) \mid \boldsymbol{X}(\tau),\boldsymbol{Q}) \tag{8.41}$$

式中：$f(\boldsymbol{y}(\tau) \mid \boldsymbol{X}(\tau),\boldsymbol{Q})$为随机变量 $\boldsymbol{y}(\tau)$的概率密度函数。此外,评价等级的效果为非负数,比如

$$u_i \geqslant 0,\quad i=1,\cdots,N \tag{8.42}$$

而且,如果 F_j 与 F_i 相比,决策者偏好于评估等级 F_j,那么

$$u_j > u_i \tag{8.43}$$

与上一小节的推导过程类似,可以获得下列递归公式

$$\boldsymbol{Q}(n+1) = \prod_{H_2}\left\{\boldsymbol{Q}(n) + \frac{1}{n}[\Xi_2(\boldsymbol{Q}(n))]^{-1}\Gamma_2(\boldsymbol{Q}(n))\right\} \tag{8.44}$$

式中：$\boldsymbol{Q}$ 由属性权重和其他相关参数构成；H_2 表示由式(8.3)、式(8.42)和式(8.43)构成的约束集。且同样有

$$\Gamma_2(\boldsymbol{Q}(n)) = \nabla_{\mathrm{Q}} \log f[\boldsymbol{y}(n) \mid \boldsymbol{X}(n),\boldsymbol{Q}(n)] \tag{8.45}$$

$$\Xi_2(\boldsymbol{Q}(n)) = E\{-\nabla_{\mathrm{Q}}\nabla_{\mathrm{Q}}^{\mathrm{T}} \log f[\hat{\boldsymbol{y}}(n) \mid \boldsymbol{X}(n),\boldsymbol{Q}] \mid \boldsymbol{X}(n),\boldsymbol{Q}(n)\} \tag{8.46}$$

由式(8.6)获得的输出结果为分布式结构。8.1.3 小节给出了基于效用的数值输出的构造方法,因此,数值输出的平均得分可以通过式(8.9)进行计算。类似地,同样希望与给定输入 $\boldsymbol{X}(n)$对应的 ER 模型的输出 $\hat{\boldsymbol{y}}(n)$能够尽可能的与其真实值 $\boldsymbol{y}(n)$接近。这里,将 $\boldsymbol{y}(n)$看成一个随机变量,而其期望为 $\hat{\boldsymbol{y}}(n)$。因此,假设 $\boldsymbol{y}(n)$服从正态分布,其概率密度函数为

$$f(\boldsymbol{y}(n) \mid \boldsymbol{X}(n),\boldsymbol{Q}) = \frac{1}{\sqrt{2\pi\sigma}}\exp\left\{-\frac{[\boldsymbol{y}(n)-\hat{\boldsymbol{y}}(n)]^2}{2\sigma}\right\} \tag{8.47}$$

式中：参数向量 $\boldsymbol{Q}=[\boldsymbol{W}^{\mathrm{T}},\sigma]^{\mathrm{T}}$；$\boldsymbol{W}=[\boldsymbol{V}^{\mathrm{T}},u_1,\cdots,u_N]^{\mathrm{T}}$ 表示属性权重参数和评估等级的效用；σ 为方差。

与式(8.25)~式(8.28)类似,当只考虑 $\boldsymbol{W}$ 时,由于 $\boldsymbol{W}$ 中的项与 σ 相互独立,那么可以将递归公式(8.44)改写成如下式

$$\boldsymbol{W}(n+1) = \prod_{H_2}\left\{\boldsymbol{W}(n) + \frac{1}{n}[\Xi_2'(\boldsymbol{Q}(n))]^{-1}\Gamma_2'(\boldsymbol{Q}(n))\right\} \tag{8.48}$$

其中，$\Gamma_2'(\boldsymbol{Q}(n))$和$\Xi_2'(\boldsymbol{Q}(n))$为关于$\boldsymbol{W}$的导数。

令$\boldsymbol{W}=[W_1,\cdots,W_{p+N}]$。根据式(8.45)和式(8.46)，式(8.48)中的$\Gamma_2'(\boldsymbol{Q}(n))$和$\Xi_2'(\boldsymbol{Q}(n))$具有如下的形式：

(1) 若$a,b=1,\cdots,p$，那么梯度向量$\Gamma_2'(\boldsymbol{Q}(n))$的第$a$项及矩阵$\Xi_2'(\boldsymbol{Q}(n))$的元素为

$$[\Gamma_2'(\boldsymbol{Q}(n))]_a=\frac{[\boldsymbol{y}(n)-\hat{\boldsymbol{y}}(n)]}{\sigma(n)}\sum_{j=1}^{N}u_j(n)\frac{\partial\hat{\boldsymbol{\beta}}_j(n)}{\partial W_a}\bigg|_{\boldsymbol{W}=\boldsymbol{W}(n)} \tag{8.49}$$

$$[\Xi_2'(\boldsymbol{Q}(n))]_{a,b}=\frac{1}{\sigma(n)}\left[\sum_{j=1}^{N}u_j(n)\frac{\partial\hat{\boldsymbol{\beta}}_j(n)}{\partial W_a}\right]\left[\sum_{j=1}^{N}u_j(n)\frac{\partial\hat{\boldsymbol{\beta}}_j(n)}{\partial W_b}\right]\Bigg|_{\boldsymbol{W}=\boldsymbol{W}(n)} \tag{8.50}$$

(2) 若$a,b=p+1,\cdots,p+N$，那么有

$$[\Gamma_2'(\boldsymbol{Q}(n))]_a=\frac{\hat{\boldsymbol{\beta}}_{a-p}(n)(\boldsymbol{y}(n)-\hat{\boldsymbol{y}}(n))}{\sigma(n)}\bigg|_{\boldsymbol{W}=\boldsymbol{W}(n)} \tag{8.51}$$

$$[\Xi_2'(\boldsymbol{Q}(n))]_{a,b}=\frac{\hat{\boldsymbol{\beta}}_{a-L}(n)\hat{\boldsymbol{\beta}}_{b-p}(n)}{\sigma(n)}\bigg|_{\boldsymbol{W}=\boldsymbol{W}(n)} \tag{8.52}$$

同样，在式(8.49)~式(8.52)计算过程中需要$\sigma(n)$。在$\boldsymbol{X}(n)$，$\boldsymbol{y}(n)$和$\boldsymbol{W}(n)$皆已知的情况下，可以通过下式对$\sigma(n)$进行估计：

$$\begin{aligned}\sigma(n)&=\arg\max_{\sigma}\log f[\boldsymbol{y}(n)\mid\boldsymbol{X}(n),\boldsymbol{Q}]\mid_{\boldsymbol{W}=\boldsymbol{W}(n)}\\&=[\boldsymbol{y}(n)-\hat{\boldsymbol{y}}(n)]^2\mid_{\boldsymbol{W}=\boldsymbol{W}(n)}\end{aligned} \tag{8.53}$$

在式(8.48)中，约束集H_2由式(8.3)、式(8.42)和式(8.43)构成。类似地，由式(8.3)表示的约束可以写成

$$h(W_1,\cdots,W_p)=\sum_{i=1}^{p}W_i-1=0 \tag{8.54}$$

$$0\leqslant W_i\leqslant 1,\quad i=1,\cdots,p \tag{8.55}$$

由式(8.43)给定的不等式约束可以表示成

$$p_g(W_{p+i},W_{p+j})=u_i-u_j<0,\quad i=1,\cdots,N-1;j=i+1,\cdots,N \tag{8.56}$$

其中，$g=(i-1)(N-1)-\sum_{k=1}^{i-2}(i-k-1)+j-i$。

令$\boldsymbol{p}(\boldsymbol{W})=[p_1(\boldsymbol{W}),\cdots,p_G(\boldsymbol{W})]^{\mathrm{T}}$，$G=(N-1)(N-2)-\sum_{k=1}^{N-3}(N-2-k)+1$。假设$\boldsymbol{P}(\boldsymbol{W})$的雅可比矩阵为$\boldsymbol{p}(\boldsymbol{W})$，那么可以用下式表示的投影算子来处理不等式约束[14,17]。

$$\boldsymbol{\Phi}^+(\boldsymbol{W}(n))=\boldsymbol{I}_N-\boldsymbol{P}(\boldsymbol{W}(n))^{\mathrm{T}}(\boldsymbol{P}(\boldsymbol{W}(n))\boldsymbol{P}(\boldsymbol{W}(n))^{\mathrm{T}})^{-1}\boldsymbol{P}(\boldsymbol{W}(n)) \tag{8.57}$$

因此，可以获得递归公式

$$\boldsymbol{W}(n+1)=\boldsymbol{\pi}_2^+\left\{\boldsymbol{W}(n)+\frac{\alpha}{n}\boldsymbol{\pi}_1^+\{\boldsymbol{W}(n)\}[\Xi_2'(\boldsymbol{Q}(n))+\gamma\boldsymbol{I}_{p+N}]^{-1}\Gamma_2'(\boldsymbol{Q}(n))\right\} \tag{8.58}$$

式中：$\alpha>0$ 可以改变收敛的速度；$\gamma\geqslant 0$ 用来修正矩阵 $\Xi_2'(\boldsymbol{Q}(n))$。于是

$$\boldsymbol{\pi}_1^+\{\boldsymbol{W}(n)\}=\begin{bmatrix}\boldsymbol{\pi}_1(\boldsymbol{W}(n)) & \boldsymbol{0}\\ \boldsymbol{0} & \boldsymbol{\Phi}^+(\boldsymbol{W}(n))\end{bmatrix} \tag{8.59}$$

$$\boldsymbol{\pi}_2^+\{\overline{\boldsymbol{W}}(n+1)\}=\sum_{j=1}^{p+N}\hat{W}_j(n+1)\boldsymbol{e}_j \tag{8.60}$$

其中，$\boldsymbol{\pi}_1\{\boldsymbol{W}(n)\}$ 采用与式(8.36)类似的定义方式，并被用来处理式(8.54)表示的等式约束。若 $j=1,\cdots,L$，那么采用与式(8.38)和(8.39)类似的方式来定义 $\hat{W}_j(n+1)$，并用其来处理由式(8.55)表示的不等式约束。

综上所述，基于数值输出的 ER 模型参数递归更新算法为

初始化：$\boldsymbol{W}(0)$，$\sigma(0)$，α,γ。

更新：若 $\boldsymbol{X}(n)$，$\boldsymbol{y}(n)$，$\boldsymbol{W}(n)$ 已知，那么，

$\sigma(n)$ 可通过式(8.53)获得；

$\boldsymbol{W}(n+1)$ 则通过式(8.58)计算获得。

预测：通过式(8.9)计算 $\hat{\boldsymbol{y}}(n+1)$，然后返回至更新这一步。

由于所提算法是以随机近似算法为基础，而随机近似的收敛性已经被 Kushner 等证明，因此，这里将不再给出本章所提算法的收敛性证明。此外，需要说明的是，由于所提算法中用到了 EM 算法，因此，本章所提算法只能达到局部最优，而不能保证收敛到全局最优点。

8.3 案例研究

本节将以导弹武器的可靠性建模与预测为例对所提递归算法的有效性进行验证。

8.3.1 问题描述

作为一种战略工具，导弹武器在备战过程中的可靠性与可用性与国家安全紧密相关。导弹武器组成相当复杂，它包括很多电子设备，其中最重要又最脆弱的当属惯性导航系统。该系统在外界环境的影响下常常发生性能退化。据统计，导弹武器的故障分布中 70%与惯性导航系统密切相关。因此，对该系统的性能退化进行建模和预测就显得异常重要。考虑到导弹武器的可靠性常常随着陀螺漂移的增长而降低，因此，其可靠性可被看作是衡量导弹武器性能的一个关键指标。鉴于此，本章将选择可靠性作为性能退化量，并对其变化规律进行建模和预测。

图 8.2 给出了某型导弹在试验过程中呈现出来的可靠性变化规律。该规律是通过对 75 枚该型导弹在最近几年试验过程中获取的数据进行统计获得。图 8.1 的纵坐标表示该型导弹的可靠性，横坐标为时间。由于进行这样的试验需要耗费

大量的时间和费用,因此,很有必要对该型导弹的可靠性变化过程进行建模,进而进行预测。在下面的内容中,将利用所获得的数据对本章所提算法进行验证。

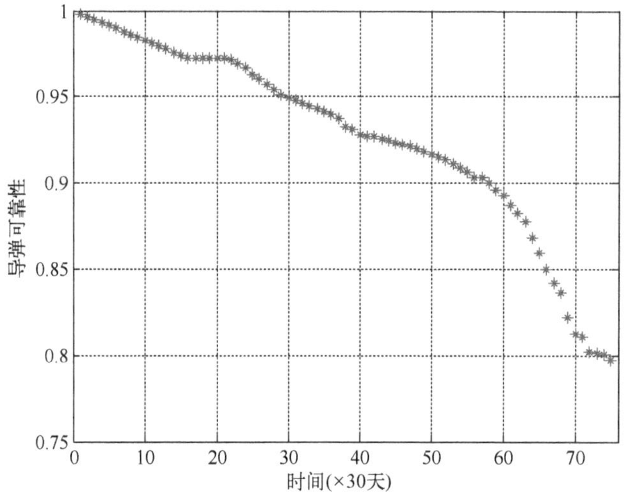

图 8.1　通过试验获取的可靠性变化曲线

8.3.2　可靠性数据的参考点

对于与安全紧密相关的设备,研究人员不仅关心其可靠性的具体数值,还关心其可靠性数值背后体现出来的设备可靠程度。通常可以用诸如"很高""高""平均""低""很低"之类的语义变量来评价可靠性水平。比如,某专家常常说,他有20%的把握认为系统的可靠性低,而有80%的把握认为系统的可靠性高。因此,借助于语义变量进行退化建模与预测是一种合理的方式。在本章中,为简便起见,将可靠性等级分为三类:"High"(F_1),"Average"(F_2),及"Low"(F_3)。于是,定义如下的状态识别框架:

$$F=\{F_j, j=1,2,3\}=\{\text{High},\text{Average},\text{Low}\}$$

所有与可靠性相关的因素皆在此识别框架下利用基于规则的信息转换技术进行评价。通过分析可靠性数据的特征,采用与文献[6,8]类似的做法,确定数据转换的等价规则,如表 8.1 所列。

表 8.1　可靠性数据的参考点

语　　义	High (F_1)	Average(F_2)	Low(F_3)
数值	1.0	0.8	0.65

比如,图 8.1 所示曲线上的第 35 个可靠性值为 0.9412,可以根据表 8.1 所给

的参考点利用基于规则的转换技术[36]将其转换为 $S(y(35))=\{(\text{High}, 0.706), (\text{Average}, 0.294), (\text{Low}, 0)\}$。需要说明的是,表 8.1 中所给的参考点需要根据具体问题选取。在本章研究中,由于导弹武器对安全性要求很高,因此,通常要求其可靠性不低于 0.8。通过上述的规则,所有与可靠性相关的因素都可以转换到识别框架 F 下。该过程与模糊集理论中的模糊化步骤类似[21]。

8.3.3　退化建模与预测模型

从图 8.1 可以看出,导弹武器的可靠性数据为一时间序列,且下一时刻的可靠性值在一定程度上依赖于当前时刻的可靠性值,因此,可以假设当前的漂移量 y_t 与距它最近的漂移 y_{t-1} 是相关的,进一步扩展为与历史值 $y_{t-2},\cdots,y_{t-p}$ 是相关的。于是,本章所提的基于证据推理的预测模型可以用来对导弹武器可靠性变化规律进行建模,并对可靠性进行预测。首先,利用文献[15]中所提方法确定嵌入维数 p。在本研究中,确定 $p=5$。于是,令 $(y_{t-1},y_{t-2},\cdots,y_{t-p})$ 作为本书所提模型的输入向量,进而,可以将 75 个观测值转化成 70 组输入输出数据。那么,预测模型为

$$\hat{y}(t)=\hat{y}_t=f(y_{t-1},y_{t-2},y_{t-3},y_{t-4},y_{t-5}) \tag{8.61}$$

在式(8.61)中,输入输出数据皆为数值型数据,因此,有必要利用基于规则的转换技术将数值型数据转化成分布式结构[5]。

8.3.4　基于判断性输出的仿真结果

在此种情况下,根据本章第 8.2.1 节所总结的算法,首先将初始属性权重值设为 $w=[0.6,0.1,0.1,0.1,0.1]$,将步进因子 α 和修正因子 γ 分别设为 1500 和 0.015。然后,利用参数为上述初始值的 ER 模型进行建模和预测,所得结果如图 8.3 所示。结果表明,在上述初值情形下,通过 ER 模型预测得到的结果与实测值并不能很好的匹配。这表明上述初始值的设置并不合理。因此,有必要对初始参数进行在线更新使其逐步合理。现在仍然选择上述初始值作为 ER 模型的初始参数,然后,利用输入输出数据,按照 8.2.2 节所提算法中的更新步骤和预测步骤对参数进行更新,并对可靠性进行建模预测,所得结果同样呈现在图 8.2 中。通过将实际可靠性值分别与经过更新和预测后得到的可靠性预测值及只利用初始值得到的可靠性值进行比较,可以发现,通过参数递归更新算法得到的结果能够很好的刻画系统可靠性的变化规律。从图 8.2 还可以看出,与等级“High”的匹配度从 0.9803 单调下降至 0。因此,可以说,将系统可靠性水平评估为“High”的概率由 0.9803 单调下降至 0。同时,将系统可靠性水平评估为“Average”的概率先由 0.0197 单调升至 0.997,然后降至 0.6025。将系统可靠性水平评估为“Low”的概率由 0 单调上升至 0.3975。

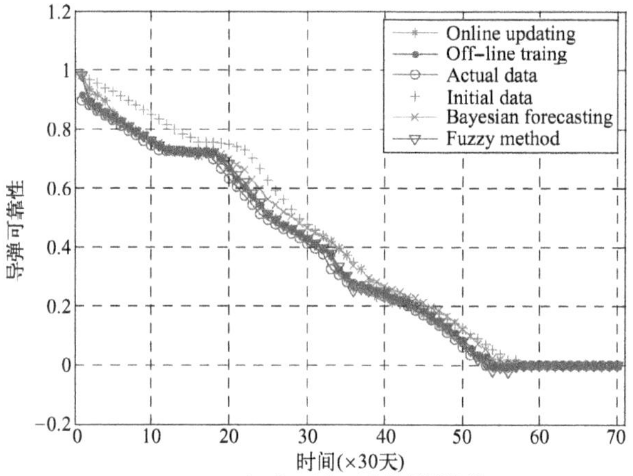

(a) 与“High”对应的预测结果

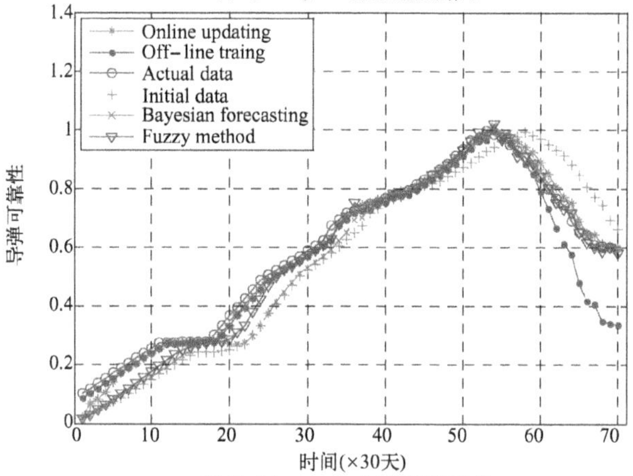

(b) 与“Average”对应的预测结果

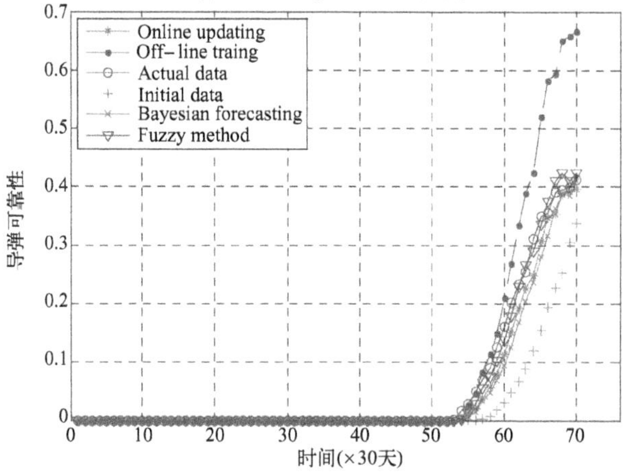

(c) 与“Low”对应的预测结果

图 8.2　分别与“High”“Average”和“Low”对应的预测结果

下面将采用绝对百分比误差(MAPE)和均方根误差(RMSE)来进一步衡量所提算法的准确性。经过计算,与语义"High"对应的观测值与由初始ER模型产生的估计值之间的MAPE和RMSE分别为0.1327和0.0731,而与经过更新的ER模型产生的估计值之间的MAPE和RMSE分别为0.0198和0.0209。显然,经过更新后的ER模型能够更好的刻画 y_t 与 $y_{t-1},y_{t-2},\cdots,y_{t-5}$ 之间的关系。另外,这里将所得结果与文献[11]中所提离线模型、经典贝叶斯预测方法[22,23]和T-S模糊规则库进行了比较[21,24]。其中,文献[11]中使用的模型结构与本章相同,而后两种方面都采用了高斯分布的假设。在仿真过程中,贝叶斯预测方法[22]的参数通过卡尔曼滤波进行更新,而T-S模糊规则库的参数通过递归最小二乘算法进行估计[21]。仿真结果如图8.2所示,比较结果如表8.2所列。

表8.2 判断性输出情形下仿真结果比较

		初始模型	离线学习[11]	在线更新	贝叶斯[22]	模型系统[21]
MAPE	High	0.1327	0.0408	0.0198	0.1096	0.0363
	Average	0.2096	0.0756	0.0032	0.1549	0.0516
	Low	0.1489	0.1296	0.0659	0.0685	0.0309
RMSE	High	0.0731	0.0174	0.0209	0.0447	0.0237
	Average	0.0964	0.0745	0.0269	0.0651	0.0443
	Low	0.0637	0.0725	0.0169	0.0233	0.0090
训练/学习时间/s		0.3946	2.4965	0.8041	0.8041	0.3274

表8.2表明,从精度上来讲,在线学习算法性能比贝叶斯预测方法和模糊方法都好,但是后面两种方法在时间上具有一定的优势。此外,在线学习算法、贝叶斯预测和模糊方法能得到比离线学习方法在精度和速度方面更令人满意的结果。这是因为离线学习方法需要解决多目标优化的问题[11]。

8.3.5 基于数值输出的仿真结果

为了验证所提递归算法在数值输出情形下的有效性,本小节将给出下列仿真。根据8.2.2小节所总结的算法,令所有输入的初始属性权重值皆相等,而将初始效用设置为$[u_1,u_2,u_3]=[1,0.9,0.65]$。同时,将步进因子 α 和修正因子 γ 分别设为0.5和0.02。如图8.4所示,由初始ER模型估计得到的可靠性与实际值并不匹配,因此,有必要对ER模型的参数进行在线更新。

在根据表8.1所列的参考点将输入值($y_{t-1},y_{t-2},\cdots,y_{t-5}$)转化后,8.2.2小节所总结的算法将被用来对ER模型的参数进行更新,结果如图8.3所示。

通过计算,观测值与由初始ER模型产生的估计值之间的MAPE和RMSE分

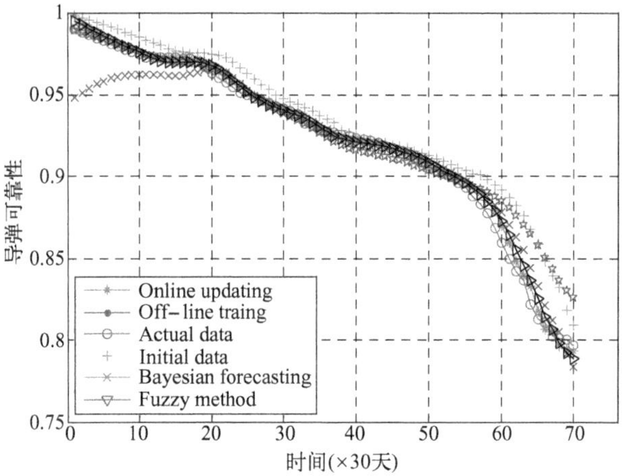

图 8.3 数值输出情形下的预测结果

别为 0.0141 和 0.0167,而与经过更新的 ER 模型产生的估计值之间的 MAPE 和 RMSE 分别为 0.0023 和 0.0027。显然,与初始 ER 模型相比,经过更新后的 ER 模型能够更好的刻画 y_t 与 $y_{t-1}, y_{t-2}, \cdots, y_{t-5}$ 之间的关系。与 8.3.4 小节类似,将所得结果与离线学习方法、贝叶斯预测方法和模型方法进行了比较,结果如表 8.3 所列。

表 8.3 数值输出情形下仿真结果比较

	初始模型	离线学习[11]	在线更新	贝叶斯[22]	模型系统[21]
MAPE	0.0141	0.0101	0.0023	0.0063	0.0097
RMSE	0.0167	0.0149	0.0027	0.0092	0.0040
训练/学习时间/s	0.0175	2.0151	0.0890	0.0335	0.0425

与 8.3.4 小节类似,表 8.3 清楚表明了各种方法之间的差异。显然,在线更新算法能够获得比其他方法更满意的结果。另一方面,离线学习方法需要消耗比其他方法更多的时间,也就是说,其他几种方法的时间效率更好,而这对实时性要求较高的可靠性建模与预测来说非常重要。

从以上的仿真研究可以看出,由专家给出的初始模型精度并不高,但是可以通过本章提出的算法对其进行更新,不管 ER 模型的输出结果是判断型还是数值型。与其他方法的比较结果表明,从精度方面来讲,本章所提方法比贝叶斯方法和模糊方法都要好。因此,本章所提方法能够很好地对导弹武器的可靠性进行建模并进行准确的预测,这将为后续的预测维护打下坚实的基础。

8.4 本章小结

本章从概率角度研究了用于性能退化建模的 ER 模型参数的递归更新算法。该算法为增加 ER 模型的预测能力提供了一个新颖的思路。与现有的针对 ER 模型的优化方法不同，当获取到新信息时，本章所提出的递归算法能够很好的调整 ER 模型的参数。通过实例研究，本章还说明了如何实现本章所提算法。试验结果表明通过在线更新的 ER 模型在退化建模与预测方法方面具有广阔的应用前景。

尽管仿真结果表明本章所提算法具有很好的效果，但是并未从理论上去加以证明。因此，在将来的工作中，将从算法收敛性、参数敏感性等方面对算法的性能进行进一步分析。

参考文献

[1] Pearl J. Probabilistic reasoning in intelligence systems[M]. San Mateo, CA: Morgan Kaufmann, 1988.

[2] Shafer G, A Mathematical theory of evidence[M]. Princeton, NJ: Princeton Univ. Press, 1976.

[3] Walley P. Measures of uncertainty in expert system[J]. Artificial Intelligence, 1996, 83(1): 1-58.

[4] Yang J B, Singh M G. An evidential reasoning approach for multiple attribute decision making with uncertainty[J]. IEEE Transactions on Systems, Man, and Cybernetics—Part A: Systems and Humans, 1994, 24(1):1-18.

[5] Yang J B. Rule and utility based evidential reasoning approach for multi-attribute decision analysis under uncertainties[J]. European Journal of Operational Research, 2001, 131(1):31-61.

[6] Yang J B, Xu D L. On the evidential reasoning algorithm for multiple attribute decision analysis under uncertainty[J]. IEEE Transactions on Systems, Man, and Cybernetics—Part A: Systems and Humans, 2002, 32(3):289-304.

[7] Hu C H, Si X S, Yang J B, et al. Online updating with a probability-based prediction model using expectation maximization algorithm for reliability forecasting[J]. IEEE Transactions on Systems, Man, and Cybernetics—Part A: Systems and Humans, 2011, 41(6):1268-1277.

[8] Zhou Z J, Hu C H, Yang J B, et al. Online updating belief-rule-based systems for pipeline leak detection under expert intervention[J]. Expert Systems with Applications, 2009, 36(4): 7700-7709.

[9] Si X S, Hu C H, Zhou Z J. Fault prediction model based on evidential reasoning approach[J]. Science China: Information Sciences, 2010, 53(10):2032-2046.

[10] 司小胜, 胡昌华, 张琪, 等. 基于进化信度规则库的故障预测[J], 控制理论与应用, 2012, 29(12):1589-1586.

[11] Hu C H, Si X S, Yang J B. Systems reliability forecasting based on evidential reasoning algo-

rithm with nonlinear optimization [J]. Expert Systems with Applications, 2010, 37(3): 2550-2562.

[12] Chung P J, Bohme J F. Recursive EM and SAGE-Inspired algorithms with application to DOA estimation[J]. IEEE Transactions on Signal Processing, 2005, 53(8):2664-2677.

[13] Dempster A P, Laird N, Rubin D B. Maximum likelihood from incomplete data via the EM algorithm[J]. Journal of the Royal Statistical Society Series B, 1977, 39(1):1-38.

[14] Titterington D M. Recursive parameter estimation using incomplete data[J]. Journal of the Royal Statistical Society Series B, 1984, 46(2):257-267.

[15] Cao L. Practical method for determining the minimum embedding dimension of a scalar time series[J]. Physica D, 1997, 110:43-50.

[16] Walley P. Measures of uncertainty in expert system[J]. Artificial Intelligence, 1996, 83(1): 1-58.

[17] Chung P J, Bohme J F. Recursive EM and SAGE-Inspired algorithms with application to DOA estimation[J]. IEEE Transactions on Signal Processing, 2005, 53(8):2664-2677.

[18] Kushner H J, Kelmanson M Z. Stochastic approximation algorithms of the multiplier type for the sequential Monte Carlo optimization of stochastic systems[J]. SIAM Journal on Control Optimization, 1976, 14(5):827-842.

[19] Kushner H J, Lakshmivarahan S. Numerical studies of stochastic approximation procedures for constrained problems[J]. IEEE Transactions on Automation Control, 1977, 22(3):428-439.

[20] Kushner H J, Yin G G. Stochastic approximation algorithms and applications[M]. New York: Springer-Verlag, 1997.

[21] Passino K M, Yurkovich S. Fuzzy Control[M], Menlo Park, Calif.: Addison-Wesley, 1998.

[22] Harrison P J, Stevens C F. Bayesian forecasting[J]. Journal of the Royal Statistical Society Series B, 1976, 38(3):205-247.

[23] West M. Robust sequential approximate Bayesian estimation[J]. Journal of the Royal Statistical Society Series B, 1981, 43(2):157-166.

[24] Ordonez R, Spooner J T, Passino K. M. Experimental studies in nonlinear discrete-time adaptive prediction and control[J]. IEEE Transactions on Fuzzy System, 2006, 14(2):275-286.

第 9 章

权值选优粒子滤波性能退化建模与剩余寿命预测

模型已知情形下,常使用粒子滤波(Particle Filter,PF)[1-5]对系统的状态进行估计和预测,该算法是一种基于贝叶斯估计的非线性滤波算法,近年来已经成为解决非线性非高斯系统的参数估计和状态滤波问题的主流方法。粒子滤波算法在性能退化建模与应用中的主要问题是如何提高算法对状态的跟踪能力和减少计算量。

系统在正常工作的情况下,其状态在很长时间维持不变。在估计较长时间维持不变的量时,退化现象和样本贫化的影响尤为突出。如何解决退化现象和样本贫化问题?如何提高算法对变化比较大的状态和长时间维持不变量的跟踪能力?如何减少粒子滤波算法的计算量?这是粒子滤波算法在故障预报应用中需要解决的几个问题。胡昌华教授及其团队对粒子滤波算法进行了深入的研究,取得了一系列成果[6-12]。通过将权值选优思想引入粒子滤波算法形成了一种新的算法[7],将其应用于性能退化建模,以期能对系统的剩余寿命进行准确的估计。下面首先对粒子滤波算法与权值选优粒子滤波算法进行介绍,然后,在此基础上给出基于权值选优粒子滤波算法的性能退化建模与寿命预测方法,并进行仿真研究。

9.1 权值选优粒子滤波算法

9.1.1 粒子滤波算法及特性分析

9.1.1.1 序贯重点采样算法

序贯重点采样(Sequential Importance Sampling,SIS)算法是一种蒙特卡罗方法,它是递推的重点采样算法,是粒子滤波的基础。到目前为止,基本上各种不同的粒子滤波算法都是序贯重点采样算法的不同改进形式而已。

考虑非线性动态系统[13]:

$$\begin{cases}\boldsymbol{x}_k = f(x_{k-1}, \boldsymbol{\nu}_{k-1}) \\ \boldsymbol{y}_k = h(x_k, n_k)\end{cases} \tag{9.1}$$

式中：$\boldsymbol{x}_k \in R^{n_x}$ 为 k 时刻系统的状态向量；$\boldsymbol{y}_k \in R^{n_y}$ 为观测输出；$\boldsymbol{\nu}_k \in R^{n_\nu}$ 为系统噪声；$n_k \in R^{n_n}$ 为观测噪声，映射 $f(\cdot)$ 和 $h(\cdot)$

$$\begin{cases}f: R^{n_x} \times R^{n_y} \mapsto R^{n_x} \\ h: R^{n_x} \times R^{n_n} \mapsto R^{n_y}\end{cases} \tag{9.2}$$

分别构成了系统的状态方程和观测方程。

后验密度 $p(x_{0:k} \mid y_{1:k})$ 是序贯估计问题的完整解，根据蒙特卡罗仿真原理，后验密度 $p(x_{0:k} \mid y_{1:k})$ 可近似表示为

$$p(x_{0:k} \mid y_{1:k}) \approx \sum_{i=1}^{N} w_k^{(i)} \delta(x_{0:k} - x_{0:k}^{(i)}) \tag{9.3}$$

引入重点密度 $q(x_{0:k} \mid y_{1:k})$，并设样本 $x_{0:k}^{(i)}$ 是从重点密度采样获得，即有

$$x_k^{(i)} \sim q(x_{0:k} \mid y_{1:k}) \tag{9.4}$$

重要性权值

$$w_k^{(i)} \propto \frac{p(x_{0:k}^{(i)} \mid y_{1:k})}{q(x_{0:k}^{(i)} \mid y_{1:k})} \tag{9.5}$$

设重点密度可以分解为

$$q(x_{0:k} \mid y_{1:k}) = q(x_k \mid x_{0:k-1}, y_{1:k}) q(x_{0:k-1} \mid y_{1:k-1}) \tag{9.6}$$

即样本集合 $x_{0:k}^{(i)} \sim q(x_{0:k} \mid y_{1:k})$ 可以通过将新粒子 $x_k^{(i)} \sim q(x_k \mid x_{0:k-1}, y_{1:k})$ 添加进 $x_{0:k-1}^{(i)} \sim q(x_{0:k-1} \mid y_{1:k-1})$ 来获得。且 $p(x_{0:k} \mid y_{1:k})$ 可以表述为下面的递推形式。

由 Bayes 公式和全概率公式

$$\begin{aligned}p(x_{0:k} \mid y_{1:k}) &= \frac{p(y_{1:k} \mid x_{0:k}) p(x_{0:k})}{p(y_{1:k})} \\ &= \frac{p(y_k \mid y_{1:k-1} \mid x_{0:k}) p(y_{1:k-1} \mid x_{0:k}) p(x_{0:k})}{p(y_k \mid y_{1:k-1}) p(y_{1:k-1})} \\ &= \frac{p(y_k \mid y_{1:k-1} \mid x_{0:k})}{p(y_k \mid y_{1:k-1})} \times \frac{p(y_{1:k-1} \mid x_{0:k}) p(x_{0:k})}{p(y_{1:k-1})}\end{aligned} \tag{9.7}$$

利用 Bayes 公式

$$\begin{aligned}p(x_{0:k} \mid y_{1:k}) &= \frac{p(y_k \mid y_{1:k-1} \mid x_{0:k})}{p(y_k \mid y_{1:k-1})} \times p(x_{0:k} \mid y_{1:k-1}) \\ &= \frac{p(y_k \mid y_{1:k-1} \mid x_{0:k})}{p(y_k \mid y_{1:k-1})} \times p(x_k \mid x_{0:k-1} \mid y_{1:k-1}) p(x_{0:k-1} \mid y_{1:k-1})\end{aligned} \tag{9.8}$$

由于系统状态服从一阶马尔可夫过程，且系统观测独立，所以

$$p(x_{0:k} \mid y_{1:k}) = \frac{p(y_k \mid x_k)}{p(y_k)} \times p(x_k \mid x_{k-1}) p(x_{0:k-1} \mid y_{1:k-1})$$

$$\propto p(y_k \mid x_k)p(x_k \mid x_{k-1})p(x_{0:k-1} \mid y_{1:k-1}) \tag{9.9}$$

如果重点密度满足

$$q(x_k \mid x_{0:k-1}, y_{1:k}) = q(x_k \mid x_{k-1}, y_k) \tag{9.10}$$

结合式(9.5)~式(9.10)

$$w_k^{(i)} \propto w_{k-1}^{(i)} \frac{p(y_k \mid x_k^{(i)})p(x_k^{(i)} \mid x_{k-1}^{(i)})}{q(x_k^{(i)} \mid x_{k-1}^{(i)}, y_k)} \tag{9.11}$$

即有

$$x_k^{(i)} \sim q(x_k \mid x_{k-1}^{(i)}, y_k) \tag{9.12}$$

权值归一化

$$w_k^{(i)} = w_k^{(i)} / \sum_{i=1}^{N} w_k^{(i)} \tag{9.13}$$

通常取

$$q(x_k^{(i)} \mid x_{k-1}^{(i)}, y_k) = p(x_k^{(i)} \mid x_{k-1}^{(i)}) \tag{9.14}$$

即

$$x_k^{(i)} \sim p(x_k \mid x_{k-1}^{(i)}) \tag{9.15}$$

这样

$$w_k^{(i)} \propto w_{k-1}^{(i)} p(y_k \mid x_k^{(i)}) \tag{9.16}$$

上述为 SIS 粒子滤波算法的基础,根据系统的每一次测量值,按照 SIS 方法递推计算样本及权值,就形成了 SIS 粒子滤波算法。

算法 9.1　SIS 粒子滤波算法流程

步骤 1:在 $k=0$ 时刻,根据重点密度抽样,令 $k=1$;

步骤 2:预测

$$x_k^{(i)} = f(x_{k-1}^{(i)}, \nu_{k-1}) \tag{9.17}$$

步骤 3:加权

$$w_k^{(i)} = w_{k-1}^{(i)} \times \frac{p(y_k \mid x_k^{(i)})p(x_k^{(i)} \mid x_{k-1}^{(i)})}{q(x_k^{(i)} \mid x_{k-1}^{(i)}, y_k)} \tag{9.18}$$

步骤 4:权值归一化

$$w_k^{(i)} = w_k^{(i)} / \sum_{i=1}^{N} w_k^{(i)} \tag{9.19}$$

步骤 5:状态估计

$$x_k^* = \sum_{i=1}^{N} x_k^{(i)} \times w_k^{(i)} \tag{9.20}$$

步骤 6:返回步骤 2。

9.1.1.2　退化问题

Doucet 从理论上证明了 SIS 算法出现退化现象的必然性[14]。退化问题是粒子

滤波算法发展的绊脚石，通常用有效粒子数 N_{eff} 来度量粒子的退化程度[15]

$$N_{eff}=\frac{N}{1+Var(w_k^{*(i)})} \tag{9.21}$$

$$w_k^{*(i)}=\frac{p(x_k^{(i)}\mid y_{1:k})}{q(x_k^{(i)}\mid x_{k-1}^{(i)},y_k)} \tag{9.22}$$

式中：$w_k^{*(i)}$ 被称为“真正的权重”。但是在很多情况下，该值很难被精确地计算，其估计值可由下式得到

$$N_{eff}\approx \mathrm{round}\left(1/\sum_{i=1}^{N}(w_k^{(i)})^2\right) \tag{9.23}$$

上式中 round（·）表示向最近的整数取整运算，$w_k^{(i)}$ 为归一化权值，$1\leqslant N_{eff}\leqslant N$，在如下两个极端的情况下 N_{eff} 分别取到 1 和 N：

（1）当权值是均匀分布时，$w_k^{(i)}=1/N$，则 $N_{eff}=N$；

（2）如果 $\exists j\in\{1,2,\cdots,N\}$，使得 $w_k^{(j)}=1$，且 $w_k^{(i)}=0,\ \forall i\neq j$，则 $N_{eff}=1$。

N_{eff} 越小表明退化现象越严重，显然退化现象是粒子滤波算法中不期望的结果。降低该现象影响的常用方法是选择适当的重点密度和采用再采样。

1. 重点密度选择

选取重点密度的准则是使重要性权重的方差最小，最优重点密度为 $q(x_k\mid x_{0:k-1},y_{1:k})=p(x_k\mid x_{0:k-1},y_{1:k})$。但采用最优重点密度需要直接从 $p(x_k\mid x_{0:k-1},y_{1:k})$ 后验密度采样，并在整个状态空间计算积分。从应用角度看，多数重点密度都采用次优，但算法容易实现的 $q(x_k\mid x_{0:k-1},y_{1:k})=p(x_k\mid x_{k-1})$。

2. 再采样

再采样算法是解决退化问题的另一种方法，当观测到一个严重退化现象时，即有效样本数小于一个临界值时，利用再采样实现计算资源的重新分配。再采样的基本思想是剔除小权值的粒子，将计算资源集中在大权值的重要粒子上，避免出现大多数粒子的权值几乎为零的情况。再采样的思想在文献[16-17]中进行了清晰详尽的描述。最常用的再采样方法是系统再采样方法，在采样总数仍保持为 n 的情况下，权值较大的样本被多次复制，从而实现再采样过程。显然，再采样过程是以牺牲计算量和鲁棒性来降低退化现象。

9.1.1.3 SIR 粒子滤波算法

算法 9.2 再采样粒子滤波算法（SIR）流程[18]

步骤 1：在 $k=0$ 时刻，根据重点密度抽样出 N 个粒子，假定抽样出的每个粒子用 $\langle x_{k-1}^{i},1/N\rangle$ 表示，令 $k=1$；

步骤 2：预测

$$x_k^{(i)}=f(x_{k-1}^{(i)},\nu_{k-1}) \tag{9.24}$$

步骤 3：加权

$$w_k^{(i)}=w_{k-1}^{(i)}\times\frac{p(y_k\mid x_k^{(i)})p(x_k^{(i)}\mid x_{k-1}^{(i)})}{q(x_k^{(i)}\mid x_{k-1}^{(i)},y_k)} \tag{9.25}$$

步骤 4：权值归一化

$$w_k^{(i)}=w_k^{(i)}/\sum_{i=1}^{N}w_k^{(i)} \tag{9.26}$$

步骤 5：状态估计

$$x_k^{*}=\sum_{i=1}^{N}x_k^{(i)}\times w_k^{(i)} \tag{9.27}$$

步骤 6：若 $N_{eff}<N/3$，再采样；

步骤 7：返回步骤 2。

SIR 粒子滤波算法通常采用系统再采样方式对粒子集进行再采样，系统再采样的主要思想是对粒子集中的粒子按照权值进行采样，并且可重复选择。

算法 9.3　系统再采样算法

初始化累计分布函数 cdf：$c_1=0$

for $i=2:N$

　　$c_i=c_{i-1}+w_k^{(i)}$

end for

循环：从 $i=1$ 开始

　　在均匀分布$[0,1/N]$中采样：$\mu_l\sim U[0,1/N]$

　　for $j=1:N$

　　　　$u_j=u_j+(j-1)/N$；

　　　　while　$u_j>c_i$

　　　　　　$i=i+1$

　　　　end while

　　　　样本：$x_k^{(j)*}=x_k^{(i)}$

　　　　权值：$w_k^{j*}=1/N$

　　end for

如上所示，由于系统再采样算法在采样时可重复采样，权值较大的样本被多次选取，势必造成样本贫化问题。

9.1.1.4　收敛性

Berzuini 等[19]对 SIR 算法建立了中心极限定理，Crisan 等[20]从两方面建立了更一般性的收敛结果，一个是粒子滤波算法产生的经验分布

$$\hat{p}=\sum_{i=1}^{N}\widetilde{w}_k^{(i)}\delta(x_{0:k}-x_{0:k}^{(i)}) \tag{9.28}$$

几乎肯定收敛(弱收敛)于状态后验分布 $p(x_{0:k}\mid y_{1:k})$。另一个是状态估计均方误差的收敛性,即 $\forall k\geqslant 0$,存在独立于 N 的常数 c_k,对任意有界可测函数 f_k

$$E\left[\frac{1}{N}\sum_{i=1}^{N}f_k(x_{0:k}^{(i)})-\int f_k(x_{0:k})p(x_{0:k}\mid y_{1:k})dx_{0:k}\right]^2\leqslant c_k\frac{\|f_k\|^2}{N}\tag{9.29}$$

这个结论表明,在较弱的假设下,粒子滤波算法的收敛率为 $1/N$,且独立于状态空间的维数。然而 c_k 通常随时间呈指数增加,在一些更强的假设下,可以得到一致收敛性结果[20]

$$E\left[\frac{1}{n}\sum_{i=1}^{n}f_k(x_{0:k}^{(i)})-\int f_k(x_{0:k})p(x_{0:k}\mid y_{1:k})dx_{0:k}\right]^2\leqslant c\frac{\|f_k\|^2}{N}\tag{9.30}$$

已有结果表明[21],在某些条件下,随着时间 k 的增加,如果 N 以 k^2 增加,则逼近误差保持稳定,然而对固定的 N,误差是否稳定,还没有一般性的结论[22]。

9.1.2 权值选优粒子滤波算法

SIR 算法虽然可以解决退化问题,但带来了样本贫化问题。针对这个问题,国内外学者已取得了一些研究成果,如再采样移动算法、模拟退火粒子滤波算法和辅助粒子滤波算法等,它们虽然可以在一定程度上解决样本贫化问题,但不能解决长时间不变量的估计问题[23]。

针对上述问题,本章提出了一种权值选优粒子滤波算法,该算法从众多备选粒子中选出权值相对大的粒子用于状态估计,以改善样本集的多样性,并在一定程度上解决退化问题,从而提高粒子滤波算法的估计和跟踪能力。

9.1.2.1 算法思想

权值选优粒子滤波算法的基本思想:假如估计所需要的粒子数为 N,在系统初始化时,抽取 $N_s(N_s>N)$ 个样本并赋予权值 $1/N$,N_s 个样本经过预测之后,分别计算其对应的权值并按照权值进行排序,对权值比较大的 N 个样本的权值归一化,利用这 N 个样本估计系统的状态,然后恢复 N 个样本的权值为归一化之前的值,再对所有样本的权值归一化,最后 N_s 个样本进入下一次迭代。这样就可以最大限度的保证参加状态估计的样本的多样性,从而解决了样本贫化问题,并在一定程度上解决退化问题。

9.1.2.2 权值选优粒子滤波算法

定义 9.1 $k=0$ 时刻的样本集和再采样之后的样本集中的样本赋予权值

$$w_k^{(i)}=w_{k-1}^{(i)}\times\frac{p(y_k\mid x_k^{(i)})p(x_k^{(i)}\mid x_{k-1}^{(i)})}{q(x_k^{(i)}\mid x_{k-1}^{(i)},y_k)}=\frac{1}{N}\tag{9.31}$$

式中:$i\in[1,N_s]$,且 $N_s>N$。

算法 9.4　权值选优粒子滤波算法流程

步骤 1：在 $k=0$ 时刻，依据重点密度抽取 N_s 个粒子，抽样出的每个粒子用 $<x_{k-1}^{(i)},1/N>$ 表示，令 $k=1$；

步骤 2：根据式 $x_k^{(i)}=f(x_k^{(i-1)},v_{k-1})$ 计算 k 时刻 N_s 个粒子的状态；

步骤 3：根据式 $w_k^{(i)}=w_{k-1}^{(i)}\times\dfrac{p(y_k \mid x_k^{(i)})p(x_k^{(i)} \mid x_{k-1}^{(i)})}{q(x_k^{(i)} \mid x_{k-1}^{(i)},y_k)}$ 计算 N_s 个粒子的权值；

步骤 4：对 N_s 个粒子按照权值进行排序，选出前面的 N 个粒子；

步骤 5：根据 $\widetilde{w}_h^{(i)}=w_k^{(i)}\Big/\sum\limits_{i=1}^{N}w_k^{(i)}$ 对取出的 N 个粒子的权值归一化；

步骤 6：用选定的 N 个粒子，按照式 $x_k^*=\sum\limits_{i=1}^{N}x_k^{(i)}\times\widetilde{w}_k^{(i)}$ 估计状态；

步骤 7：根据式 $w_k^{(i)}=\widetilde{w}_k^{(i)}\times\sum\limits_{i=1}^{N}\widetilde{w}_k^{(i)}$ 将选出来的 N 个粒子的权值恢复为归一化之前的权值，然后再对所有的 N_s 个粒子的权值进行归一化：$w_k^{(i)}=w_k^{(i)}\Big/\sum\limits_{i=1}^{N_s}w_k^{(i)}$；

步骤 8：返回步骤 2 进行下一步的迭代。

9.1.2.3　计算复杂度分析

引理 9.1[24]　在粒子更新阶段，SIR 粒子滤波算法的计算复杂度为 $O(N)$。

定理 9.1　在粒子更新阶段，权值选优粒子滤波算法的计算复杂度为 $O(N_s)$。

证明：权值选优粒子滤波算法在系统初始化时，抽取的粒子数为 $N_s(N_s>N)$，且 N_s 个粒子参与之后的粒子更新过程。在粒子更新阶段，SIR 粒子滤波算法的计算复杂度为 $O(N)$，所以权值选优粒子滤波算法的计算复杂度为 $O(N_s)$，证毕。

普通再采样算法按照权值对比较集中的粒子进行再采样，这样势必会造成样本贫化现象，而权值选优粒子滤波算法中涉及的所有 N_s 个粒子都参与了任一时刻的粒子更新，每一个粒子都是相互统计独立的，使得粒子集包含更多相异的粒子路径，改善了粒子集的多样性。权值选优粒子滤波算法必然会使计算量略有增加，但是在条件允许的情况下，这种算法改善了样本集的多样性，减轻了退化现象的影响，使算法具有较好的跟踪能力。

9.2　权值选优粒子滤波性能退化建模

9.2.1　性能退化过程描述

本章主要针对存在隐含性能退化过程的动态系统，如下式所示[25]：

$$\begin{cases}\boldsymbol{x}_n=f(\boldsymbol{x}_{n-1},\boldsymbol{\varphi})+\boldsymbol{\omega}_{n-1}\\ \boldsymbol{y}_n=h(\boldsymbol{x}_n)+\boldsymbol{v}_n\end{cases} \tag{9.32}$$

式中:$\boldsymbol{x}_n\in\boldsymbol{R}^p$ 为系统的状态向量;$\boldsymbol{y}_n\in\boldsymbol{R}^q$ 为观测向量;$\{\boldsymbol{\omega}_n\in\boldsymbol{R}^p,n\in\boldsymbol{N}\}$ 和 $\{\boldsymbol{v}_n\in\boldsymbol{R}^q,n\in\boldsymbol{N}\}$ 各自相互独立;$\boldsymbol{\varphi}\in\boldsymbol{R}^r$ 为与性能退化变量 $\phi\in\boldsymbol{R}$ 相关的系统参数向量。当系统中某个部件发生性能退化时,系统的参数向量 $\boldsymbol{\varphi}$ 将直接发生变化,从而间接影响系统的状态与观测向量。由于系统的性能退化量不能通过直接测量获取,因此,称该系统为存在隐含退化过程的动态系统。

考虑到带漂移布朗运动常被用于性能退化建模与可靠性分析,因此,本章进一步假设性能退化量 ϕ 为带漂移的布朗运动,即

$$\phi(\tau)=\eta_0+\eta\tau+\sigma B(\tau) \tag{9.33}$$

式中:$\eta_0=\phi(0)$ 为性能退化初值,$\eta\in\boldsymbol{R}$,$\sigma\in\boldsymbol{R}^+$,$B(0)=0$。在系统投入使用前可以通过某些方式测量出性能退化过程的初值,因此,可以认为 η_0 为已知量,而参数 η,σ 则是需要估计的未知量。

由于带漂移布朗运动具有如下的性质:

$$\phi(\tau):\widetilde{N}(\eta_0+\eta\tau,\sigma^2\tau)$$

$$\phi(\tau+\Delta\tau)-\phi(\tau):\underset{\sim}{N}(\eta\Delta\tau,\sigma^2\Delta\tau)$$

因此,可以将连续的性能退化过程改写成如下形式

$$\begin{aligned}\phi_{n+1}&=\phi_n+\eta T+\varepsilon_n\\ \phi_0&=\eta_0\end{aligned} \tag{9.34}$$

其中,$\phi_n=\phi(nT)$ 为 nT 时刻的性能退化值,误差 $\varepsilon_n:N(0,\sigma^2T)$。

综上,可以将系统方程(9.32)改写成如下形式:

$$\begin{cases}\boldsymbol{x}_{n+1}=f(\boldsymbol{x}_n,\boldsymbol{\varphi}(\phi_n))+\boldsymbol{\omega}_n\\ \phi_{n+1}=\phi_n+\eta T+\varepsilon_n\\ \boldsymbol{y}_{n+1}=h(\boldsymbol{x}_{n+1})+\boldsymbol{v}_{n+1}\end{cases} \tag{9.35}$$

9.2.2 性能退化过程参数估计

由于式(9.34)所示的系统为非线性非高斯系统,因此,可以采用粒子滤波算法对其状态和参数进行估计。Doucet 和 Tadić[26] 在利用随机近似方法最小化平均对数似然函数的基础上考虑将递推极大似然估计应用于参数估计。为了计算对数似然函数的导数,他们利用采样的粒子对状态预测分布与后验分布的导数进行计算。本章采用与文献[26]相似的参数估计方法。

记 $\theta=[\eta,\sigma]'$为系统未知参数向量,$\widetilde{\boldsymbol{x}}=[\boldsymbol{x}',\phi]'$为扩展后的系统状态向量。于是,系统的似然函数表达式为

$$L(\theta)=\int\cdots\int p_0(\widetilde{\boldsymbol{x}}_0)\prod_{k=1}^{n}p(\boldsymbol{y}_k\mid\widetilde{\boldsymbol{x}}_k)p_\theta(\widetilde{\boldsymbol{x}}_k\mid\widetilde{\boldsymbol{x}}_{k-1})\mathrm{d}\widetilde{\boldsymbol{x}}_0\cdots\mathrm{d}\widetilde{\boldsymbol{x}}_n$$

由于 $\boldsymbol{x}_k$ 与 ϕ_{k-1} 有关，因此，$p_\theta(\boldsymbol{x}_k\mid\widetilde{\boldsymbol{x}}_{k-1})$ 与参数向量 $\boldsymbol{\theta}$ 无关，且 ϕ_k 只依赖于 ϕ_{k-1}，于是上式可以写成

$$L(\theta)=\int\cdots\int p_0(\widetilde{\boldsymbol{x}}_0)\prod_{k=1}^{n}p(\boldsymbol{y}_k\mid\widetilde{\boldsymbol{x}}_k)p(\widetilde{\boldsymbol{x}}_k\mid\widetilde{\boldsymbol{x}}_{k-1})p_{\boldsymbol{\theta}}(\phi_k\mid\phi_{k-1})\mathrm{d}\widetilde{\boldsymbol{x}}_0\cdots\mathrm{d}\widetilde{\boldsymbol{x}}_n$$

其中，$p_\theta(\phi_k\mid\phi_{k-1})$ 的形式可以通过式(9.34)确定，即

$$p_\theta(\phi_k\mid\phi_{k-1})=\frac{1}{\sqrt{2\pi T}\sigma}\exp\left[-\frac{(\phi_k-\phi_{k-1}-\eta T)^2}{2\sigma^2 T}\right]\tag{9.36}$$

因此，对数似然函数可以写成

$$l(\theta)=\sum_{k=1}^{n}\log\left[\int p(\boldsymbol{y}_k\mid\widetilde{\boldsymbol{x}}_k)p(\boldsymbol{x}_k\mid\widetilde{\boldsymbol{x}}_{k-1})p_\theta(\phi_k\mid\phi_{k-1})\mathrm{d}\widetilde{\boldsymbol{x}}_k\right]$$

递推极大似然估计方法的目的是最大化 $\lim_{n\to\infty}(1/n)l(\boldsymbol{\theta})$，具体的参数更新公式为

$$\begin{aligned}\boldsymbol{\theta}_n&=\boldsymbol{\theta}_{n-1}+\gamma_n\,\partial\log\left[\int p(\boldsymbol{y}_n\mid\widetilde{\boldsymbol{x}}_n)p(\boldsymbol{x}_n\mid\widetilde{\boldsymbol{x}}_{n-1})p_{\theta_{n-1}}(\phi_n\mid\phi_{n-1})\mathrm{d}\widetilde{\boldsymbol{x}}_n\right]\Big/\partial\boldsymbol{\theta}_{n-1}\\&=\boldsymbol{\theta}_{n-1}+\gamma_n\frac{\int p(\boldsymbol{y}_n\mid\widetilde{\boldsymbol{x}}_n)p(\boldsymbol{x}_n\mid\widetilde{\boldsymbol{x}}_{n-1})\nabla_{\theta_{n-1}}p_{\theta_{n-1}}(\phi_n\mid\phi_{n-1})\mathrm{d}\widetilde{\boldsymbol{x}}_n}{\int p(\boldsymbol{y}_n\mid\widetilde{\boldsymbol{x}}_n)p(\boldsymbol{x}_n\mid\widetilde{\boldsymbol{x}}_{n-1})p_{\theta_{n-1}}(\phi_n\mid\phi_{n-1})\mathrm{d}\widetilde{\boldsymbol{x}}_n}\end{aligned}\tag{9.37}$$

式中：$\{\gamma_n\}_{n\geqslant 0}$ 为正的非递减序列迭代步长序列，且满足 $\sum\gamma_n=\infty$ 和 $\sum\gamma_n^2<\infty$。根据式(9.36)可以获得式(9.37)中的梯度 $\nabla_{\theta_{n-1}}p_{\theta_{n-1}}(\phi_k\mid\phi_{k-1})$ 的表达式。

接下来，将用权值粒子滤波算法对性能退化过程的参数进行估计。

算法 9.5　基于权值选优粒子滤波算法的性能退化参数估计算法

步骤 1：在 $n=0$ 时刻，抽取粒子 $\hat{\boldsymbol{x}}_{0\mid 0}^{(i)}\sim p(\boldsymbol{x}_0)\ (i=1,\cdots,N_s)$，并让 $\hat{\phi}_{0\mid 0}=\eta_0$，再给定合适的参数向量初始估计 $\hat{\boldsymbol{\theta}}_0$；

步骤 2：假设当前时刻 nT，分别抽取粒子 $\hat{\boldsymbol{x}}_{n\mid n-1}^{(i)}\sim p(\boldsymbol{x}_n\mid\hat{\boldsymbol{x}}_{n-1\mid n-1}^{(i)},\hat{\phi}_{n-1\mid n-1}^{(i)})$，$\hat{\phi}_{n\mid n-1}^{(i)}\sim p_{\hat{\theta}_{n-1}}(\phi_n\mid\hat{\phi}_{n-1\mid n-1}^{(i)})$，$i=1,\cdots,N_s$；

步骤 3：根据 $\omega_n^{(i)}\propto p(y_n\mid\hat{\boldsymbol{x}}_{n\mid n-1}^{(i)})$ 计算每个粒子的权值；

步骤 4：对 N_s 个粒子根据权值大小进行排序，选出前面的 N 个粒子，记为 $\hat{\hat{\boldsymbol{x}}}_{1n\mid n-1}^{(i)}(i=1,\cdots,N)$，其中，$\hat{\hat{\boldsymbol{x}}}_{1n\mid n-1}^{(i)}=[\hat{\boldsymbol{x}}'^{(i)}_{1n\mid n-1},\phi_{1n\mid n-1}^{(i)}]'$，并将每个粒子对应的权值记为 $\omega_{1k}^{(i)}$；

步骤 5：根据公式 $\tilde{\omega}_{1n}^{(i)}=\omega_{1n}^{(i)}\Big/\sum_{i=1}^{N}\omega_{1n}^{(i)}$ 对取出的 N 个粒子的权值归一化。

步骤6:对性能退化值进行估计 $\hat{\phi}_n = \sum_{i=1}^{N} \omega_{1n}^{(i)} \phi_{1n|n-1}^{(i)}$;

步骤7:用选定的 N 个粒子,按照下面给出的式(9.38)和(9.39)对参数进行更新,其中步长 $\gamma_n = \gamma_0 n^{-\beta}, \gamma_0 > 0, 0.5 < \beta \leqslant 1$;

$$\hat{\eta}_n = \hat{\eta}_{n-1} + \gamma_n \frac{\sum_{i=1}^{N} p(y_n \mid \hat{\boldsymbol{x}}_{1n|n-1}^{(i)})\, \partial_{\hat{\eta}_{n-1}}[p_{\hat{\theta}_{n-1}}(\hat{\phi}_{1n|n-1}^{(i)} \mid \hat{\phi}_{n-1})]}{\sum_{i=1}^{N} p(y_n \mid \hat{\boldsymbol{x}}_{1n|n-1}^{(i)}) p_{\hat{\theta}_{n-1}}(\hat{\phi}_{1n|n-1}^{(i)} \mid \hat{\phi}_{n-1})} \tag{9.38}$$

$$\hat{\sigma}_n = \hat{\sigma}_{n-1} + \gamma_n \frac{\sum_{i=1}^{N} p(y_n \mid \hat{\boldsymbol{x}}_{1n|n-1}^{(i)})\, \partial_{\hat{\sigma}_{n-1}}[p_{\hat{\theta}_{n-1}}(\hat{\phi}_{1n|n-1}^{(i)} \mid \hat{\phi}_{n-1})]}{\sum_{i=1}^{N} p(y_n \mid \hat{\boldsymbol{x}}_{1n|n-1}^{(i)}) p_{\hat{\theta}_{n-1}}(\hat{\phi}_{1n|n-1}^{(i)} \mid \hat{\phi}_{n-1})} \tag{9.39}$$

步骤8:利用步骤3中的相对值对所有 N_s 个粒子进行重采样,再返回步骤2进行下一步的迭代。

9.3 权值选优粒子滤波剩余寿命预测

由于本章假定性能退化过程为式(9.33)所表示的带漂移的布朗运动,因此,在估计出当前时刻的参数并给定失效阈值 ϕ_{th} 后,可以计算出当前时刻的剩余寿命分布,即首达时刻分布,根据第3章内容可知该分布为逆高斯分布,其概率分布密度函数如下式所示:

$$f_n(t;\hat{\phi}_n,\phi_{th}) = \frac{\phi_{th}-\hat{\phi}_n}{\hat{\sigma}_n\sqrt{2\pi t^3}} \exp\left(-\frac{(\phi_{th}-\hat{\phi}_n-\hat{\eta}_n t)^2}{2\hat{\sigma}_n^2 t}\right) \tag{9.40}$$

算法9.6 基于权值选优粒子滤波算法的剩余寿命估计算法

步骤1:在时刻 nT,对性能退化值进行估计 $\hat{\phi}_n = \sum_{i=1}^{N} \omega_{1n}^{(i)} \phi_{1n|n-1}^{(i)}$。若 $\hat{\phi}_n < \phi_{th}$(单调减退化过程)或 $\hat{\phi}_n > \phi_{th}$(单调增退化过程),则系统发生了失效,算法停止;

步骤2:将算法9.5估计得到的当前时刻的参数及 $\hat{\phi}_n$ 代入式(9.40)即可获得当前时刻的剩余寿命分布,再返回步骤1进行下一步的迭代。

9.4 仿真研究

本仿真采用文献[27]中的德国Amira公司制造的一个三容水箱系统(DTS200)。如图9.1所示,此装置的主体是3个垂直放置的大小一致的有机玻璃圆筒 T_1, T_2, T_3,各圆筒的横截面积都为 A。3个圆筒由横截面为 S_n 的圆管相连接,

在圆筒 T_2 的下方有一个出水阀，流出的水收集到下方的有机玻璃水箱中，可以循环使用。在 T_1, T_2, T_3 的下方各有一个截面积为 S_1 的泄漏阀，在一般情况下，这些泄漏阀是关闭的。

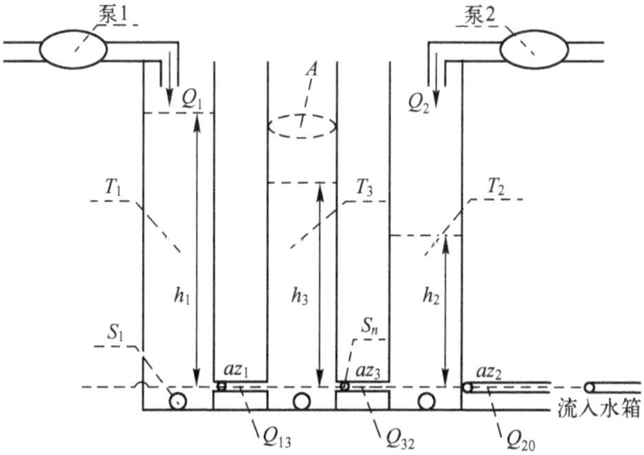

图 9.1　三容水箱系统

T_1, T_2 中的液位 h_1、h_2 是通过两台水泵分别向 T_1, T_2 中打入的循环水的流量 Q_1、Q_2 来控制的。系统的状态变量是 3 个水槽的液位 h_1、h_2 和 h_3。

系统模型如下：

$$\begin{cases} A\dfrac{\mathrm{d}h_1}{\mathrm{d}t}=Q_1-Q_{13} \\ A\dfrac{\mathrm{d}h_2}{\mathrm{d}t}=Q_{13}-Q_{32} \\ A\dfrac{\mathrm{d}h_3}{\mathrm{d}t}=Q_2+Q_{32}-Q_{20} \end{cases} \tag{9.41}$$

其中，

$$\begin{aligned} Q_{13} &= az_1 S_n \operatorname{sgn}(h_1-h_3)(2g\,|h_1-h_3|)^{1/2} \\ Q_{32} &= az_3 S_n \operatorname{sgn}(h_3-h_2)(2g\,|h_3-h_2|)^{1/2} \\ Q_{20} &= az_2 S_n (2gh_2)^{1/2} \end{aligned} \tag{9.42}$$

该三容水箱系统的相关参数值设置如下：$A = 0.0154\mathrm{m}^2$, $S_n = 5\times10^{-5}\,\mathrm{m}^2$, $g = 9.81\mathrm{m/s}^2$, $az_1 = 0.490471$, $az_2 = 0.611429$, $az_3 = 0.450223$。

这里选取液面高度为状态变量即 $x_i = h_i, i = 1,2,3$，并假设液面高度 h_1, h_3 可以被直接测量得到，其噪声为均值为 0，方差为 1×10^{-4}的高斯分布，而液面高度 h_2 的测量噪声为非高斯噪声。

$$\begin{cases} y_{1,n}=x_{1,n}+v_{1,n} \\ y_{2,n}=x_{2,n}+v_{2,n} \\ y_{3,n}=x_{3,n}+v_{3,n} \end{cases} \tag{9.43}$$

其中，$v_{2,n}=1\times10^{-2}v^*$，而 v^* 为服从自由度为 20 的 T 分布的随机变量。

进一步假设系统噪声向量为均值为 0，方差为 $1\times10^{-8}\mathbf{I}_3$ 的高斯噪声。此外，假设系统的退化过程与流量系统 az_1 相关，其退化轨迹为

$$az_1(\tau)=\eta_0+\eta\tau+\sigma B(\tau) \tag{9.44}$$

其中，$\eta_0=0.490471$，参数的真值分别为 $\eta=-2\times10^{-4}$，$\sigma=4\times10^{-5}$，失效阈值设置为 $az_{th}=0.1$，$B(\tau)$为标准布朗运动。

仿真时间为 2000s，采样时间为 1s。相对值粒子滤波算法中粒子数 $N_s=1000$，$N=500$，系统状态向量的初始分布为高斯分布，其均值向量为[0.45555，0.15902，0.31995]′，方差阵为 $1\times10^{-8}\mathbf{I}_3$，退化过程参数的初始估计值设置为$\hat{\eta}_0=-0.0001$，$\hat{\sigma}_0=0.0001$。

仿真结果如图 9.2~图 9.4 所示。由图 9.2 可知，估计的性能退化轨迹在经过开始一段时间的震荡后能够很好的拟合实际的性能退化过程。图 9.3 给出了性能退化过程参数的估计结果。与图 9.2 类似，参数的估计值也是经过一段时间的震荡，然后逐渐收敛于各自的真值，这表明了参数估计算法的有效性和收敛性。最后，图 9.4 给出了时刻分别为 1920，1921，1922，1923 和 1924 时的剩余寿命分布，从该图中可见，随着时间的推移，系统的剩余寿命不断更新，且均值越来越小，这与直观感觉及实际情况都一致。

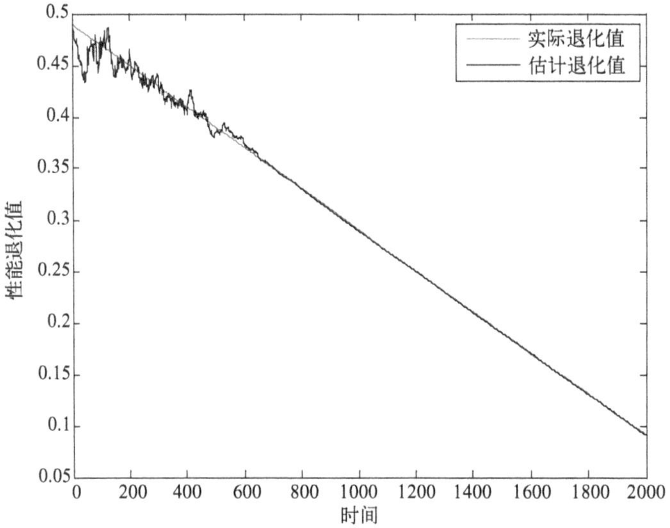

图 9.2　实际性能退化轨迹与其估计值

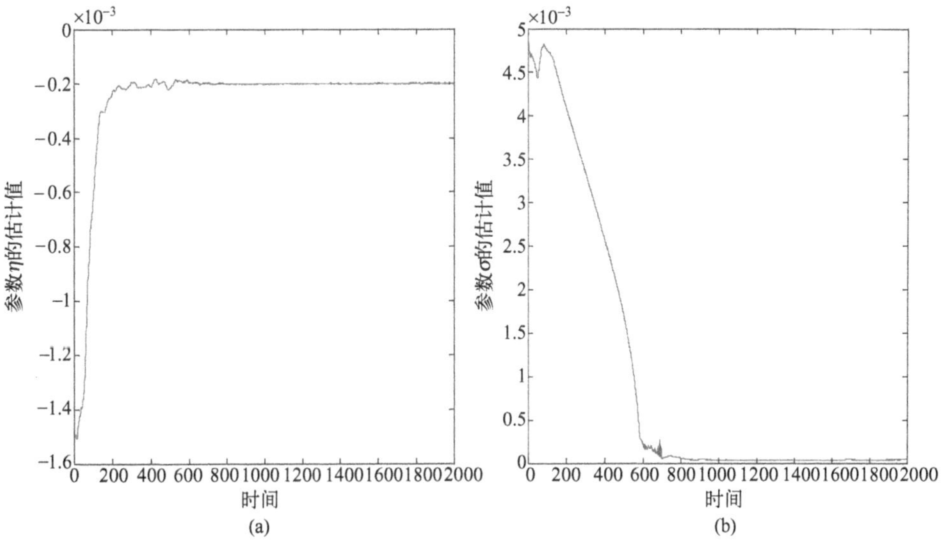

图 9.3　退化过程参数估计结果

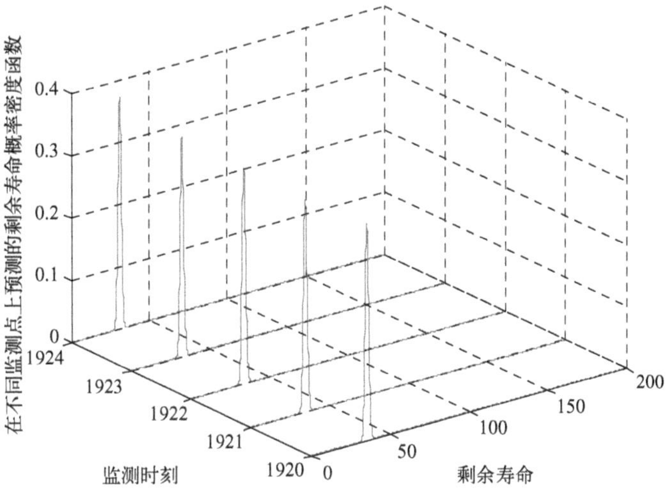

图 9.4　不同监测时刻的剩余寿命分布

因此，从三容水箱的仿真结果可见：基于权值选优粒子滤波器的剩余寿命预测算法能对系统的性能退化过程进行准确的辨识并能对剩余寿命进行及时、准确的估计。综上所述，基于权值选优粒子滤波器的剩余寿命预测方法可行并有效。

9.5 本章小结

常规粒子滤波算法在实际应用中易受到样本贫化问题的影响,在估计较长时间维持不变的量时其影响尤为严重。针对这个问题,提出了一种权值选优粒子滤波算法。从大量粒子中选择出权值比较大的粒子用于估计,从而改善了样本集的多样性,在一定程度上解决了退化问题,提高了算法的跟踪估计能力。仿真结果表明,权值选优粒子滤波器是针对样本贫化而提出的,粒子的多样性比较好,因而基于权值选优粒子滤波器的剩余寿命预测算法对系统状态的变化比较敏感,能监测出细小的变化,但是由于采样粒子集中的粒子数毕竟是有限的,随着迭代步数的增加,粒子集中的有效样本数逐渐减少,这样势必会影响算法的跟踪能力,如果大量增加粒子集中的粒子数,对此问题会有所缓解,但是必然会引起计算量的成倍增加。因此,基于权值选优粒子滤波器的剩余寿命预测算法适用于需要检测微小变化、迭代步数较少且实时性要求不高的系统。

参考文献

[1] 陈敏泽,周东华. 动态系统的故障预报技术[J]. 控制理论与应用. 2003,20(6): 819-820.

[2] Cappe O,Godsill S J,Moulines E. An overview of existing methods and recent advances in sequential Monte Carlo[J]. IEEE Proceedings,2007,95(5): 899-924.

[3] Wu J W,Trivedi M M. Simultaneous eye tracking and blink detection with interactive particle filters[J]. EURASIP Journal on Advances in Signal Processing,2007,2008 (1):1-17.

[4] Guo D,Wang X,Chen R. New sequential Monte Carlo methods for nonlinear dynamic systems [J]. Statistics and Computing,2005,15(2): 135-147.

[5] Kashiwaya S. Chemical reaction rate parameter estimation by MAP particle filter algorithm [C]// 2007 IEEE Congress on Evolutionary Computation,2007:4489-4496.

[6] 胡昌华,张琪,乔玉坤. 强跟踪粒子滤波算法及其在故障预报中的应用[J]. 自动化学报,2008,34(12):1522-1528.

[7] 张琪,胡昌华,乔玉坤. 基于权值选择的粒子滤波算法研究[J]. 控制与决策,2008,23(1):117-120.

[8] 张琪,王鑫,胡昌华,等. 人工免疫粒子滤波算法研究[J]. 控制与决策,2008,23(3): 293-296+301.

[9] 张琪,胡昌华,乔玉坤,等. 基于随机摄动粒子滤波器的故障预报算法[J]. 控制与决策,2009,24(2):284-288.

[10] 张琪,胡昌华,乔玉坤. 基于聚类粒子滤波器的故障预报方法研究[J]. 信息与控制,2009,38 (1):115-120.

[11] 张琪,胡昌华,乔玉坤,等．基于权值选优粒子滤波器的故障预测算法[J]．系统工程与电子技术,2009,31(1):221-224.

[12] 张琪,胡昌华．动态粒子数粒子滤波算法研究[J]．控制工程,2007,14(7):32-34.

[13] 李涛．非线性滤波方法在导航系统中的应用研究[D]．长沙：国防科学技术大学．2003.

[14] Doucet A,Godsill S. On sequential Monte Carlo sampling methods for Bayesian filtering[M]. Cambridge: University of Cambridge,1998.

[15] Liu J S, Chen R. Sequential Monte Carlo methods for dynamic systems [J]. Journal of American Statistician,1998,83:1032-1044.

[16] Carpenter J,Clifford P,Fearnhead P. Improved particle filter for nonlinear problems. IEE Proceedings-Radar,Sonar and Navigation,1999,146(1):2-7.

[17] Arulampalam S,Maskell S, Gordon N. A tutorial on particle filters for onlinenon-Gaussian Bayesian tracking[J]. IEEE Transaction on Signal Processing. 2002,50(2): 174-188.

[18] Gordon N J,Salmond,D J,Smith A F M. Novel approach to nonlinear/non-Gaussian Bayesian state estimation[J]. IEE Proceedings-F,1993,140(2):107-113.

[19] Berzuini C,Best N G,Gilks W R,et al. Dynamic conditional independence models and Markov chain Monte Carlo methods [J]. Journal of the America Statistical Association, 1997,92: 1403-1411.

[20] Crisan D,Doucet A. A survey of convergence results on particle filtering methods for practitioners [J]. IEEE Transaction on Signal Processing,2002,50(3):736-746.

[21] Kunsch H R. State space and hidden Markov models[M]//BARNDORFF-NIELSEN O E, COX D R, KLUPPELBERG C. Complex Stochastic Systems. London: CRC press,2001: 109-173.

[22] 杨小军．基于粒子滤波的混合估计理论与应用[D]．西安:西北工业大学,2006.

[23] 莫以为,萧德云．进化粒子滤波算法及其应用[J]．控制理论与应用. 2005,22(2): 269-270.

[24] Doucet A,Godsill S,Andrieu C. On sequential Monte Carlo sampling methods for Bayesian filtering[J]. Statistics and Computing,2000,10(1):197-208.

[25] Xu Z G,Ji Y D,Zhou D H. Real-time reliability prediction for a dynamic system based on the hidden degradation process identification [J]. IEEE Trans. on Reliability, 2008, 57 (2): 230-242.

[26] Doucet A,Tadić V B. Parameter estimation in general state-space models using particle methods[J]. Annals of the Institute of Statistical Mathematics,2003,55:409-422.

[27] Chen M Z,Zhou D H. Particle filtering based fault prediction of nonlinear systems[C]//IFAC Symposium Proceedings of Safe Process. Washington: Elsevier Science,2001:2971-2977.

第10章

基于灰色预测模型的性能退化建模与剩余寿命预测

随着系统科学和控制科学的发展,人们所研究的对象越来越复杂,影响研究对象状态的因素也越来越多,这其中既包括对象内在构成的复杂性,也包括外在环境影响的多样性、多变性和不确定性。这就使得在有限的技术手段下,无论是对系统进行可靠性分析、寿命预测,还是进行故障预报,我们都不可能得到系统的完备信息,即系统处于部分信息已知、部分信息未知的"贫"信息状态。这就使得对系统进行的建模分析必然是一种"贫"信息状态下的建模[1-3]。

20世纪80年代,邓聚龙教授创立的灰色系统理论,是一种研究少数据、贫信息不确定性问题的新方法。灰色系统理论以"部分信息已知,部分信息未知"的"小样本""贫信息"不确定性系统为研究对象,主要通过对"部分"已知信息的生成、开发,提取有价值的信息,实现对系统运行行为、演化规律的正确描述和有效监控。灰色预测模型作为灰色预测理论的重要内容,其在解决少数据、不确定性系统的预测方面发挥着重要的作用,为解决这类预测问题提供了一种有效、实用的预测途径。

虽然灰色预测模型具有少数据建模、计算量少、对样本的分布规律没有特殊要求等优点,但是单一的灰色预测模型其在本质上还是一种线性模型,这就决定了它们在处理非线性问题上有很大的不足和局限性。特别是当系统出现了突变、故障或大扰动等特殊情况时,单一的灰色预测模型预测误差就会大幅上升,预测结果也会不尽人意。在实际生活中,许多问题都是一种非线性的问题,只不过根据非线性程度的不同所采取的处理方法也不同。线性化的处理方法只是一种理想和简化的处理方式,只适用于非线性度不是很强的情况下。所以对于强非线性问题,如果建立单一的灰色预测模型,预测的结果肯定不理想。同时,单一的灰色预测模型缺乏自学习、自组织和自适应的能力,而这些特点在现代的建模预测当中是非常重要的。针对灰色预测模型以上的不足，可以考虑将人工神经网络理论引入到灰色预测模型之中，以期结合灰色预测模型在处理少数据、不确定性问题上的优点和人工神经网络较强的自学习、自适应、自组织以及在处理非线性问题上的长处，融合形成灰色神经网络预测模型，从而建立更加有效的性能退化轨迹预测模型[4-11]。

10.1　灰色预测模型

10.1.1　经典的灰色预测模型 GM(1,1)

设非负原始数据列为 $X^{(0)}=(x^{(0)}(1),x^{(0)}(2),\cdots,x^{(0)}(n))$，其一次累加(1-AGO)生成序列为 $X^{(1)}=(x^{(1)}(1),x^{(1)}(2),\cdots,x^{(1)}(n))$，其中，$x^{(1)}(k)=\sum_{i=1}^{k}x^{(0)}(i)(i=1,\cdots,n)$。而将原始数据列的紧邻均值生成序列记为 $Z^{(1)}=(z^{(1)}(2),z^{(1)}(3),\cdots,z^{(1)}(n))$，其中，

$$z^{(1)}(k)=\frac{1}{2}[x^{(1)}(k)+x^{(1)}(k-1)],\quad k=2,3,\cdots,n \tag{10.1}$$

对 $X^{(1)}$ 可建立白化形式的微分方程为

$$\frac{\mathrm{d}x^{(1)}(t)}{\mathrm{d}t}+ax^{(1)}(t)=b \tag{10.2}$$

即 GM(1,1) 模型，其中，参数 a 为发展系数，b 为灰色作用量，a 反映了 $\hat{x}^{(1)}$ 及 $\hat{x}^{(0)}$ 的发展态势。式(10.2)的差分形式为

$$x^{(0)}(k)+az^{(1)}(k)=b,\quad k=2,3,\cdots,n \tag{10.3}$$

记

$$B=\begin{bmatrix}-z^{(1)}(2) & 1\\ -z^{(1)}(3) & 1\\ \vdots & \\ -z^{(1)}(n) & 1\end{bmatrix},\quad Y=\begin{bmatrix}-x^{(0)}(2)\\ -x^{(0)}(3)\\ \vdots\\ -x^{(0)}(n)\end{bmatrix},$$

再令 $\Phi=(a,b)^{\mathrm{T}}$ 为待辨识参数向量，那么，根据式(10.2)可以推导得

$$Y=B\Phi$$

其中，参数向量可以通过最小二乘法进行求取

$$\hat{\Phi}=(\hat{a},\hat{b})^{\mathrm{T}}=(B^{\mathrm{T}}B)^{-1}B^{\mathrm{T}}Y \tag{10.4}$$

将求取的参数代入式(10.2)，并求出其离散解为

$$\hat{x}^{(1)}(k+1)=\left(x^{(0)}(1)+\frac{\hat{b}}{\hat{a}}\right)\mathrm{e}^{-\hat{a}k}+\frac{\hat{b}}{\hat{a}},\quad k=1,2,\cdots,n \tag{10.5}$$

还原到原始数据得

$$\hat{x}^{(0)}(k+1)=\hat{x}^{(1)}(k+1)-\hat{x}^{(1)}(k)=\left(x^{(0)}(1)-\frac{\hat{b}}{\hat{a}}\right)(e^{-\hat{a}}-1)e^{-\hat{a}(k-1)} \tag{10.6}$$

一般情况下,系统作用量应是外生的或者前定的。GM(1,1)模型中的灰色作用量 b 是从背景值挖掘出来的数据,它反映了数据变化的关系,其确切内涵是灰的。灰色作用量是内涵外延化的具体体现,它的存在是区别灰色建模与一般输入输出建模的分水岭,也是区别灰色系统观点与灰箱观点的重要标志。

10.1.2 改进的灰色模型

10.1.2.1 灰色 GM(1,1)模型存在的问题分析

灰色 GM(1,1)预测模型具有要求样本数据少、原理简单、运算方便、短期预测精度高、可检验等优点,因此得到了广泛的应用,并取得了令人满意的结果。但是,它和其他预测方法一样,也存在一定的局限性,主要表现在以下几个方面[11-14]:

(1) GM(1,1)模型主要适用于单一的指数增长型的序列,当实际序列数据出现异常情况时不能简单应用该模型;

(2) GM(1,1)模型是对一个数据序列加以预测,要对多个序列同时进行预测,只能分别对各序列建立 GM(1,1)模型,不能充分利用序列之间的相互关系;

(3) GM(1,1)模型要求原始的建模数据必须是非负的序列,当原始数据是负数或正负相间时,该模型就无法直接使用;

(4) GM(1,1)模型的模拟和预测精度取决于常数 a 和 b,而 a 和 b 的值依赖于原始序列和背景值的构造形式。因此有必要对背景值的构造形式加以改进,以提高模型的预测精度和适应性。

鉴于灰色 GM(1,1)预测模型存在的不足和局限性,有必要对传统的 GM(1,1)预测模型进行改进,从而提高模型的预测精度和适用范围。

10.1.2.2 残差 GM(1,1)预测模型

在实际的预测当中,即使所采用的建模预测数据序列满足 GM(1,1)预测模型的建模要求,但这并不意味着就一定会取得很好的预测效果,有时其预测精度不符合我们的要求,在这种情况下,可以考虑对序列建立一种残差 GM(1,1)预测模型。由于在用 GM(1,1)预测模型进行预测的过程中,其产生的残差还包含着一部分有用的系统信息,因此有必要对残差部分进一步地进行信息的挖掘,以提高预测的精度[15]。

设原始序列为 $X^{(0)}=(x^{(0)}(1),x^{(0)}(2),\cdots,x^{(0)}(n))$,$(x^{(0)}(k)\geqslant 0,k=1,2,\cdots,n)$,相应的预测模拟序列为$\hat{X}^{(0)}=(\hat{x}^{(0)}(1),\hat{x}^{(0)}(2),\cdots,\hat{x}^{(0)}(n))$,记原始序列与其模拟值之差为

$$\varepsilon^{(0)}=\{\varepsilon^{(0)}(1),\varepsilon^{(0)}(2),\cdots,\varepsilon^{(0)}(n)\}$$

式中：$\varepsilon^{(0)}(k)=0^{(0)}(k)-\hat{x}^{(0)}(k)$ 为 $X^{(0)}$ 的残差序列。

若存在 k_0，满足：

(1) $\forall k\geqslant k_0$，$\varepsilon^{(0)}(k)$ 的符号一致；

(2) $n-k_0\geqslant 4$。

则称($|\varepsilon^{(0)}(k_0)|,|\varepsilon^{(0)}(k_0+1)|,\cdots,|\varepsilon^{(0)}(n)|$)为可建模残差尾端，仍将其记为

$$\varepsilon^{(0)}=\{\varepsilon^{(0)}(k_0),\varepsilon^{(0)}(k_0+1),\cdots,\varepsilon^{(0)}(n)\},$$

其 1-AGO 序列 $\varepsilon^{(1)}=\{\varepsilon^{(1)}(k_0),\varepsilon^{(1)}(k_0+1),\cdots,\varepsilon^{(1)}(n)\}$ 的 GM(1,1) 时间响应式为

$$\hat{\varepsilon}^{(1)}(k+1)=\left(\varepsilon^{(0)}(k_0)-\frac{b_\varepsilon}{a_\varepsilon}\right)\exp[-a_\varepsilon(k-k_0)]+\frac{b_\varepsilon}{a_\varepsilon} \tag{10.7}$$

于是，残差尾端 $\varepsilon^{(0)}$ 的模拟序列为

$$\hat{\varepsilon}^{(0)}=\{\hat{\varepsilon}^{(0)}(k_0),\hat{\varepsilon}^{(0)}(k_0+1),\cdots,\hat{\varepsilon}^{(0)}(n)\}$$

那么，用 $\hat{\varepsilon}^{(0)}$ 修正 $\hat{X}^{(1)}$ 后的时间响应式为

$$\hat{x}^{(1)}(k+1)=\begin{cases}\left(x^{(0)}(1)-\dfrac{b}{a}\right)\mathrm{e}^{-ak}+\dfrac{b}{a}, & k<k_0\\ \left(x^{(0)}(1)-\dfrac{b}{a}\right)\mathrm{e}^{-ak}+\dfrac{b}{a}\pm a_\varepsilon\left(\varepsilon^{(0)}(k_0)-\dfrac{b_\varepsilon}{a_\varepsilon}\right)\mathrm{e}^{-a_\varepsilon(k-k_0)}, & k\geqslant k_0\end{cases} \tag{10.8}$$

式中：残差修正值 $\hat{\varepsilon}^{(0)}(k+1)=a_\varepsilon\times\left(\varepsilon^{(0)}(k_0)-\dfrac{b_\varepsilon}{a_\varepsilon}\right)\exp[-a_\varepsilon(k-k_0)]$ 的符号应与残差尾端 $\varepsilon^{(0)}$ 的符号保持一致。

因此，经累减还原可得最终的残差 GM(1,1) 预测模型如下：

$$\hat{x}^{(0)}(k+1)=\begin{cases}(1-\mathrm{e}^{a})\left(x^{(0)}(1)-\dfrac{b}{a}\right)\mathrm{e}^{-ak}, & k<k_0\\ (1-\mathrm{e}^{a})\left(x^{(0)}(1)-\dfrac{b}{a}\right)\mathrm{e}^{-ak}\pm a_\varepsilon\left(\varepsilon^{(0)}(k_0)-\dfrac{b}{a}\right)\mathrm{e}^{-a_\varepsilon(k-k_0)}, & k\geqslant k_0\end{cases} \tag{10.9}$$

残差 GM(1,1) 预测模型通过对残差序列的进一步开发实现对 GM(1,1) 预测结果的修正，从而有效提高 GM(1,1) 模型的预测精度。其具体步骤总结如下：

(1) 对原始的预测数据建立 GM(1,1) 预测模型，得出每个数据相应的模拟预测值；

(2) 通过原始数据和模拟预测值得出模型的残差序列；

(3) 对残差序列建立相应的 GM(1,1) 预测模型,得出残差序列的模拟预测值;

(4) 用(3)所得结果去修正(1)中相应的预测值,从而得出最终的修正预测结果。

10.1.2.3 灰色 GM(1,N)预测模型

在实际的系统分析中,影响系统性能的因素很多时候并不只有一种,系统性能的好坏往往都是多种因素共同作用的结果。而在利用灰色 GM(1,1) 预测模型中只能考虑一种单一的因素,这显然不符合实际情况,也就很难得到很好的预测效果。针对这类问题,可以利用灰色 GM(1,N) 预测模型进行解决,其中 N 代表影响系统性能的因素个数[16]。

定义 10.1 假设 $X_1^{(0)}=(x_1^{(0)}(1),x_1^{(0)}(2),\cdots,x_1^{(0)}(n))$ 为系统特征序列数据,而 $X_i^{(0)}=(x_i^{(0)}(1),x_i^{(0)}(2),\cdots,x_i^{(0)}(n))(i=2,\cdots,N)$ 为相关因素序列,$X_i^{(1)}$ 为 $X_i^{(0)}$ 的 1-AGO 序列,$Z_1^{(1)}$ 为 $X_1^{(1)}$ 的紧邻均值生成序列,则称

$$x_1^{(0)}(k)+az_1^{(1)}(k)=\sum_{i=2}^{N}b_ix_i^{(1)}(k) \tag{10.10}$$

为 GM(1,N)模型。

在上述模型中,a 为系统发展系数,$b_ix_i^{(1)}(k)$ 为驱动项,b_i 为驱动系数,$\hat{a}=[a,b_2,\cdots,b_N]^{\mathrm{T}}$ 为参数列,其最小二乘估计满足

$$\hat{a}=(B^{\mathrm{T}}B)^{-1}B^{\mathrm{T}}Y$$

式中,

$$B=\begin{bmatrix}-z_1^{(1)}(2) & x_2^{(1)}(2) & \cdots & x_N^{(1)}(2)\\ -z_1^{(1)}(3) & x_2^{(1)}(3) & \cdots & x_N^{(1)}(3)\\ \vdots & \vdots & \cdots & \vdots\\ -z_1^{(1)}(n) & x_2^{(1)}(n) & \cdots & x_N^{(1)}(n)\end{bmatrix},Y=\begin{bmatrix}x_1^{(0)}(2)\\ x_1^{(0)}(3)\\ \vdots\\ x_1^{(0)}(n)\end{bmatrix} \tag{10.11}$$

定义 10.2 设$\hat{a}=[a,b_2,\cdots,b_N]^{\mathrm{T}}$,则称

$$\frac{\mathrm{d}x_1^{(1)}}{\mathrm{d}t}+ax_1^{(1)}=b_2x_2^{(1)}+b_3x_3^{(1)}+\cdots+b_Nx_N^{(1)}$$

为 GM(1,N)模型

$$x_1^{(0)}(k)+az_1^{(1)}(k)=b_2x_2^{(1)}(k)+b_3x_3^{(1)}(k)+\cdots+b_Nx_N^{(1)}(k) \tag{10.12}$$

的白化方程,也称影子方程。

定义 10.3 设 $X_i^{(0)},X_i^{(1)}(i=1,2,\cdots,N),Z_1^{(1)},B,Y$ 如式(10.11)所示,则

(1) 白化方程 $\dfrac{\mathrm{d}x_1^{(1)}}{\mathrm{d}t}+ax_1^{(1)}=\sum\limits_{i=2}^{N}b_ix_i^{(1)}$ 的解为

$$x^{(1)}(t)=e^{-at}\left[\sum_{i=2}^{N}\int b_i x_i^{(1)}(t)e^{at}\mathrm{d}t+x^{(1)}(0)-\sum_{i=2}^{N}\int b_i x_i^{(1)}(0)\mathrm{d}t\right]$$
$$=e^{-at}\left[x_1^{(1)}(0)-t\sum_{i=2}^{N}b_i x_i^{(1)}(0)+\sum_{i=2}^{N}\int b_i x_i^{(1)}(t)e^{at}\mathrm{d}t\right] \tag{10.13}$$

(2) 当 $X_i^{(1)}(i=1,2,\cdots,N)$ 变化幅度很小时,可视 $\sum_{i=2}^{N}b_i x_i^{(1)}(k)$ 为灰常量,则 GM$(1,N)$模型

$$x_1^{(0)}(k)+az_1^{(1)}(k)=\sum_{i=2}^{N}b_i x_i^{(1)}(k)$$

的近似时间响应式为

$$\hat{x}_1^{(1)}(k+1)=\left[x_1^{(1)}(0)-\frac{1}{a}\sum_{i=2}^{N}b_i x_i^{(1)}(k+1)\right]e^{-at}+\frac{1}{a}\sum_{i=2}^{N}b_i x_i^{(1)}(k+1) \tag{10.14}$$

其中:$x_1^{(1)}(0)$取为 $x_1^{(0)}(1)$。

(3) 累减还原式为

$$\hat{x}_1^{(0)}(k+1)=\alpha^{(1)}\hat{x}_1^{(1)}(k+1)=\hat{x}_1^{(1)}(k+1)-\hat{x}_1^{(1)}(k) \tag{10.15}$$

(4) GM$(1,N)$差分模拟式为

$$\hat{x}_1^{(0)}(k)=-az_1^{(1)}(k)+\sum_{i=2}^{N}b_i\hat{x}_i^{(1)}(k) \tag{10.16}$$

10.1.2.4　等维新息预测模型

用灰色系统模型进行短期预测较为成功,但在任何一个灰色系统的发展过程中,随着时间的推移,将会不断地有一些随机扰动或者驱动因素进入系统,使系统的发展相继的受其影响。因此,在实际应用中,必须不断的考虑那些随着时间推移相继进入系统的扰动或驱动因素,所以为了预测更长时刻的系统情况,可以对GM(1,1)预测模型所获得的预测数据进行开发利用,将其所得的预测数据补充到原始序列当中,同时去掉最老的数据,从而构成一个等维的新数列,用此新数列建立 GM(1,1)预测模型来做进一步的预测,如此往复,这就是等维新息预测模型的原理,其建模步骤如下:

设原始序列为 $X^{(0)}=[x^{(0)}(1),x^{(0)}(2),\cdots,x^{(0)}(n)]$,$x^{(0)}(k\geqslant 0)(k=1,2,\cdots,n)$,对其建立 GM(1,1)预测模型进行预测得相应的 $n+1$ 时刻的预测值记为 $x^{(0)}(n+1)$,把原始序列中的 $x^{(0)}(1)$数据去掉,同时将 $x^{(0)}(n+1)$补充到剩余序列中,得新的等维序列记为

$$X_1^{(0)}=[x^{(0)}(2),x^{(0)}(3),\cdots,x^{(0)}(n),x^{(0)}(n+1)]$$

将此新数列作为建模的原始数列,建立 GM(1,1)预测模型进行下一步的预测。然后重复以上步骤,循环往复,从而进行等维的新陈代谢预测。

10.1.2.5 背景值重构 GM(1,1) 优化模型

首先分析模型参数对预测精度的影响。设原始序列的一次累加序列 $X^{(1)}=[x^{(1)}(1),x^{(1)}(2),\cdots,x^{(1)}(n)]$ 是指数曲线 $y=x^{(1)}(t)$ 上的离散序列,则由拉格朗日中值定理知,在 $(k-1,k)$ 内存在一点 ξ_k 使得 $x^{(1)}(k)-x^{(1)}(k-1)=\left.\frac{\mathrm{d}x^{(1)}}{\mathrm{d}t}\right|_{t=\xi_k}$,$(k-1<\xi_k<k)$。由于序列 $x^{(1)}(k)$ 是单调的,则 $x^{(1)}(\xi_k)=\lambda_k x^{(1)}(k-1)+(1-\lambda_k)x^{(1)}(k)$,$\lambda_k\in(0,1)$。由此可知,在建立 GM(1,1) 模型时,灰导数 $x^{(0)}(k)=x^{(1)}(k)-x^{(1)}(k-1)$ 是 ξ_k 点的导数,它相应的背景值应该是 $x^{(1)}(\xi_k)=\lambda_k x^{(1)}(k-1)+(1-\lambda_k)x^{(1)}(k)$。而在经典的 GM(1,1) 模型建模的过程中,只是简单的用式(10.1)代替 $x^{(1)}(\xi_k)$,这只是一种特例$\left(\lambda_k=\frac{1}{2}\right)$,显然不是最优的,许多的时候可能还会给预测带来不可接受的误差。事实上,我们有以下定理:

定理 10.1 序列 $X^{(1)}=[x^{(1)}(1),x^{(1)}(2),\cdots,x^{(1)}(n)]$ 具有白指数律

$$x^{(1)}(k)=\left(x^{(0)}(1)-\frac{b}{a}\right)\mathrm{e}^{-a(k-1)}+\frac{b}{a} \tag{10.17}$$

的充分必要条件是存在 $\lambda=\frac{1}{a}-\frac{1}{\mathrm{e}^a-1}$ 使得

$$[x^{(1)}(k)-x^{(1)}(k-1)]=a[\lambda x^{(1)}(k-1)+(1-\lambda)x^{(1)}(k)]=b,\quad k=2,3,\cdots,n \tag{10.18}$$

成立。

上述定理表明,对具有白指数律满足式(10.17)的序列,以 $x^{(1)}(k)-x^{(1)}(k-1)$ 作为灰导数,以

$$Z^{(1)}(k)=\lambda x^{(1)}(k-1)+(1-\lambda)x^{(1)}(k),\left(\lambda=\frac{1}{a}-\frac{1}{\mathrm{e}^a-1}\right) \tag{10.19}$$

作为相应的灰导数背景值所建立的 GM(1,1) 模型一定具有白指数律重合性。当数据序列变化平缓,此时 $|a|$ 较小时,以式(10.1)作为背景值,误差较小,所建立的 GM(1,1) 模型精度较高;而当数据变化急剧,此时 $|a|$ 较大时,以经典 GM(1,1) 建模方法中的背景值选取方式所建立的 GM(1,1) 模型的误差较大。基于以上这些分析,我们建立一种背景值重构 GM(1,1) 优化模型。

下面具体讨论背景值重构 GM(1,1) 优化模型。

设原始序列为 $X^{(0)}=(x^{(0)}(1),x^{(0)}(2),\cdots,x^{(0)}(n))$,其中 $x^{(0)}(k)\geqslant 0(k=1,2,\cdots,n)$ 为离散点列,其一次累加生成序列为 $X^{(1)}=(x^{(1)}(1),x^{(1)}(2),\cdots,x^{(1)}(n))$。

对生成序列 $X^{(1)}$ 所建立的 GM(1,1) 优化模型为

$$[x^{(1)}(k)-x^{(1)}(k-1)]+a[\lambda x^{(1)}(k-1)+(1-\lambda)x^{(1)}(k)]=b,\quad k=2,3,\cdots,n \tag{10.20}$$

式中

$$\lambda=\frac{1}{a}-\frac{1}{e^{a}-1},\quad k=2,3,\cdots \tag{10.21}$$

根据经典 GM 模型建立的原始数据 GM(1,1)优化模型是

$$\hat{x}^{(0)}(1)=x^{(0)}(1)$$

$$\hat{x}^{(0)}(k)=(1-e^{a})\left(x^{(0)}(1)-\frac{b}{a}\right)e^{-a(k-1)},\quad k=2,3,\cdots,n$$

而在实际问题中只知道 $X^{(0)}$,a 是待辨识参数,从而无法由 $\lambda x^{(1)}(k-1)+(1-\lambda)x^{(1)}(k)$,$\left(\lambda=\frac{1}{a}-\frac{1}{e^{a}-1}\right)$确定与灰导数 $x^{(1)}(k)-x^{(1)}(k-1)$相应的最优背景值。不过,我们可以首先按传统建模法建立 GM(1,1)模型,得到 a 的一次逼近值 a_1;再将 a_1 代入式 $\lambda=\frac{1}{a}-\frac{1}{e^{a}-1}$得 λ_1,进而得到灰导数的优化背景值,再建立 GM(1,1)的优化模型,就得到 a 的二次逼近值 a_2,如此进行下去,就可以逐步逼近 a 的最优值。

相应模型参数 a,b 的计算方法如下:

由式(10.17)得 $x^{(1)}(k)=e^{-a}x^{(1)}(k-1)+\frac{b}{a}(1-e^{-a})$,令

$$e^{-a}=\beta_1,\quad \frac{b}{a}(1-e^{-a})=\beta_2 \tag{10.22}$$

取 $k=2,3,\cdots,n$ 有

$$\begin{aligned} x^{(1)}(2)&=\beta_1x^{(1)}(1)+\beta_2\\ x^{(1)}(3)&=\beta_1x^{(1)}(2)+\beta_2\\ &\cdots\\ x^{(1)}(n)&=\beta_1x^{(1)}(n-1)+\beta_2 \end{aligned} \tag{10.23}$$

令

$$C=\begin{bmatrix}x^{(1)}(2)\\x^{(1)}(3)\\\cdots\\x^{(1)}(n)\end{bmatrix},\quad A=\begin{bmatrix}x^{(1)}(1)&1\\x^{(1)}(2)&1\\\cdots&\cdots\\x^{(1)}(n-1)&1\end{bmatrix},\quad \beta=\begin{bmatrix}\beta_1\\\beta_2\end{bmatrix}$$

则由式(10.23)得矩阵表示式为 $C=A\beta$,由最小二乘法得$\hat{\beta}=(A^{T}A)^{-1}A^{T}C$,所以

$$\beta_1=\frac{(n-1)\sum_{i=1}^{n-1}x^{(1)}(i)x^{(1)}(i+1)-\left[\sum_{i=1}^{n-1}x^{(1)}(i)\right]\left[\sum_{i=1}^{n-1}x^{(1)}(i+1)\right]}{(n-1)\sum_{i=1}^{n-1}\left[x^{(1)}(i)\right]^2-\left[\sum_{i=1}^{n-1}x^{(1)}(i)\right]^2} \tag{10.24}$$

$$\beta_2 = \frac{\sum_{i=1}^{n-1} x^{(1)}(i+1) - \beta_1 \sum_{i=1}^{n-1} x^{(1)}(i)}{n-1} \tag{10.25}$$

由式(10.22)可得

$$a=-\ln\beta_1, \quad b=\frac{\beta_2}{1-\beta_1}a \tag{10.26}$$

10.2　基于改进灰色模型的剩余寿命预测

记当前时刻为 k，由历史数据 $x_{1:k}$，根据改进的灰色模型得到性能退化量的一步预测值，记为$\hat{x}_{k+1}$，然后再根据数据$\{x_{1:k}, x_{k+1}, \cdots, x_{k+p}\}$可得到性能退化量的 p 步预测值，那么，针对单调递增的退化过程，其剩余寿命可以根据下式获得

$$\mathrm{RUL}_k = \min\{p : x_{k+p} \geqslant x_{th}, p \in \mathbf{N}\} \tag{10.27}$$

式中：x_{th}为事先给定的失效阈值；$\mathbf{N}$ 表示自然数集合。

10.3　基于改进灰色模型的惯性器件性能退化轨迹建模

惯性器件是导弹控制系统的关键器件。作为惯性器件的陀螺仪，它的性能好坏直接关系着导弹控制系统的工作品质。陀螺仪误差系数作为对陀螺仪性能评价的重要指标在工程和实践中得到广泛采用，对其进行准确预测具有重要意义。但是陀螺仪的测试次数、使用时间都是有严格限制的，所以实际中得到的陀螺仪误差系数都是一种小样本数据，并且许多时候也都是陀螺仪未运行至失效情况下获得的数据。为了对陀螺仪进行可靠性评估、寿命预测、故障预报等工作，我们考虑将此类数据作为一种性能退化数据，然后利用前面所述的几种灰色预测模型进行建模分析，以此来研究陀螺仪的退化轨迹。

以某型陀螺仪某项误差系数的 14 组历史数据（表 10.1）为例，前 10 组数据作为模型的建模训练样本，后 4 组数据作为预测检验样本。

表 10.1　某型陀螺仪某项误差系数的 14 组历史数据

序号	1	2	3	4	5	6	7
数值	2.2917	2.2424	2.2619	2.2522	2.2915	2.2621	2.2311
序号	8	9	10	11	12	13	14
数值	2.2349	2.2518	2.2927	2.2899	2.2496	2.2590	2.2797

对其进行建模预测前，首先要对建模数据进行光滑性检验和准指数规律检验。

对于光滑性检验一般是采用下式进行：

$$\rho(k)=\frac{x(k)}{\sum_{i=1}^{k-1}x(i)};\quad k=2,3,\cdots,n \tag{10.28}$$

式中：$x(k)$ 为原始建模数据序列。若该原始序列满足条件：①$\frac{\rho(k+1)}{\rho(k)}<1;k=2,3,\cdots,n-1$；②$\rho(k)\in[0,\varepsilon]$；$k=3,4,\cdots,n$；③$\varepsilon<0.5$，则可以认为其通过了光滑性检验。

对于准指数规律检验一般是采用下式进行确定：

$$\sigma^{(1)}(k)=\frac{x^{(1)}(k)}{x^{(1)}(k-1)}=1+\rho(k)<1.5,\quad k=3,4,\cdots,n \tag{10.29}$$

对原始建模序列进行光滑性检验和准指数规律检验计算可得结果如表 10.2 所列。

表 10.2　建模数据光滑性和准指数规律检验

	2	3	4	5	6	7	8	9	10
$\rho(k)$	0.9785	0.4989	0.3314	0.2533	0.1995	0.1640	0.1412	0.1246	0.1128
$\sigma(k)$	1.9785	1.4989	1.3314	1.2533	1.1995	1.1640	1.1412	1.1246	1.1128

通过表 10.2 可以看出，原始数据完全符合建模的要求，可以对其建立灰色预测模型进行预测。利用 Matlab7.0 仿真软件进行预测仿真，结果如图 10.1 所示。

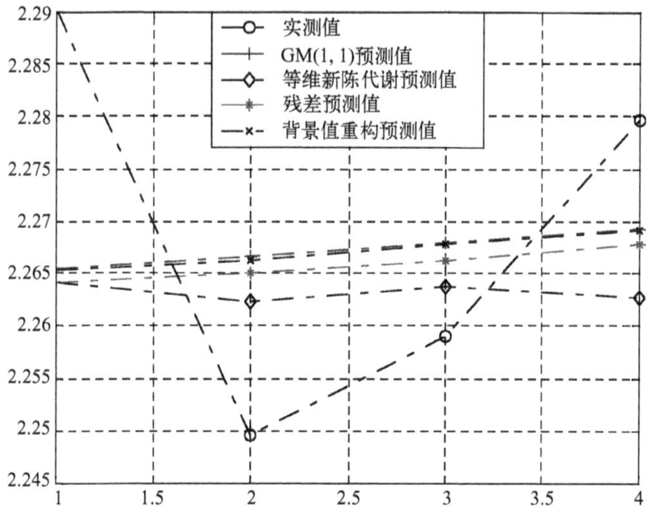

图 10.1　仿真建模预测结果

下面我们引入平均相对误差作为评价的指标,对这四种方法的预测性能作一定量比较,结果如表10.3所列。

表10.3 预测结果比较

序号 方法	1	2	3	4	平均相对误差
实测值	2.2899	2.2496	2.2590	2.2797	
GM(1,1)	2.2655	2.2667	2.2680	2.2693	0.67%
等维新息	2.2642	2.2623	2.2637	2.2627	0.65%
残差	2.2642	2.2651	2.2663	2.2678	0.66%
背景值重构	2.2653	2.2663	2.2678	2.2691	0.66%

通过图10.1和表10.3可以看出,相对于经典的GM(1,1)预测模型,书中提出的三种改进的预测模型在预测的效果和精度上都有所提高。特别是等维新息预测模型预测的效果要更好一些,这从图10.1中预测轨迹的走势也可以看出,这说明等维新息预测模型对序列的跟踪能力比较强,这也符合客观规律。但是通过对图10.1的分析,我们同时可以发现,无论是经典的GM(1,1)预测模型还是改进的预测模型,它们对原始预测序列的跟踪能力还不是很强,预测的效果还不是很理想。出现这种情况的根本原因还是由于灰色预测模型在本质上还是一种线性预测模型,它对于非线性数据的预测、跟踪有很大的局限性和不适应性。通过对原始的建模预测序列进行分析可以发现原始序列具有一定的非线性,所以为了进一步提高灰色预测模型对于非线性问题的预测建模能力,有必要将灰色预测理论同现有的非线性预测理论相结合,以形成新的预测模型,这也是接下来要完成的工作。

10.4 本章小结

本章介绍了灰色理论的研究情况,学习了灰色理论的一些基本概念、原理、灰色方程、序列生成算子等。研究了灰色建模的基本原理,同时给出了经典GM(1,1)预测模型的建模预测过程;在对经典GM(1,1)预测模型缺陷和不足分析的基础之上,研究了3种改进的灰色预测模型,并分别给出了这3种预测模型的建模预测原理和预测步骤;将某型导弹陀螺仪的某项误差系数作为一种性能退化量,采用经典GM(1,1)预测模型和其他的3种改进预测模型,建立相应的性能退化轨迹模型,对陀螺仪误差系数进行仿真预测,以此来检验原始模型和各种改进模型的可用性。

参考文献

[1] Deng J L. Control problems of grey systems[J]. Systems and Control Letters, 1982, 82(5): 288-294.

[2] 邓聚龙. 灰理论基础[M]. 武汉：华中科技大学出版社,1986.

[3] 刘思峰,党耀国,方志耕,等. 灰色系统理论及其应用[M]. 北京：科学出版社,2004.

[4] 黄莺,胡昌华. 优化自适应灰色预测模型及其导弹故障预报中的应用. 弹箭与制导学报, 2005,24(3):699-701.

[5] 卢凯,胡昌华. 一种新型 GM(1,1)-AR 预测模型在陀螺漂移中的应用. 电光与控制, 2010,17(3):88-92.

[6] 卢凯,胡昌华. 一种新型灰色预测模型在陀螺漂移预测中的应用研究[J]. 系统仿真技术,2009,5(3): 176-181.

[7] 卢凯,刘国华,田鹏飞. 灰色神经网络在电力系统短期负荷预测中的应用研究[J]. 华北电力技术,2009,(5): 1-5.

[8] 卢凯. 基于灰色理论的惯性器件性能退化轨迹建模[D]. 西安：第二炮兵工程学院,2010.

[9] 张大海,毕研秋,毕研霞,等. 基于串联灰色神经网络的电力负荷预测方法[J]. 系统工程理论与实践,2004,12:128-132.

[10] 黄莺,胡昌华. 三阶灰色神经网络模型的建立及其在导弹故障预报中的应用[J]. 电光与控制,2006,13(5):39-42.

[11] 周志刚,郭科,陈丽红. 时序数据预测的灰色神经网络技术[J]. 知识丛林,2007,(1): 128-129.

[12] 谢乃明,刘思峰. 离散 GM(1,1)模型与灰色预测模型建模机理[J]. 系统工程理论与实践,2005,(1):93-98.

[13] 刘思峰,邓聚龙. GM(1,1)模型的适用范围[J]. 系统工程理论与实践,2000,(5): 121-124.

[14] 程毛林. 灰色 GM(1,1)模型预测精度改进方法新探[J]. 理论新探,2004,(2):16-17.

[15] 吉培荣,黄巍松,胡翔勇. 灰色预测模型特性的研究[J]. 系统工程理论与实践,2001, (9):105-108.

[16] 张大海,江世芳,史开泉. 灰色预测公式的理论缺陷及改进[J]. 系统工程理论与实践, 2002,(8):140-142.

[17] 曹建华,刘渊,戴锐. 基于残差改进的灰色模型网络流量预测[J]. 计算机工程与设计, 2007,28(21):5144-5146.

[18] 刘稳殿,王丰效,刘佑润. 基于多变量灰色预测模型的多元线性回归模型[J]. 科学技术与工程,2007,7(24):6603-6606.

[19] 钟珞,饶文碧,邹承明. 人工神经网络及其融合应用技术[M]. 北京：科学出版社,2007.

第11章

基于寿命预测信息的退化设备最优检测策略及应用

性能检测是保证设备可靠性最直接、最有效的方法,对于长期贮存的设备尤其如此——在贮存使用后的设备前和启用贮存的设备后,都应该对设备性能进行全面检测,以保证其可用性[1]。设备的检测需要考虑技术层和决策层两个层次的内容——技术层主要研究检测内容和方法的问题,包括设备性能特征的选择、测试数据的获取与处理等方面的内容,保证检测的数据客观地反映设备的健康状态;决策层主要解决检测时机的选择问题,力求在获取设备状态信息的同时,尽量减小检测对设备本身、工作任务以及成本等方面的影响。本章的研究内容集中在设备检测的决策层。

当前设备检测决策层研究的重点在于确定设备的检测间隔。由于生产计划、人员安排等多重因素的影响,设备的检测间隔往往具有很大的随意性。一方面,为了保证设备的性能满足使用的需求,降低两次检测之间设备发生失效的概率,及时发现和处理设备的失效,需要缩短设备的检测间隔、增加设备的检测次数。但是频繁的性能检测会大幅增加设备的检测成本,消耗设备关键部件的使用寿命,缩短设备的有效使用时间。另一方面,较大的检测间隔虽然能够降低检测成本,提高设备的使用率,但是增大了两次检测之间设备失效的可能性,对于航天飞行器、潜艇、导弹等对可靠性、安全性要求很高的退化系统,检测间隔过大势必带来较大的风险。此外,近年来设备的视情维护(CBM)和健康管理技术(PHM)发展迅速[2],而设备的性能状态检测是视情维护和健康管理的基础和重要组成部分。由此可见,在保证设备满足使用要求的前提下,研究使得设备达到有效工作时间最长、检测成本最低、剩余寿命最长等最优化指标的检测策略,具有重要的研究意义和价值。

诸多学者已经对退化设备的最优检测问题进行了研究,并取得了一系列成果。

Scraf 对状态检测和视情维护做了总结，建立了设备检测、维护的模型架构[3]。Wang、Pham 等人对退化设备的维护策略进行了总结[4]，并研究了单一系统的维护策略和不完全维护条件下设备维护策略[5]。Dekker 等研究了多器件设备的维护策略[6]。对于长期贮存设备检测策略，K. Ito、T. Nakagawa 等发表了一系列学术论文，对高可靠性要求贮存设备[7-10]、周期性检测的性能退化贮存设备[11]的检测策略进行了研究，给出了最优检测周期的确定方法。Lam Yeh[12]、N. Kaio 和 S. Osaki[13]、Barlow[14]、Yang Y. 和 Klutke[15]、Ye 和 R. H[16]等也研究了不同的设备最优检测策略，具体内容可参考相关文献。

然而，对于一些长期贮存的退化设备而言，服役期间除了按照维护计划进行周期性检测之外，为了保证设备的可用性，在每次工作之后，也会对设备的性能进行检测。在求解设备的最优检测周期时，应该对此情况进行考虑。目前，Nakagawa 等对此问题进行了研究[10,17]，但多数成果均假设设备的工作时间服从指数分布和设备寿命分布为简单的威布尔分布或指数分布。对于退化系统，尤其是小批量的退化系统，一方面设备的工作时间分布不一定为指数分布，另一方面由于缺乏失效数据，设备的寿命分布应该根据历史退化数据进行求解。因此，本章在利用退化数据对设备进行剩余寿命预测和工作时间分布进行估计的基础上，对设备的最优检测策略进行研究，并将研究成果用于惯性平台中[18]。

11.1　设备检测策略及其最优化目标函数

为保证设备的性能满足实际的使用需求，一般依据出厂使用说明制定设备的维护计划，并按计划选择时机对设备进行检测。通常这种检测是按照一定周期进行的。例如，一些大型设备每月、每季、每年都要进行相应的检测，处于贮存状态的导弹武器系统也需要周期性地对其性能进行检测。此外，每次使用之后，也应该对设备的性能进行检测，确定设备的状态，保证及时采取维护措施和下次设备的正常使用。因此，一种比较合理的检测策略应该是按维护计划检测和工作后检测相结合的检测策略。

首先，根据工程实践，做出如下假设：

（1）只有通过性能检测才能判定设备是否失效，且失效后只要进行性能测试，就能确定设备失效与否；

（2）当前时刻设备的性能检测结果仅依赖于当前时刻设备的状态；

（3）忽略测试对设备性能、寿命分布的影响以及测试的持续时间；

（4）使用设备完成任务的时间为随机变量；

（5）设备的性能检测分为两类：一类是根据设备维护计划进行的检测，另一类

是在每次设备使用之后对设备进行的检测,两类检测的时间相互独立;

(6) 在检测到退化过程再次发生显著变化前,设备的剩余寿命分布不发生改变。

根据假设(1)、(4)、(5),如图 11.1 所示,设备失效后只可能通过工作结束后的性能检测或由按照维护计划进行的性能检测发现。图 11.1 中,上图为按维护计划检测到设备失效的过程示意图,下图为工作结束后检测到设备失效的过程示意图。

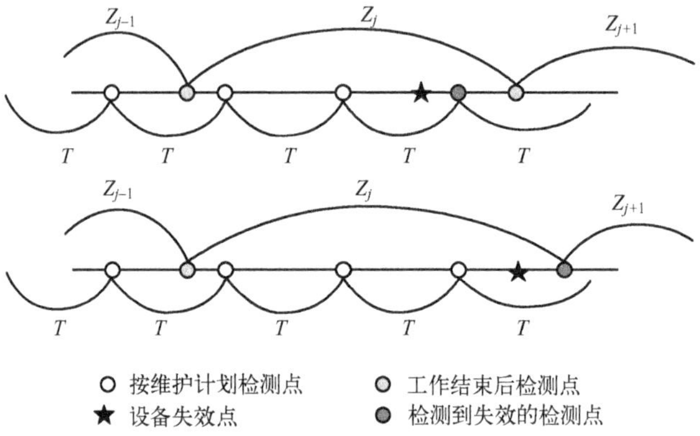

图 11.1 设备的性能检测过程示意图

由图 11.1 可知,当设备在第 k 次和第 $k+1$ 次性能检测之间失效,失效时间 $t\in A_k^{k+1}$,且在设备失效时间 t 之前完成了 j 次工作后,取 $A_t^{k+1}\equiv(t,(k+1)T)$,其中,$A_k^{k+1}\equiv(kT,(k+1)T)$,$T$ 为对设备进行周期性检测的检测周期。若设备完成第 $j+1$ 次工作的累积工作时间 S_{j+1} 满足条件 $S_{j+1}\notin A_t^{k+1}$ 时,设备的失效将被按照维护计划进行的性能测试检测到,而当 $S_{j+1}\in A_t^{k+1}$ 时,设备的失效将由第 $j+1$ 次工作结束后的性能测试检测出来。这二者的概率可分别依据式(11.1)、式(11.2)进行计算。

$$P\left(S_{j+1}\notin A_t^{k+1}\left|\begin{array}{l}t\in A_k^{k+1},\\W(t)=j\end{array}\right.\right)=\int_{kT}^{(t+1)T}\int_0^t\overline{G}((k+1)T-x)\mathrm{d}G^j(x)\mathrm{d}F(t)\quad(11.1)$$

$$P\left(S_{j+1}\in A_t^{k+1}\left|\begin{array}{l}t\in A_k^{k+1},\\W(t)=j\end{array}\right.\right)=\int_{kT}^{(t+1)T}\int_0^t\left[\begin{array}{c}G((k+1)T-x)\\-G(t-x)\end{array}\right]\mathrm{d}G^j(x)\mathrm{d}F(t)\quad(11.2)$$

式中:S_j 表示设备第 j 次工作后的累积工作时间 $S_j=\sum_{k=1}^{j}Z_k$,Z_j 为设备第 j 次工作的持续时间;$G(x)$ 为设备第 j 次工作持续时间 $Z_j\leqslant x$ 的概率,即 $G(x)\equiv P(Z_j\leqslant x)$,$g(x)$ 为其概率密度函数;$G^j(x)$ 为设备在时间段$(0,x]$中至少工作 j 次的概率,$G^j(x)$ 的值为 $G(x)$ 本身的 j 阶卷积;$W(x)$ 为设备在时间段$(0,x]$中的工作次数。为讨论方便,令$\overline{\Phi}(x)=1-\Phi(x)$,$\Phi(x)$ 为任意分布函数。

根据条件概率公式,设备失效由按维护计划进行性能测试检测出来的概率 P_p 和失效由设备工作结束后的性能测试检测出来的概率 P_R 分别如式(11.3)和式(11.4)所示[11]。

$$P_p = \sum_{k=0}^{\infty} \int_{kT}^{(k+1)T} \left[\sum_{j=0}^{\infty} \int_0^t \overline{G}((k+1)T - x) \mathrm{d}G^j(x) \right] \mathrm{d}F(t) \tag{11.3}$$

$$P_R = \sum_{k=0}^{\infty} \int_{kT}^{(k+1)T} \left\{ \sum_{j=0}^{\infty} \int_0^t [G((k+1)T - x) - G(t-x)] \mathrm{d}G^j(x) \right\} \mathrm{d}F(t) \tag{11.4}$$

式中:$F(t)$为设备的剩余寿命分布函数,其概率密度函数为$f(t)$。

令 $C_1(T)$表示按照维护计划对设备进行周期为 T 的检测,同时每次任务结束后进行检测时,截止检测到失效时刻设备的期望检测成本。那么,选择 $C_1(T)$为优化目标函数,通过最小化 $C_1(T)$可以获得设备的最优检测周期 T^*。再令 $C_{1P}=(k+1)C_p+jC_R+C_D[(k+1)T-t]$,$C_{1R}=kC_p+(j+1)C_R+C_D(x+y-t)$,其中,$C_p$ 为单次按照设备维护计划对设备进行性能检测的成本,单位为万元/次;C_R 表示单次工作之后对设备进行性能检测的成本,单位为万元/次;C_D 表示未检测到设备失效引起的单位时间内的损失,单位为万元/单位时间。则优化目标函数 $C_1(T)$为

$$\begin{aligned} C_1(T) = &\sum_{k=0}^{\infty} \int_{kT}^{(k+1)T} \left[\sum_{j=0}^{\infty} \int_0^t C_{1P} \overline{G}((k+1)T - x) \mathrm{d}G^j(x) \right] \mathrm{d}F(t) + \\ &\sum_{k=0}^{\infty} \int_{kT}^{(k+1)T} \left\{ \sum_{j=0}^{\infty} \int_0^t \left\{ \int_{t-x}^{(k+1)T-x} C_{1R} \mathrm{d}G(y) \right\} \mathrm{d}G^j(x) \right\} \mathrm{d}F(t) \end{aligned} \tag{11.5}$$

对式(11.5)进行化简后可得对设备进行最优检测的目标函数为

$$\begin{aligned} C_1(T) = &C_p \sum_{k=0}^{\infty} \overline{F}(kT) + C_R \int_0^{\infty} M(t) \mathrm{d}F(t) + \\ &C_D \sum_{k=0}^{\infty} \int_{kT}^{(k+1)T} \left\{ \int_t^{(k+1)T} \overline{G}(y) \mathrm{d}y + \int_0^t \left[\int_{t-k}^{(k+1)T-x} \overline{G}(y) \mathrm{d}y \right] \mathrm{d}M(x) \right\} \mathrm{d}F(t) - \\ &(C_p - C_R) \sum_{k=0}^{\infty} \int_{kT}^{(k+1)T} \left\{ \begin{gathered} G((k+1)T) - G(t) + \\ \int_0^t [G((k+1)T - x) - G(t-x)] \mathrm{d}M(x) \end{gathered} \right\} \mathrm{d}F(t) \end{aligned} \tag{11.6}$$

式中:$M(x)$表示设备在时间段$(0,x]$中的期望工作次数,$M(x) = \sum_{j=0}^{\infty} G^j(x)$。$P_W^{(j)}(x)$为设备在时间段$(0,x]$中工作 j 次的概率,$P_W^{(j)}(x)= G^j(x)-G^{j+1}(x)$。

设备的最优检测周期为

$$T^* = \underset{T}{\mathrm{argmin}} C_1(T) \tag{11.7}$$

11.2 基于剩余寿命预测的退化设备最优检测策略

当设备的剩余寿命分布函数 $F(t)$ 和设备工作持续时间分布函数 $G(x)$ 已知时，根据式(11.6)、式(11.7)即可以计算出设备的最优检测周期。对于诸如惯性平台这类小批量、高可靠性要求且个体性能差异较大的设备，当其性能退化满足一定要求时，寿命分布可以使用第3章中介绍的方法进行求解。选择维纳过程的首达时间分布作为设备剩余寿命的分布，则设备的剩余寿命分布如式(11.8)所示：

$$f(t;y_0,D)=\frac{D-y_0}{\sigma\sqrt{2\pi t^3}}\exp\left(-\frac{(D-y_0-ut)^2}{2\sigma^2 t}\right) \tag{11.8}$$

根据第3章的论述可知，当退化过程中存在变点时，变点前后设备的寿命分布函数的参数会发生显著变化，即式(11.8)中的 u、σ^2 在变点前后差异较大，再使用退化规律变化之前的概率分布求解得到最优检测周期对设备进行检测，已经不能保证 $C_1(T)$ 最小，需要根据变点之后的寿命分布函数重新计算设备的最优检测周期。由此，给出如图11.2所示的设备动态最优检测周期确定方法。

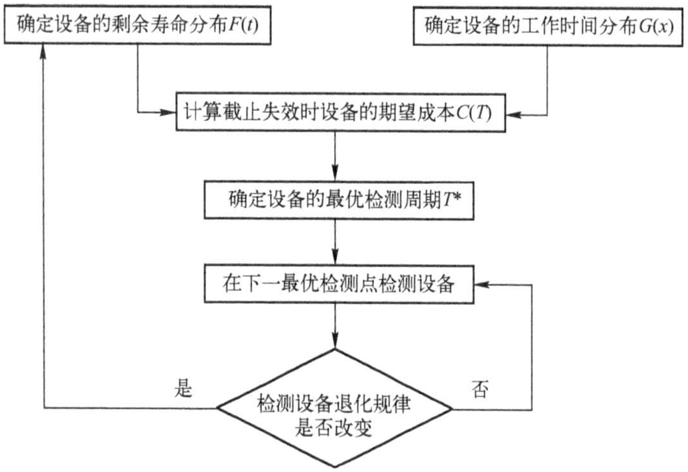

图11.2 设备动态最优检测周期的确定方法示意图

11.2.1 $G(x)$ 已知时设备的最优检测周期

若设备每次工作时间分布的形式已知，且具有单一的形式时，例如服从指数分布 $G(x)=1-e^{-\theta x}$ 时，可知 $M(x)=\theta x$，式(11.6)可整理为式(11.9)。$G(x)$ 的参数用历史数据和极大似然估计(MLE)法进行求解。当剩余寿命分布为指数分布或威布尔分布时，式(11.9)可进一步整理为便于分析和计算的解析形式[19-20]。剩余寿命分布为具有式(11.8)的形式时,式(11.9)难以进一步化为解析形式,需要使用数值方法进行计算。

$$C_1(T) = C_p \sum_{k=0}^{\infty} \overline{F}(kT) + C_R\theta \int_0^{\infty} t\mathrm{d}F(t) + \left(C_R - C_p + \frac{C_D}{\theta}\right) \sum_{k=0}^{\infty} \int_{kT}^{(k+1)T} \{1 - \mathrm{e}^{\theta[(k+1)T-t]}\} \mathrm{d}F(t) \tag{11.9}$$

使用莱布尼茨公式[21]对式(11.9)进行微分,可得

$$\frac{\partial C_1(T)}{\partial T} = C_p \sum_{k=0}^{\infty} kf(kT) + \left(C_R - C_p + \frac{C_D}{\theta}\right)(1 - \mathrm{e}^{-\theta T}) \sum_{k=0}^{\infty} kf(kT) - \left(C_R - C_p + \frac{C_D}{\theta}\right) \sum_{k=0}^{\infty} (k+1) \int_{kT}^{(k+1)T} \theta \mathrm{e}^{-\theta[(k+1)T-t]} \mathrm{d}F(t) \tag{11.10}$$

令$\partial C_1(T)/\partial T=0$可知

$$\frac{\sum_{k=0}^{\infty} (k+1) \int_{kT}^{(k+1)T} \theta \mathrm{e}^{-\theta[(k+1)T-t]} \mathrm{d}F(t)}{\sum_{k=0}^{\infty} kf(kT)} - (1 - \mathrm{e}^{-\theta T}) -= \frac{C_p}{C_R - C_p + C_D/\theta} \tag{11.11}$$

于是,通过求解式(11.11)即可获得设备的最优检测周期 T^*。

11.2.2 $G(x)$未知时设备的最优检测周期

当设备工作时间的分布未知或用单一的分布难以很好的拟合历史检测数据时,可利用混合分布模型来描述设备工作时间的分布。现有的混合分布模型有混合高斯模型、混合指数模型等。Gamma 分布模型的定义域为非负实数空间,已经得到很多专家的关注和研究,并在经济、可靠性等领域得到了重要的应用。本书选择混合 Gamma 分布作为设备的工作时间分布。Gamma 分布的概率分布密度函数如式(11.12)所示。其中 α、β 分别为 Gamma 分布的尺度参数和形状参数,$\Gamma(\cdot)$为 Gamma 函数,其期望和方差分别为 α/β、α/β^2。

$$Ga(z \mid \alpha,\beta) = \frac{\beta^{\alpha}}{\Gamma(\alpha)} z^{\alpha-1} \mathrm{e}^{-\beta t} \tag{11.12}$$

混合 Gamma 分布的概率分布密度函数如式(11.13)所示,其中 w_k 表示第 k 个 Gamma 分布的权重。

$$g(x) = \sum_{k=1}^{K} w_k Ga(z \mid \alpha_k,\beta_k) \tag{11.13}$$

式(11.13)中 $g(x)$ 的参数包括第 k 个 Gamma 分布的权重系数 w_k、形状参数 α_k 和尺度参数 β_k，w_k 满足 $0 \leqslant w_k \leqslant 1$，且 $\sum_{k=1}^{K} w_k = 1$。可使用标准的 EM 算法根据历史工作数据进行估计，详细过程可参考文献[21-22]。混合 Gamma 分布的均值和方差分别为 $\mu_0 = \sum_{k=1}^{K} w_k \alpha_k / \beta_k$ 、$\sigma^2 = \sum_{k=1}^{K} w_k \alpha_k / \beta_k^2$ 。

设备工作时间长度的分布函数为 $G(x) = \int_0^x g(t)\,\mathrm{d}t$ 。假设设备的工作时长相互独立，则 $M(x)$ 是时间间隔服从混合高斯分布的更新过程。$M(x)$ 的求解方法主要有解析法、数值法和矩法[23]。解析法需要利用拉普拉斯变换和反变换对多重卷积 $G^j(x)$ 进行求解，当 $g(x)$ 为混合 Gamma 分布时，难以获得方便计算的解析解。数值法将混合分布的概率密度函数离散化后计算多重卷积 $G^j(x)$，需要进行大量的运算。矩法也是一种近似的方法，该方法首先通过计算混合分布及其多重卷积 $G^j(x)$ 的矩，然后使用具有相同矩的一个特定分布(如正态分布、Beta 分布等)来近似 $G^j(x)$，该方法适合计算用解析法难以求解的情形，计算较为简单，对精度要求不是很高时可以采用此方法求解。当 $g(x)$ 为混合高斯模型时，选择矩法对 $M(x)$ 和 $m(x)$ 进行计算。选择正态分布近似 $G^j(x)$，$M(x)$ 和 $m(x)$ 的计算可按以下步骤执行。

步骤 1：确定 $G^j(x)$ 期望 μ^j(一阶矩)、$(\sigma^j)^2$ 方差(二阶矩)等；

$$\mu^j = j\mu_0 = j\sum_{k=1}^{K} w_k \alpha_k \tag{11.14}$$

$$(\sigma^j)^2 = j\sigma^2 = j\sum_{k=1}^{K} w_k \alpha_k / \beta_k^2 \tag{11.15}$$

步骤 2：确定 $G^j(x)$ 的近似正态分布函数和面密度分布函数；

$$g^j(x) \approx \frac{1}{(\sigma^j)\sqrt{2\pi}} \mathrm{e}^{-(x-\mu_j)^2/2(\sigma j)^2} \tag{11.16}$$

$$G^j(x) \approx \frac{1}{\sigma^j\sqrt{2\pi}} \int_{-\infty}^{x} \mathrm{e}^{-(t-\mu_j)^2/2(\sigma j)^2}\,\mathrm{d}t \tag{11.17}$$

步骤 3：求解 $M(x)$ 和 $m(x)$。

$$m(x) = \sum_{k=0}^{\infty} g^j(x) \tag{11.18}$$

$$M(x) = \sum_{k=0}^{\infty} G^j(x) \tag{11.19}$$

将 $M(x)$ 的计算结果代入式(11.6)，选择不同的检测间隔 T，即可以获取 $C_1(T)$ 与 T 的关系，进而求得最优检测周期 T^*。

11.3　基于寿命预测信息的惯性平台的最优检测策略

惯性平台平时处于贮存状态,依据维护计划对其性能进行检测,保证其随时处于可用状态。同时,由于执行搬迁、操作训练等任务,在每次任务结束后进行贮存前,也需要对其性能进行检测。本节选择两次任务之间的时间为惯性平台的工作时间,用上一章的剩余寿命分布计算方法和上一节提出的模型对惯性平台的最优检测周期进行求解。

这里选择陀螺仪漂移系数表征惯性平台的性能。惯性平台的检测成本、任务周期分布及其参数等信息如表 11.1 所列。假设两次任务之间的时间间隔相互独立且服从参数为 θ 的指数分布,$1/\theta$ 为惯性平台的平均任务时间间隔,且 $M(t)=\theta t$。根据式(11.9)和式(11.11)可以求得不同检测时刻,截止惯性平台失效时刻的平均检测成本 $C_1(T)$ 与 T 的关系,以及惯性平台的最优检测周期 T^*。

表 11.1　惯性平台检测策略相关参数取值

检测成本项目	成本(单位:万元)
C_P	2
C_R	3
C_D	40

分别选择 $1/\theta$ 的值为 5、10、20、40 时,惯性平台截止检测到失效的检测成本 $C_1(T)$ 和最优检测周期 T^* 如下。其中图 11.3~图 11.6 分别给出了 $1/\theta$ 值为 5、10、20 和 40 时惯性平台的 $C_1(T)$ 与 T 的关系及最优检测周期 T^*。图 11.7 给出了惯性平台在不同检测时刻的最优检测周期 T^*。

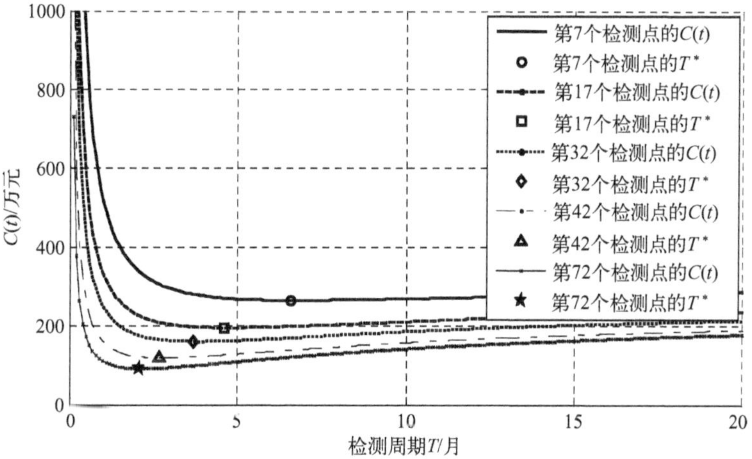

图 11.3　$1/\theta=5$ 时惯性平台的 $C_1(T)$ 和 T^*

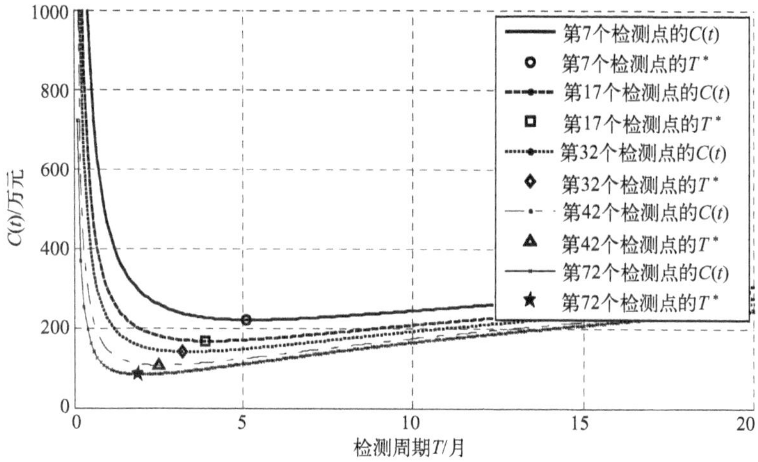

图 11.4　$1/\theta=10$ 时惯性平台的 $C_1(T)$ 和 T^*

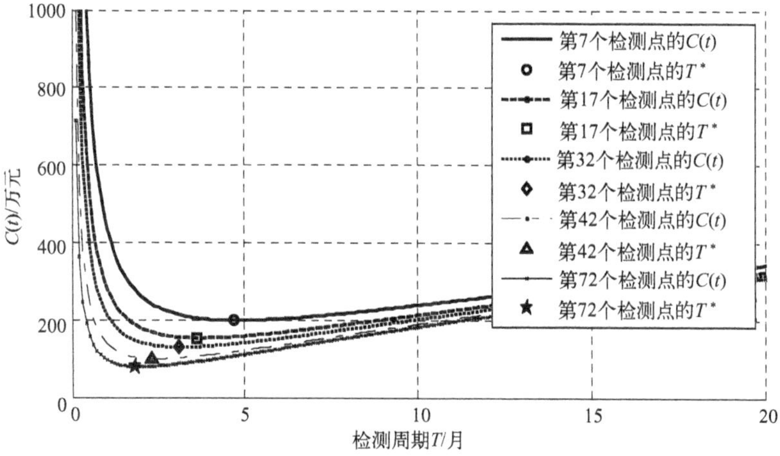

图 11.5　$1/\theta=20$ 时惯性平台的 $C_1(T)$ 和 T^*

分析计算的结果可得出如下结论：

(1) 惯性平台的最优检测周期随着平台服役时间的增长而缩短。平台使用的初期，性能好，可靠度高，适当的增长检测的周期能够降低检测的成本。当检测到平台的退化规律发生改变时，平台的剩余寿命分布发生相应改变，其最优检测周期亦随之改变。到平台使用的中后期，由于平台的可靠度降低，两次检测之间发生失效的可能性增加，因此需要缩短检测的间隔，降低失效的风险。

(2) 当惯性平台两次任务之间的时间间隔变短时，设备的最优检测间隔随着增长；反之任务之间的时间间隔变长，则最优检测周期相应缩短。这是由于每次执行任务之后，贮存平台之前需要对其性能进行检测，降低了按维护计划进行检测时两检测点之间平台失效的风险,与实际情况相符合。

(3) 所研究的平台是按月进行固定周期性能检测的,计算结果表明这样的检测周期较为保守。

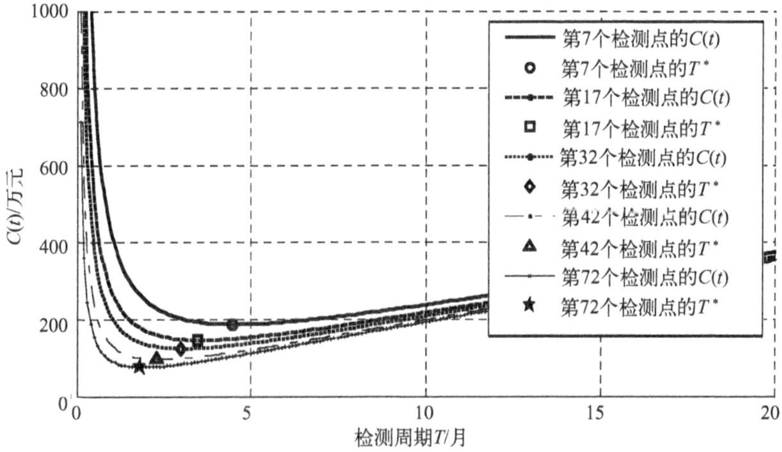

图 11.6　$1/\theta=40$ 时惯性平台的 $C_1(T)$ 和 T^*

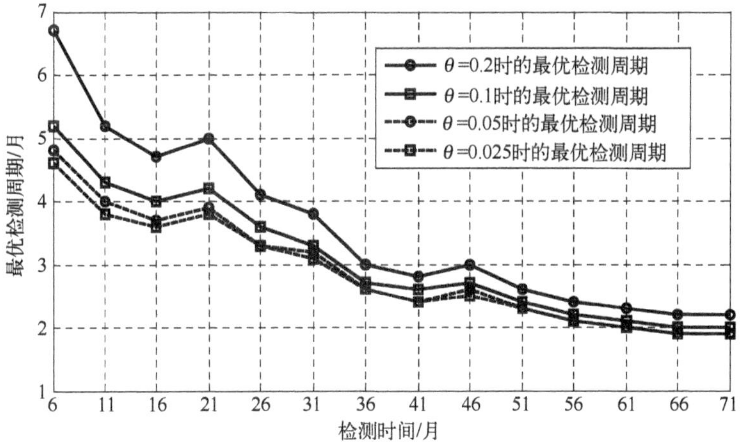

图 11.7　惯性平台不同检测时刻的 T^*

11.4 本章小结

针对设备性能检测中检测间隔不合理的实际情况,本章在对设备剩余寿命预测的基础上,研究了设备的最优检测策略。选择周期检测与每次工作后检测相结合的检测策略,以最小化截止检测到失效时刻设备的期望检测成本为目标,给出了工作时间分布已知和未知两种情况下的设备的最优检测周期确定方法，为设备检测、维护提供了参考和依据。将该方法用于某型号惯性平台的性能检测过程中，得出当前状态下该型号惯性平台的最优检测周期。结果表明对该平台进行按月检测的策略过于保守，可以适当增长设备的检测间隔，降低检测的成本和检测对设备寿命的影响。

参考文献

[1] 李明福，胡昌华，周志杰，等．基于退化数据的贮存设备最优检测策略[J]．系统工程与电子技术，2015，37(5)：1219-1223.

[2] Zhang Z X, Si X S, Hu C H. An age- and state-dependent nonlinear prognostic model for degrading systems[J]. IEEE Trans. on Reliability, DOI: 10.1109/TR.2015.2419220.

[3] Scarf P A. A framework for condition monitoring and condition based maintenance[J]. Quality Technology & Quantitative Management, 2007, 4(2): 301-312.

[4] Wang H. A survey of maintenance policies of deteriorating systems[J]. European Journal of Operational Research, 2002, 139: 469-489.

[5] Pham H, Wang h. Imperfect maintenance[J]. European Journal of Operational Research. 1996, 94: 425-438.

[6] Dekker R, Wildeman R E, Van Der, et al. A review of multi-component maintenance models with economic dependence[J]. Mathematical Methods of Operational Research, 1997, 45 (3): 411-435.

[7] Ito K, Nakagawa T, NISHI K. Extended optimal inspection policies for a system in storage[J]. Mathematical and Computer Modeling, 1995, 22(10-12): 83-87.

[8] ITO K, NAKAGAWA T. An optimal inspection policy for a storage system with high reliability [J]. Microelectronics Reliability, 1995, 36(6): 875-882.

[9] Ito K, Nakagawa T. Optimal inspection policies for a storage system with degradation at periodic tests[J]. Mathematical and Computer Modeling, 2000, 31: 191-195.

[10] Nakagawa T, Yasui K. Approximate calculation of optimal inspection times[J]. Journal of Operational Research Society. 1980, 31: 851-853.

[11] Nakagawa T, Mizutani S, Chen M. A summary of periodic and random inspection polices[J]. Reliability Engineering and System Safety, 2010, 95: 906-911.

[12] Yeh L. An Optimal inspection-repair-replacement policy for standby systems[J]. Journal of Applied Probability. 1995, 32(1): 212-223.

[13] Kaio N, Osaki S. Some remarks on optimum inspection policies[J]. IEEE Trans. Reliability. 1984, R(33): 277-279.

[14] Barlow R E, Hunter L C, PROSCHAN F. Optimum checking procedures[J]. J. Soc. Industry. Apple. Math., 1963, 11: 1078-1095.

[15] Yang Y, Klutke, G A. Improved inspection schemes for deteriorating equipment [J].

Probability in the Engineering and Informational Sciences,2000,14:445-460.

[16] Yeh R H. Optimal Inspection and replacement policies for multi-state deteriorating systems [J]. European Journal of Operations Research. 1997,96:248-259.

[17] Sugiura T,Mizutani S,Nakawaga T. Optimal random and periodic inspection policies. In Reliability Modeling,Analysis and Optimization[M]. Singapore:World Scientific,2006:393-403.

[18] 张正新. 惯性平台性能退化机理、规律及最优检测决策方法[D]. 西安:第二炮兵工程大学,2013.

[19] Seal H. Stochastic theory of a risk business[M]. New York:John Wiley&Sons,1969.

[20] Nakagawa T. Maintenance theory of reliability[M]. London:Springer;2005.

[21] 同济大学数学教研室. 高等数学——下册[M]. 北京:高等教育出版社. 1996.

[22] Dempster A P,Laird N M,Rubin D B. Maximum likelihood from incomplete data via EM algorithm[J]. Journal of the Royal Statistical Society,1977,39(1):1-38.

[23] Saralees N. A review of results on sums of random variables[J]. Acta. Appl. Math. 2008, 103:131-140.

第 12 章

资源有限情形下两部件系统的合作预测维修

预防性维修是使系统可靠性保持在一个满意水平之上，延长设备使用寿命，降低失效发生率的一个有效手段[1-6]。但是，预防性维修动作并不能降低或消除由系统设计方面缺陷导致的失效风险。针对这种情形，Lin 等[7]认为系统中主要存在两类失效模式：可维修失效模式（maintainable failure mode）和不可维修失效模式（non-maintainable failure mode）。其中，与可维修失效模式对应的退化可以通过诸如清洗擦拭、润滑涂油和紧固螺丝此类的预防性维修动作来消除或缓解，而与不可维修失效模式对应的退化或失效只有通过替换操作才能消除。针对这两类失效模式相互独立的情形，Lin 等[13]提出了一种序贯不完美预防性维修策略。但有些情况下，这些失效模式之间并非统计独立，而是存在着相互影响的关系。对这类系统进行维修决策建模时，需要将这些相互影响考虑进去。近年来，有不少文献开始研究失效模式相互影响情况下的最优维修决策建模问题[8-19]。比如，Murthy 和 Nguyen[8]针对一类由两个部件组成的系统提出了两种描述失效模式相互依赖关系的模型。一种是不管该系统中哪个部件发生失效都会引起另一个部件的失效。另一种是任何一个部件的失效都会给另一个部件的失效率带来一定的影响。Zequeira 和 Bérenguer[20]着重研究了这两种失效模式为竞争失效模式且相互之间存在统计依赖时的周期性预防性维修问题，并给出了最优策略存在且唯一的条件。Castro[17]也研究了类似的问题，但与文献[20]不同之处主要在于用来描述失效模式相互依赖的模型。

可以看出，现有的文献大都侧重于在传统维修框架下研究如何基于失效率信息对失效模式之间的相互影响进行建模和优化，并没有考虑基于性能退化数据的维修决策建模。这导致维修决策结果并不能反应系统健康状态的实时变化。考虑到传感器技术已经得到了迅猛发展，并已经在工业生产中得到了广泛的应用，因此，如何利用设备在运行过程中的性能数据进行维修决策是一个很值得研究的问题。

而且,失效模式之间通常存在着双向影响。比如,电阻在使用过程中会散发热量从而使周围环境温度升高,而碳质电阻的失效率受环境温度影响较大[21],因此,如果将这些电阻装配在一起时,各自散发的热量都会影响其他电阻的失效率。由此可以看出,研究针对存在双向影响失效模式系统的维修策略很有必要。

此外,大部分文献总是认为资源是充足的,而实际上,用于维修的资源(维修费用、备品备件等)并非取之不尽,用之不竭。比如,当多个部件发生失效且这些部件分布在不同地点时,维修人员分配就是一个需要仔细考虑的问题,人员的多少将直接影响维修的质量。因此,需要研究维修决策过程中资源的限制对维修效果的影响,为合理分配维修资源提供理论支持。目前,有很多文献研究了维修效果建模问题。Barlow 和 Hunter[22]首先提出了最小维修的概念。Lin[23]等提出了一种混合不完美维修模型。Wu 和 Zuo[24]总结了现有文献中的不完美维修模型。刘宇等[25]考虑了如何利用真实数据来选择合理的不完美维修模型的问题。

本章在同时考虑不完美维修和资源有限的基础上,针对失效模式存在相互影响的两部件系统,提出一种合作预测维修模型(Cooperative Predictive Maintenance, CPdM)[26]。总的来说,就是首先利用对其实时监测得到的信息来对可靠性和未来失效次数进行预测和估计,然后将预测结果考虑到维修决策过程当中,同时考虑维修资源的合理分配,使维修模型更符合实际情况,维修决策结果更合理。

12.1　资源有限情形下两部件系统合作预测维修策略描述

考虑由两个部件组成的复杂系统在其部件对应的失效模式相互影响的情况下,如何利用实时监测信息去合理分配有限的维修资源,使单位时间内的期望损失费用最小的问题。在给出合作预测维修模型之前,首先引入几个前提假设。由于本章研究的是一个部件对应一个失效模式,因此,在本章接下来的内容里不再对单个失效模式与单个部件进行区分。为了方便讨论,这里用 i 来标记失效模式,$i=1$ 表示失效模式 1,$i=2$ 则表示失效模式 2。

假设 12.1:可修系统为一两部件系统,且与其部件对应的失效模式之间存在双向影响。其影响方式为:其中一个部件每发生一次失效都会对另一个部件的失效率产生一定的影响。此外,每个失效模式都有一个性能变量 $\phi_i(t)\ (i=1,2)$ 与之相对应。

文献[8-12,17-19]都考虑了失效模式存在单向影响的情形,本章考虑了失效模式双向相互影响的情形。因此可以说,假设 12.1 是对前述文献中所研究内容的扩展。实际工业系统中,系统一般都是由多个部件组成,每个部件又至少有一种失效模式,因此,该假设是一种合理的假设,具有实际意义。

假设 12.2:用于维修的资源有限。

通常情况下,维修资源包括实施维修的人员、备品备件及相应的维修费用。但本章只考虑维修费用有限的情形。因此,后续的内容不再对维修资源和维修费用作严格区分。显而易见,受设备运行环境和企业能力的限制,用于维修的资源不可能应有尽有。比如,企业每年用于安排维修的预算肯定是有限的,企业不可能不顾自身实际能力而给维修活动分配足够的资源。因此,这就需要考虑在对每个部件进行维修时,如何将有限的维修资源合理分配给每一个部件,从而以有限的资源达到较佳的维修效果,进而在资源分配过程中体现合作的思想。

假设 12.3:未来维修活动的安排建立在未来时间内期望失效次数的预测值和对系统长时运行平均费用最小化基础之上。

如以上所述,目前大部分文献并不能满足假设 12.1。这些文献主要研究失效模式相互独立或只存在单向影响时的维修问题。在这种情形下,一种可能的处理方式就是实施竞争性的维修,也就是将全部有限的资源用于某一个失效模式的维修。这将会导致另一个部件停止工作,从而带来损失。为了克服现有方法的不足,并使维修策略更能反映系统健康状态的变化,本章着重研究同时满足假设 12.1、12.2 与 12.3 时的预测维修问题。

其他必须的假设如下:

假设 12.4:对两种失效模式同时进行维修,且将这种同时进行的维修称为系统的一次预防性维修。用于系统每次预防性维修的资源有限且数量固定。只有在完成前一次预防性维修后才对其重新补充。此外,由于分配给每个失效模式用来维修的资源是有限的,因此,维修操作不可能使失效模式恢复如新。

以 $\eta(t)\in\Omega_\eta$ 表示在当前时刻 t 根据性能退化数据确定的与失效模式 1 相对应的维修资源分配比例。其中,Ω_η 为分配比例 η_t 所有可能的集合,即 $\Omega_\eta=\{\eta_1,\eta_2,\cdots,\eta_q\}$,$0<\eta_1<\eta_2<\cdots<\eta_q$,$q\in\mathbf{N}$。下面给出关于 Ω_η 的一个假设。

假设 12.5:集合 Ω_η 不随时间的变化而变化。而且,所有预防性维修的资源分配比例 $\eta(t)$ 都相同。

假设 12.6:不管哪种失效模式,一旦发生失效就会立刻被管理人员发现。并且可以通过最小维修来对已经发生的失效进行矫正,从而使部件重新恢复运行。进一步,最小维修不会改变性能变量 $\phi_i(t)$ 的变化规律。另外,这里不考虑由检测所带来的损失费用及其可能对系统造成的额外伤害。

假设 12.7:可以用失效率曲线来刻画每个失效模式的退化过程。进一步,每个失效模式对应的失效率曲线是分段连续且在时间段 $(t_k,t_{k+1}]$ 内严格凸增。

假设 12.8:实施替换、最小维修和预防性维修这些操作所消耗的时间可以忽略不计。

在满足以上假设的前提下，本章将在接下来的内容里结合图 12.1 详细给出合作预测维修模型的描述：

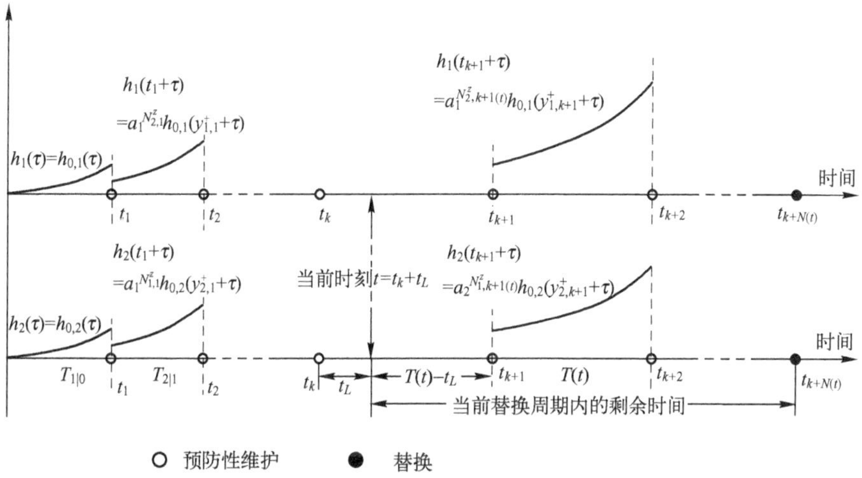

图 12.1　合作预测维修示意图

（1）假设系统已经经过 k 次预防性维修，且运行至当前时刻 $t=t_k+t_L$。其中，t_L 为系统在刚刚进行完第 k 次维修后到目前为止所运行的时间长度。为了使系统维持在一个满意的可靠度水平之上，计划在今后一段时间内安排 $N(t)-1$ 次周期性预防性维修。

（2）记在 t 时刻确定的两次预防性维修的时间间隔，即维修周期为 $T(t)$。这里要求 $T(t)\geqslant t_L$。在对系统实施过 $N(t)-1$ 次维修后，再过时间 $T(t)$ 就用一个新系统将其替换。在接下来的内容中，将不加声明的用 t 表示 t_k+t_L。

（3）对与各个失效模式相对应的性能退化量进行周期性采样，采样时间间隔为 Δt。失效模式在 $(t,t_{k+1}]$ 时间区间内的失效率 $h_i(s)$ 可以利用性能退化数据估计而得。而由于预防性维修会对性能退化数据产生影响，因此，首次维修后仍然采用由寿命数据统计得到的失效率函数 $h_{0,i}(s)$ 来表示失效模式的退化过程。

（4）失效模式之间存在双向相互影响，即失效模式 i 所发生的失效会对另一个失效模式 $\bar{i}$ 的失效率函数产生累积性的影响（请参考图 12.1 中的 $h_i(t_l+\tau)$）。在当前时刻 t 之前，用 $\overline{N}^z_{i,l}$ 表示失效模式 i 的第 $l(l\leqslant k)$ 次已经完成的维修前发生的所有失效次数。若当前时刻为 t，失效模式 i 在时间段 $[t_0,t_{k+j}]$ 内发生的总失效次数（包含在 $[t_0,t]$ 内已经发生的失效次数和在 $(t,t_{k+j}]$ 内估计得到的期望失效次数）与失效模式 $\bar{i}$ 在 $(t_{k+j},t_{k+N(t)}]$ 内的失效率函数存在一定的联系。这里，若 $i=1$，那么 $\bar{i}=2$，反之亦然。

(5) 维修时间可以忽略不计。

下面根据以上给出的假设以及合作预测维修模型的详细描述,给出基于寿命预测信息的期望失效估计与资源有限与失效模式相互影响情形下的维修效果建模。

12.1.1 基于寿命预测信息的期望失效次数估计

由于对与各个失效模式相关的性能退化量进行周期性采样,因此就可以利用在$[t_k,t]$内获得的所有性能退化数据来获得对应失效模式的预测可靠度$R_i(t_{k+1}\mid t)$。进一步地,利用该预测可靠性来估计失效模式i将要在时间段$[t,t_{k+1}]$内发生失效的期望次数,记为$\hat{N}_{i,k}(t)$。通过这种方式可以使预防性维修的决策能够随着系统实际健康状态的变化而变化[27]。这里涉及的一个核心技术为基于性能退化数据的实时可靠度预测。目前,已经有很多文献对此进行了研究,比如文献[28-32]。同其他文献一样,这里仍然在软失效概念的基础上来对各个失效模式进行性能可靠性预测,即当失效模式i的性能退化量$\phi_i(t)$超过预先设定的阈值$\phi_{i,th}$时,即认为发生了软失效。因此,失效模式i在t_{k+1}时刻的预测可靠度可以通过下式计算而得[31]

$$R_i(t_{k+1}\mid t)=\int_{-\infty}^{\phi_{i,th}}f(\phi_i(t_{k+1})\mid\phi_i(\tau),t_k\leqslant\tau\leqslant t)\mathrm{d}\phi_i(t_{k+1})\tag{12.1}$$

而同时,$R_i(t_{k+1}\mid t)$也可以按照下式来计算:

$$R_i(t_{k+1}\mid t)=\exp\left(-\int_0^{T(t)-t_L}h_i(t+\tau\mid t)\mathrm{d}\tau\right)\tag{12.2}$$

进一步,若失效模式的每次失效都是通过最小维修使其恢复运行,那么$\hat{N}_{i,k}(t)$可以通过下式来表示[27]

$$\hat{N}_{i,k}(t)=\int_0^{T(t)-t_L}h_i(t+\tau\mid t)\mathrm{d}\tau\tag{12.3}$$

根据式(12.1)、式(12.2)和式(12.3),可以在历史性能退化数据的基础上估计得到失效模式在$[t,t_{k+1}]$内的期望失效次数,即

$$\hat{N}_{i,k}(t)=-\ln\int_{-\infty}^{\phi_{i,th}}f(\phi_i(t_{k+1})\mid\phi_i(\tau),t_k\leqslant\tau\leqslant t)\mathrm{d}\phi_i(t_{k+1})\tag{12.4}$$

需要注意的是,可靠度预测并不是本章的重点,请参考文献[32-34]来了解实时可靠度预测的详细内容以及基于指数平滑方法的性能可靠性预测步骤。

此外,由于很难量化计划安排的预防性维修对性能变量的影响,因此在时间段$(t_{k+j},t_{k+j+1}]$$(1\leqslant j\leqslant N(t)-1)$内的期望失效次数并不能利用性能退化数据来进行估计,而只能用失效率函数$h_{0,i}(s)$来计算。

12.1.2 资源有限与失效模式相互影响情形下的维修效果建模

由于失效模式相互影响和资源有限,因此,预防性维修的效果是不完美的。不

完全维修的效果可以通过失效率函数和有效役龄的改变来进行描述[7]。将失效模式 i 在第 l 次维修后失效率记为 $h_i(t_l+s)$，并通过下式来对其进行计算：

$$h_i(t_l+\tau)=\begin{cases} h_{0,i}(y_{i,l}^{+}+\tau)\,a_i^{\overline{N}^{z}_{\bar{i},l}}, & l\leqslant k \\ h_{0,i}(y_{i,l}^{+}(t)+\tau)\,a_i^{\overline{N}^{z}_{\bar{i},l}(t)}, & l>k \end{cases} \tag{12.5}$$

其中，$0<\tau<t_{l+1}-t_l$。在式(12.5)中，调整因子 $a_i^{\overline{N}^{z}_{\bar{i},l}}(l\leqslant k)$ 和 $a_i^{\overline{N}^{z}_{\bar{i},l}(t)}(l>k)$ 被引入用来量化失效模式 $\bar{i}$ 的失效次数对失效模式 i 的影响[11]。每次维修后失效模式 i 的有效役龄 $y_{i,l}^{+}$ 和 $y_{i,l}^{+}(t)$ 可以通过下式进行分别计算和预测：

$$y_{i,l}^{+}=y_{i,l-1}^{+}+\rho_{i,l}T_{l|l-1},\quad 1\leqslant l\leqslant k$$

$$y_{i,l}^{+}(t)=y_{i,l-1}^{+}+\rho_i(t)T(t),\quad l=k+1$$

$$y_{i,l}^{+}(t)=y_{i,l-1}^{+}(t)+\rho_i(t)T(t),\quad k+2\leqslant l\leqslant k+N(t)-1$$

所以，在第 j 次未实施的预防性维修前任意小的时间内失效模式 i 的有效役龄为

$$y_{i,k+j}(t)=y_{i,k}^{+}+[1+(j-1)\rho_i(t)]T(t),\quad j=1,\cdots,N(t) \tag{12.6}$$

其中的调整因子 $\rho_{i,l}$ 和 $\rho_i(t)$ 与资源分配比存在着如下确定性的函数关系[35]：

$$c_{p,i}^{l}=\frac{-b_i}{\ln(1-\rho_{i,l})}=\begin{cases} c_p\overline{\eta}_l, & l\leqslant k,i=1 \\ c_p(1-\overline{\eta}_l), & l\leqslant k,i=2 \end{cases}$$

和

$$c_{p,i}(t)=\frac{-b_i}{\ln(1-\rho_i(t))}=\begin{cases} c_p\eta(t), & l>k,i=1 \\ c_p(1-\eta(t)), & l>k,i=2 \end{cases}$$

式中：$b_i>0$ 为常数，且可以通过历史数据估计求得；$\overline{\eta}_l$ 为已经完成维修的资源分配比；$\eta(t)$ 为将要实施的维修的分配比。需要指出的是，上面所给出的式子只是用来描述资源分配比与调整因子之间存在着一定的关系。当然，可以根据实际情况选用其他的关系表达式来刻画，但这不影响本章的结果。

12.2　预测维修目标函数建立及其优化求解

12.2.1　目标函数建立

本节将通过最小化在当前替换周期剩余时间内的期望费用率来实现合理地安排当前时刻 t 之后的维修操作。根据 12.1 节中对 CPdM 模型的描述，在时刻 $t=t_k+t_L$，当前替换周期内剩余运行时间的期望长度为

$$M(t)=N(t)T(t)-t_L \tag{12.7}$$

而在剩余运行时间内的总期望费用 $C(t)$ 则为总替换费用 C_r、所有预防性维修费用

$C_p(t)$与所有最小维修费用之和,也就是

$$C(t)=C_r+C_p(t)+C_m(t) \tag{12.8}$$

接下来,将对式(12.8)中等号右边的每一项逐一进行详细的推导,给出其相应的表达式,具体如下:

(1) $C_r=c_{r,1}+c_{r,2}$;

(2) $C_p(t)=(N(t)-1)c_p$;

(3) $C_m(t)$则由两部分组成:

① 在性能可靠度预测基础上获得的时间段$(t,t_{k+1}]$内期望维修费用:

$$C_{m,1}(t)=\sum_{i=1}^{2}c_{m,i}\int_0^{T(t)-t_L}h_i(t+\tau\mid t)\mathrm{d}\tau=\sum_{i=1}^{2}c_{m,i}\hat{N}_{i,k}(t)$$

② 通过基于失效时间数据统计得到的失效率函数获得的在时间段$(t_{k+1},t_{k+N(t)}]$内的期望维修费用:

$$\begin{aligned}C_{m,2}(t)&=\sum_{i=1}^{2}c_{m,i}\sum_{j=1}^{N(t)-1}a_i^{N^z_{i,k+j}(t)}\int_{y_{i,k+j+1}(t)-T(t)}^{y_{i,k+j+1}(t)}h_{0,i}(\tau)\mathrm{d}\tau\\&=\sum_{i=1}^{2}c_{m,i}\sum_{j=1}^{N(t)-1}N_{i,k+j}(t)\end{aligned}$$

其中,$N_{i,k+j}(t)=a_i^{N^z_{i,k+j}(t)}\int_{y_{i,k+j+1}(t)-T(t)}^{y_{i,k+j+1}(t)}h_{0,i}(\tau)\mathrm{d}\tau$。

于是,最小总期望维修费用为

$$C_m(t)=C_{m,1}(t)+C_{m,2}(t)$$

然后,根据上述推导过程可以获得在剩余运行时间内的总期望费用为

$$C_a(t)=\sum_{i=1}^{2}c_{m,i}\hat{N}_{i,k}(t)+\sum_{i=1}^{2}c_{m,i}\left(\sum_{j=1}^{N(t)-1}N_{i,k+j}(t)\right)+c_{r,1}+c_{r,2} \tag{12.9}$$

因此,由式(12.7)和式(12.9)就可以得到系统在当前替换周期剩余时间内的单位时间期望费用为

$$\begin{aligned}C(N(t),T(t),\eta(t))&=\frac{C_a(t)}{M(t)}\\&=\frac{(N(t)-1)c_p+\sum_{i=1}^{2}\left[c_{m,i}\left(\hat{N}_{i,k}(t)+\sum_{j=1}^{N(t)-1}N_{i,k+j}(t)\right)+c_{r,i}\right]}{N(t)T(t)-t_L}\end{aligned} \tag{12.10}$$

式中:$N(t)\in\mathbf{N}$、$T(t)\geqslant t_L$和$\eta(t)\in\Omega_\eta$皆为决策变量。

当$N(t)=1$时,费用率函数(12.10)即退化为

$$C(T(t))=\frac{\sum_{i=1}^{2}(c_{m,i}\hat{N}_{i,k}(t)+c_{r,i})}{T(t)-t_L} \tag{12.11}$$

相应地,$T(t)$仅仅依赖于由预测得到的失效次数$\hat{N}_{i,k}(t)$。在这种情形下,只有替换操作是可选的操作,而无需考虑预防性维修操作的安排。因此,也不必去确定变量$\eta(t)$。

从以上分析和 CPdM 模型描述可知,时刻 t 时的费用率 $C(N(t),T(t),\eta(t))$ 依赖于预测信息,比如在时间段$(t,t_{k+N(t)}]$内发生失效的期望次数。随着时间的推移,费用率 $C(N(t),T(t),\eta(t))$ 也会发生相应的改变。因此,建立在该费用率基础上的维修决策反映了设备健康状态的实时变化。

12.2.2　费用率函数优化求解

本节将研究费用率函数(12.10)的优化问题。为方便计算,特对如下标记相应地做一些简化:$N(t)=N$,$T(t)=T$,$\hat{N}_{i,k}(t)=\hat{N}_{i,k}$,$\eta(t)=\eta$,$N_{i,k+j}(t)=N_{i,k+j}$,及$y_{i,k}(t)=y_{i,k}$。然后,利用这些简化标记将费用率函数(12.10)重新整理为

$$C(N,T,\eta)=\frac{(N-1)c_{\mathrm{p}}+\sum_{i=1}^{2}\left[c_{\mathrm{m},i}\left(\hat{N}_{i,k}+\sum_{j=1}^{N-1}N_{i,k+j}\right)+c_{\mathrm{r},i}\right]}{NT-t_L}\tag{12.12}$$

式中:N、T 和 η 为决策变量。

当 $N=1$ 时,退化后的费用率函数式(12.11)则为

$$C(T)=\frac{\sum_{i=1}^{2}(c_{\mathrm{m},i}\hat{N}_{i,k}+c_{\mathrm{r},i})}{T-t_L}\tag{12.13}$$

式中:T 为决策变量。注意,在这种情形下无需对变量 η 进行决策。

根据式(12.12)和其退化后的函数式(12.13)可以看出,必须分以下两种情形来寻找能够使剩余运行时间内期望费用率最小化的最优维修次数:①$N=1$;②$N\geqslant 2$。

上面已经指出,若 $N=1$,那么只需要决策何时实施替换操作,而无需决策预防性维修动作的次数及时间间隔。那么,对式(12.12)中的 $C(T)$ 关于 T 求导,并令求导所得结果为 0,那么有

$$\sum_{i=1}^{2}c_{\mathrm{m},i}[(T-t_L)h_i(t_k+T\mid t)-\hat{N}_{i,k}]=c_{\mathrm{r},1}+c_{\mathrm{r},2}\tag{12.14}$$

为了找到能够满足式(12.14)的最优 T 值,引入如下定理:

定理 12.1　以 $\varepsilon_k(\tau)\backslash(0\leqslant\tau\leqslant T-t_L\backslash)$ 表示实际失效率$\bar{h}_i(t+\tau)$的预测值与其真值之间的误差,即 $\varepsilon_k(\tau)=h_i(t+\tau\mid t)-\bar{h}_i(t+\tau)$。在满足条件 $|\varepsilon_k(\tau)|<\varepsilon_{up}<\infty$ 前提下,存在一个满足式(12.14)的最优值。

证明:将式(12.14)的等式左边部分记为 $D(T)$。因为 $D(t_L)=0<c_{\mathrm{r},1}+c_{\mathrm{r},2}$,所以

t_L不可能为式(12.14)的解。因此,只需要考虑 $T>t_L$的情形。于是有

$$\begin{aligned}
D(T) &= \sum_{i=1}^{2} c_{m,i}\left[(T-t_L)h_i(t_k+T\mid t) - \int_0^{T-t_L} h_i(t+\tau\mid t)\mathrm{d}\tau\right] \\
&= \sum_{i=1}^{2} c_{m,i}\left\{(T-t_L)[\bar{h}_i(t_k+T)+\varepsilon_k(T)] - \int_0^{T-t_L}[\bar{h}_i(t+\tau)+\varepsilon_k(\tau)]\mathrm{d}\tau\right\} \\
&\geqslant \sum_{i=1}^{2} c_{m,i}\left\{(T-t_L)[\bar{h}_i(t_k+T)-\varepsilon_{up}] - \int_0^{T-t_L}[\bar{h}_i(t+\tau)+\varepsilon_{up}]\mathrm{d}\tau\right\} \\
&= \sum_{i=1}^{2} c_{m,i}\left\{(T-t_L)\left[\bar{h}_i(t_k+T) - \frac{1}{T-t_L}\int_0^{T-t_L}\bar{h}_i(t+\tau)\mathrm{d}\tau - 2\varepsilon_{up}\right]\right\}
\end{aligned} \tag{12.15}$$

令 $\bar{D}(T)=\bar{h}_i(t_k+T)-1/(T-t_L)\int_0^{T-t_L}\bar{h}_i(t+\tau)\mathrm{d}\tau$。考虑到真实失效率函数$\bar{h}_i(\cdot)$是关于时间 t_k严格单调递增的凸函数,有如下结论

$$\begin{aligned}
\bar{D}(T) &= \frac{\int_0^{T-t_L}[\bar{h}_i(t_k+T)-\bar{h}_i(t+\tau)]\mathrm{d}\tau}{T-t_L} \\
&> \frac{\int_0^{T-t_L}\left\{\bar{h}_i(t_k+T)-\left[\bar{h}_i(t)+\frac{\bar{h}_i(t_k+T)-\bar{h}_i(t)}{T-t_L}\tau\right]\right\}\mathrm{d}\tau}{T-t_L} \\
&= \frac{\bar{h}_i(t_k+T)-\bar{h}_i(t)}{2}
\end{aligned} \tag{12.16}$$

由于式(12.16)右边部分在 $T\to\infty$ 时也趋于∞,因此当 $T\to\infty$ 时$\bar{D}(T)\to\infty$。进而,可以发现在 $T\to\infty$ 时有 $D(T)\to\infty$。

此外,考虑到有 $D(t_L)=0<c_{r,1}+c_{r,2}$,因此,我们可以得到存在一个满足式(12.14)的最优值 T_1^*。证毕。

定理 12.1 的条件可以通过选择恰当的可靠性预测方法来满足。但可靠性预测方法并不是本章的重点,请参考文献[32-34]以了解实时可靠性预测的相关工作。

当 $N\geqslant 2$ 时,需要最小化由式(12.12)确定的费用率函数 $C(N,T,\eta)$,并找到满足下式的 N^*、T^* 和 η^*。

$$C(N^*,T^*,\eta^*)=\inf\{C(N,T,\eta),N\geqslant 2,T\geqslant t_L,\eta\in\Omega_\eta\} \tag{12.17}$$

为了达到此目的,特给出如下几个定理。

定理 12.2 若假设 12.7 成立,那么对于任意 $j\in\mathbf{N}$,$\eta\in\Omega_\eta$和 $T\geqslant t_L$,$N_{i,k+j}$关于 $T\geqslant t_L$单调递增。

证明:若 $j=1$,则有

$$N_{i,k+1}=a_i^{N_{i,k+1}^{s}}\int_{y_{i,k+2}-T}^{y_{i,k+2}} h_{0,i}(\tau)\mathrm{d}\tau \tag{12.18}$$

其中，$y_{i,k+2}=y_{i,k}^{+}+(1+\rho_i)T\geqslant T$。

$$
\begin{aligned}
\frac{\partial N_{i,k+1}}{\partial T} &= a_i^{N_{\bar{i},k+1}^{z}}[h_{0,i}(y_{i,k+2})(1+\rho_i)-h_{0,i}(y_{i,k+2}-T)\rho_i]+\\
&\quad a_i^{N_{\bar{i},k+1}^{z}}h_{\bar{i}}(t_k+T\mid t)\ln a_i\int_{y_{i,k+2}-T}^{y_{i,k+2}}h_{0,i}(\tau)\mathrm{d}\tau\\
&= a_i^{N_{\bar{i},k+1}^{z}h_{\bar{i}}}\{[h_{0,i}(y_{i,k+2})-h_{0,i}(y_{i,k+2}-T)]\rho_i+h_{0,i}(y_{i,k+2})\}+\\
&\quad a_i^{N_{\bar{i},k+1}^{z}}h_{\bar{i}}(t_k+T\mid t)\ln a_i\int_{y_{i,k+2}-T}^{y_{i,k+2}}h_{0,i}(\tau)\mathrm{d}\tau>\\
&\quad h_{0,i}(y_{i,k+2})\geqslant h_{0,i}(T)\geqslant h_{0,i}(t_L)>0
\end{aligned}
\tag{12.19}
$$

若 $j\geqslant 2$，那么有 $y_{i,k+j}=y_{i,k}^{+}+[1+(j-1)\rho_i]T$，且

$$
\begin{aligned}
\frac{\partial N_{i,k+j}}{\partial T} &= a_i^{N_{\bar{i},k+j}^{z}}\ln a_i\frac{\partial N_{\bar{i},k+j}^{z}}{\partial T}\int_{y_{i,k+j+1}-T}^{y_{i,k+j+1}}h_{0,i}(\tau)\mathrm{d}\tau+\\
&\quad a_i^{N_{\bar{i},k+j}^{z}}[h_{0,i}(y_{i,k+j+1})(1+j\rho_i)-h_{0,i}(y_{i,k+j+1}-T)j\rho_i]
\end{aligned}
\tag{12.20}
$$

然后将式(12.20)中的 j 替换为 2，可以得

$$
\begin{aligned}
\frac{\partial N_{i,k+2}}{\partial T} &= a_i^{N_{\bar{i},k+2}^{z}}\ln a_i\frac{\partial N_{\bar{i},k+2}^{z}}{\partial T}\int_{y_{i,k+3}-T}^{y_{i,k+3}}h_{0,i}(\tau)\mathrm{d}\tau+\\
&\quad a_i^{N_{\bar{i},k+2}^{z}}[h_{0,i}(y_{i,k+3})(1+2\rho_i)-2\rho_i h_{0,i}(y_{i,k+3}-T)]\\
&= a_i^{N_{\bar{i},k+2}^{z}}\ln a_i\frac{\partial N_{\bar{i},k+2}^{z}}{\partial T}\int_{y_{i,k+3}-T}^{y_{i,k+3}}h_{0,i}(\tau)\mathrm{d}\tau+\\
&\quad a_i^{N_{\bar{i},k+2}^{z}}[h_{0,i}(y_{i,k+3})(1+2\rho_i)-2\rho_i h_{0,i}(y_{i,k+3}-T)]>0
\end{aligned}
\tag{12.21}
$$

假设对于 $2\leqslant j\leqslant m$ 有 $\partial N_{i,k+j}/\partial T>0$。因此有 $\partial N_{i,k+j}^{z}/\partial T>0$，这意味着式(12.20)中等号右边第一项大于 0。此外，由于失效率 $h_{0,i}(s)$ 为严格增函数，因此式(12.20)中等号右边第二项也为正。因此，$\partial N_{i,k+m+1}/\partial T>0$。通过归纳法可得对于 $j\geqslant 2$ 有 $N_{i,k+j}$ 关于 T 的一阶偏导数大于 0，即 $\partial N_{i,k+j}/\partial T>0$。再结合式(12.19)，可得对 $j\in\mathbf{N}$ 有 $\partial N_{i,k+j}/\partial T>0$。证毕。

为了获得使 $C(N,T,\eta)$ 在 T 和 η 固定时取值最小的 N，这里采取了 Nakagawa 在文献[36]中所介绍的方法。

不等式 $C(N+1,T,\eta)\geqslant C(N,T,\eta)$ 和 $C(N,T,\eta)<C(N-1,T,\eta)$ 同时成立意味着

$$
A(N,T,\eta)\geqslant c_{r,1}+c_{r,2}-c_p,\quad 且\ A(N-1,T,\eta)<c_{r,1}+c_{r,2}-c_p \tag{12.22}
$$

其中：

$$
A(N,T,\eta)=\sum_{i=1}^{2}c_{m,i}\left[\left(N-\frac{t_L}{T}\right)N_{i,k+N}-\hat{N}_{i,k}-\sum_{j=1}^{N-1}N_{i,k+j}\right]-\frac{c_p t_L}{T},\quad N\in\mathbf{N},N\geqslant 2 \tag{12.23}
$$

关于 $A(N,T,\eta)$ 有如下定理:

定理 12.3 若假设 12.7 成立,那么存在唯一有限 $N^*_{T,\eta}\geqslant 2$ 使式(12.22)在 $T\geqslant t_L$ 和 $\eta\in\Omega_\eta$ 固定时成立。

证明:根据式(12.23)易得

$$\begin{aligned}A(N+1,T,\eta)-A(N,T,\eta)&=\sum_{i=1}^{2}c_{\mathrm{m},i}\left[\left(N+1-\frac{t_L}{T}\right)N_{i,k+N+1}-\hat{N}_{i,k}-\sum_{j=1}^{N}N_{i,k+j}-\right.\\&\qquad\left.\left(N-\frac{t_L}{T}\right)N_{i,k+N}+\hat{N}_{i,k}+\sum_{j=1}^{N-1}N_{i,k+j}\right]\\&=\left(N+1-\frac{t_L}{T}\right)\sum_{i=1}^{2}c_{\mathrm{m},i}(N_{i,k+N+1}-N_{i,k+N})\end{aligned}\tag{12.24}$$

其中:$N+1-t_L/T>0$。

由于 $N^z_{i,k+j+1}\geqslant N^z_{i,k+j}\geqslant 0$,$y_{i,k+j+2}-\rho T=y_{i,k+j+1}\geqslant T$,且 $h_{0,i}(t)$ 为连续、严格单调增函数,因此有

$$\begin{aligned}N_{i,k+j+1}-N_{i,k+j}&=a_i^{N^z_{i,k+j+1}}\int_{y_{i,k+j+2}-T}^{y_{i,k+j+2}}h_{0,i}(\tau)\mathrm{d}\tau-a_i^{N^z_{i,k+j}}\int_{y_{i,k+j+1}-T}^{y_{i,k+j+1}}h_{0,i}(\tau)\mathrm{d}\tau>\\&a_i^{N^z_{i,k+j}}\left(\int_{y_{i,k+j+2}-T}^{y_{i,k+j+2}}h_{0,i}(\tau)\mathrm{d}\tau-\int_{y_{i,k+j+1}-T}^{y_{i,k+j+1}}h_{0,i}(\tau)\mathrm{d}\tau\right)>\\&a_i^{N^z_{i,k+j}}\left(\int_{\rho T}^{(1+\rho)T}h_{0,i}(\tau)\mathrm{d}\tau-\int_0^T h_{0,i}(\tau)\mathrm{d}\tau\right)\geqslant\\&\int_{\rho T}^{(1+\rho)T}h_{0,i}(\tau)\mathrm{d}\tau-\int_0^T h_{0,i}(\tau)\mathrm{d}\tau=m_0>0\end{aligned}\tag{12.25}$$

这意味着 $\sum_{i=1}^{2}c_{\mathrm{m},i}(N_{i,k+N+1}-N_{i,k+N})>0$。于是,$A(N+1,T,\eta)-A(N,T,\eta)>0$,也就是 $A(N,T,\eta)$ 为关于 N 严格单调增函数。

根据式(12.23)和式(12.25)可得

$$\begin{aligned}A(N,T,\eta)&>\sum_{i=1}^{2}c_{\mathrm{m},i}[(N-1)N_{i,k+N}-\hat{N}_{i,k}-(N-1)N_{i,k+N-1}]-\frac{c_{\mathrm{p}}t_L}{T}\\&=(N-1)\sum_{i=1}^{2}c_{\mathrm{m},i}(N_{i,k+N}-N_{i,k+N-1})-\sum_{i=1}^{2}c_{\mathrm{m},i}\hat{N}_{i,k}-\frac{c_{\mathrm{p}}t_L}{T}>\\&(N-1)m_0-\sum_{i=1}^{2}c_{\mathrm{m},i}\hat{N}_{i,k}-\frac{c_{\mathrm{p}}t_L}{T}\end{aligned}\tag{12.26}$$

式(12.26)中大于号的右半部分在 $N\to\infty$ 时也趋于 ∞,这也意味着当 $N\to\infty$ 时有 $A(N,T,\eta)\to\infty$。

所以,存在唯一有限 $N^*_{T,\eta}\geqslant 2$ 使式(12.22)在 $T\geqslant t_L$ 和 $\eta\in\Omega_\eta$ 固定时成立。证毕。

对 $C(N,T,\eta)$ 关于变量 T 求导，并设所得结果为 0，那么有

$$\frac{\partial C(N,T,\eta)}{\partial T}\frac{(NT-t_L)^2}{N}=B(N,T,\eta)-c_{r,1}-c_{r,2}-(N-1)c_p=0 \qquad (12.27)$$

其中：

$$B(N,T,\eta)=\sum_{i=1}^{2}c_{m,i}\left\{\sum_{j=1}^{N-1}\left[\left(T-\frac{t_L}{N}\right)\frac{\partial N_{i,k+j}}{\partial T}-N_{i,k+j}\right]+\left(T-\frac{t_L}{N}\right)\frac{\partial \hat{N}_{i,k}}{\partial T}-\hat{N}_{i,k}\right\} \qquad (12.28)$$

定理 12.4　若假设 12.7 成立，那么对于固定的 $N\geqslant 2$ 和 $\eta\in\Omega_\eta$，存在一有限的 $T^*_{N,\eta}\geqslant t_L$，使式(12.12)取值最小，即 $C(N,T^*_{N,\eta},\eta)=\min_{T\geqslant t_L}\{C(N,T,\eta)\}$。

证明：首先证明当 $T\to\infty$ 时 $B(N,T,\eta)$ 也趋于正无穷。

$$\begin{aligned}\left(T-\frac{t_L}{N}\right)\frac{\partial N_{i,k+j}}{\partial T}&=\left(T-\frac{t_L}{N}\right)\left\{a_i^{N^z_{\bar{i},k+j}}\ln a_i\frac{\partial N^z_{\bar{i},k+j}}{\partial T}\int_{y_{i,k+j+1}-T}^{y_{i,k+j+1}}h_{0,i}(\tau)\mathrm{d}\tau+\right.\\&\left.\quad a_i^{N^z_{\bar{i},k+j}}[h_{0,i}(y_{i,k+j+1})(1+j\rho_i)-h_{0,i}(y_{i,k+j+1}-T)j\rho_i]\right\}>\\&\quad\left(T-\frac{t_L}{N}\right)a_i^{N^z_{\bar{i},k+j}}\ln a_i\frac{\partial N^z_{\bar{i},k+j}}{\partial T}\int_{y_{i,k+j+1}-T}^{y_{i,k+j+1}}h_{0,i}(\tau)\mathrm{d}\tau+\\&\quad\left(T-\frac{t_L}{N}\right)a_i^{N^z_{\bar{i},k+j}}h_{0,i}(y_{i,k+j+1})\\&=\left(T-\frac{t_L}{N}\right)\ln a_i\frac{\partial N^z_{\bar{i},k+j}}{\partial T}N_{i,k+j}+\left(T-\frac{t_L}{N}\right)a_i^{N^z_{\bar{i},k+j}}h_{0,i}(y_{i,k+j+1})\geqslant\\&\quad\left(T-\frac{t_L}{N}\right)\ln a_i\frac{\partial N_{\bar{i},k+1}}{\partial T}N_{i,k+j}+\left(T-\frac{t_L}{N}\right)a_i^{N^z_{\bar{i},k+j}}h_{0,i}(y_{i,k+j+1})\geqslant\\&\quad\left(T-\frac{t_L}{N}\right)\ln a_i h_{0,\bar{i}}(t_L)N_{i,k+j}+\left(T-\frac{t_L}{N}\right)a_i^{N^z_{\bar{i},k+j}}h_{0,i}(y_{i,k+j+1})\end{aligned} \qquad (12.29)$$

考虑到 T 趋于 ∞，$a_i>1$，且 $h_{0,\bar{i}}(t_L)$ 为一大于 0 的常量，那么可能找到使 $(T_0-t_L/N)\ln a_i h_{0,\bar{i}}(t_L)>1$ 某个值，记为 T_0。当 $T>T_0$ 时，式(12.28)变为

$$\left(T-\frac{t_L}{N}\right)\frac{\partial N_{i,k+j}}{\partial T}-N_{i,k+j}>\left(T-\frac{t_L}{N}\right)a_i^{N^z_{\bar{i},k+j}}h_{0,i}(y_{i,k+j+1}) \qquad (12.30)$$

式(12.29)的右边部分在 $T\to\infty$ 时也趋于无穷大。

此外，

$$\begin{aligned}\left(T-\frac{t_L}{N}\right)\frac{\partial \hat{N}_{i,k}}{\partial T}-\hat{N}_{i,k}&=\left(T-\frac{t_L}{N}\right)h_i(t_k+T\mid t)-\int_0^{T-t_L}h_i(t+\tau\mid t)\mathrm{d}\tau>\\&\quad(T-t_L)h_i(t_k+T\mid t)-(T-t_L)h_i(t_k+T\mid t)=0\end{aligned} \qquad (12.31)$$

根据式(12.28)、式(12.30)和式(12.31)可以很容易得到如下结论：当 T 趋于无穷大时，$B(N,T,\eta)$ 也趋于无穷大。

接下来，证明 $T^*_{N,\eta}$ 的存在性。若存在一个 $\hat{T}>t_L$ 使不等式 $B(N,\hat{T},\eta)\leqslant c_{r,1}+c_{r,2}+(N-1)c_p$ 成立，那么存在一个有限的 $T^*_{N,\eta}$ 使式(12.27)在 $N\geqslant 2$ 和 $\eta\in\Omega_\eta$ 固定时成立。若不等式 $B(N,T,\eta)>c_{r,1}+c_{r,2}+(N-1)c_p$ 对于固定的 $N\geqslant 2$ 和 $\eta\in\Omega_\eta$ 总是成立，那么意味着 $\partial C(N,T,\eta)/\partial T>0$ 也总成立，进而可以推出 $C(N,T,\eta)$ 关于 T 严格单调递增的结论。在这种情况下，$T^*_{N,\eta}=t_L$。

因此，可以得到如下结论：存在一有限的 $T^*_{N,\eta}$ 使式(12.12)在 $N\geqslant 2$ 和 $\eta\in\Omega_\eta$ 固定时取值最小。证毕。

定理 12.5 若假设 12.7 成立，那么：(1) 对任意 $N>N_L$ 和 $\eta\in\Omega_\eta$，$A(N,T,\eta)$ 关于 T 严格单调递增。其中，N_L 由下式定义：

$$N_L=\arg\min_{N_0\geqslant 2}\left\{N_0\ln a_i\int_0^{t_L}h_{0,i}(\tau)\,\mathrm{d}\tau\ln a_{\bar{i}}\int_0^{t_L}h_{0,\bar{i}}(\tau)\,\mathrm{d}\tau>1\right\}\tag{12.32}$$

(2) 将目标函数 $\min_{N>N_L}\{C(N,T,\eta)\}$ 在 $T\geqslant t_L$ 和 $\eta\in\Omega_\eta$ 固定时的最优解记为 $\overline{N}^*_{T,\eta}$。若 $T_1\leqslant T_2$ 且 $\eta\in\Omega_\eta$，那么有 $\overline{N}^*_{T_1,\eta}\geqslant\overline{N}^*_{T_2,\eta}$。

证明：对函数 $A(N,T,\eta)$ 关于变量 T 进行求导后得

$$\begin{aligned}\frac{\partial A(N,T,\eta)}{\partial T}&=\sum_{i=1}^{2}c_{m,i}\left[\frac{t_L}{T^2}N_{i,k+N}+\left(N-\frac{t_L}{T}\right)\frac{\partial N_{i,k+N}}{\partial T}-\frac{\partial\hat{N}_{i,k}}{\partial T}-\sum_{j=1}^{N-1}\frac{\partial N_{i,k+j}}{\partial T}\right]+\frac{c_p t_L}{T^2}\\&=\sum_{i=1}^{2}c_{m,i}\left[\frac{t_L}{T^2}N_{i,k+N}+\left(1-\frac{t_L}{T}\right)\frac{\partial N_{i,k+N}}{\partial T}\right]+\\&\quad\sum_{i=1}^{2}c_{m,i}\left[(N-1)\frac{\partial N_{i,k+N}}{\partial T}-\frac{\partial\hat{N}_{i,k}}{\partial T}-\sum_{j=1}^{N-1}\frac{\partial N_{i,k+j}}{\partial T}\right]+\frac{c_p t_L}{T^2}\end{aligned}\tag{12.33}$$

根据定理 12.1，可以很容易证明式(12.33)等号右边的第一项为正数。接下来，将证明第二项亦为正数。

令 $B_i(j)=\partial N_{i,k+j+1}/\partial T-\partial N_{i,k+j}/\partial T$，$j=1,\cdots,N-2$。那么针对每个 $n\geqslant 1$，有

$$\begin{aligned}B_i(n)&=\frac{\partial N_{i,k+n+1}}{\partial T}-\frac{\partial N_{i,k+n}}{\partial T}\\&=a_i^{N^z_{\bar{i},k+n+1}}\ln a_i\frac{\partial N^z_{\bar{i},k+n+1}}{\partial T}\int_{y_{i,k+n+2}-T}^{y_{i,k+n+2}}h_{0,i}(\tau)\,\mathrm{d}\tau+\\&\quad a_i^{N^z_{\bar{i},k+n+1}}\{h_{0,i}(y_{i,k+n+2})[1+(n+1)\rho_i]-h_{0,i}(y_{i,k+n+2}-T)(n+1)\rho_i\}-\\&\quad a_i^{N^z_{\bar{i},k+n}}\ln a_i\frac{\partial N^z_{\bar{i},k+n}}{\partial T}\int_{y_{i,k+n+1}-T}^{y_{i,k+n+1}}h_{0,i}(\tau)\,\mathrm{d}\tau-\\&\quad a_i^{N^z_{\bar{i},k+n}}[h_{0,i}(y_{i,k+n+1})(1+n\rho_i)-n\rho_i h_{0,i}(y_{i,k+n+1}-T)]\end{aligned}\tag{12.34}$$

由于 $h_{0,i}(t)$ 为严格单调递增函数，且 $y_{i,k+n+2}>y_{i,k+n+1}$，那么有

$$\int_{y_{i,k+n+2}-T}^{y_{i,k+n+2}} h_{0,i}(\tau)\mathrm{d}\tau > \int_{y_{i,k+n+1}-T}^{y_{i,k+n+1}} h_{0,i}(\tau)\mathrm{d}\tau \tag{12.35}$$

且

$$\begin{aligned} h_{0,i}(y_{i,k+n+2}) &= [1+(n+1)\rho_i] - h_{0,i}(y_{i,k+n+2}-T)(n+1)\rho_i - \\ &\quad [h_{0,i}(y_{i,k+n+1})(1+n\rho_i) - h_{0,i}(y_{i,k+n+1}-T)n\rho_i] > 0 \end{aligned} \tag{12.36}$$

因此，式(12.34)变成

$$\begin{aligned} B_i(n) > {} & a_i^{N^z_{\bar{i},k+n}} \ln a_i \frac{\partial N^z_{\bar{i},k+n+1}}{\partial T} \int_{y_{i,k+n+1}-T}^{y_{i,k+n+1}} h_{0,i}(\tau)\mathrm{d}\tau - \\ & a_i^{N^z_{\bar{i},k+n}} \ln a_i \frac{\partial N^z_{\bar{i},k+n}}{\partial T} \int_{y_{i,k+n+1}-T}^{y_{i,k+n+1}} h_{0,i}(\tau)\mathrm{d}\tau + \\ & a_i^{N^z_{\bar{i},k+n}} \{h_{0,i}(y_{i,k+n+2})[1+(n+1)\rho_i] - h_{0,i}(y_{i,k+n+2}-T)(n+1)\rho_i\} - \\ & a_i^{N^z_{\bar{i},k+n}} [h_{0,i}(y_{i,k+n+1})(1+n\rho_i) - h_{0,i}(y_{i,k+n+1}-T)n\rho_i] > \\ & a_i^{N^z_{\bar{i},k+n}} \ln a_i \frac{\partial N_{\bar{i},k+n}}{\partial T} \int_{y_{i,k+n+1}-T}^{y_{i,k+n+1}} h_{0,i}(\tau)\mathrm{d}\tau \geqslant \\ & \ln a_i \frac{\partial N_{\bar{i},k+n}}{\partial T} \int_{y_{i,k+n+1}-T}^{y_{i,k+n+1}} h_{0,i}(\tau)\mathrm{d}\tau \geqslant \ln a_i \frac{\partial N_{\bar{i},k+n}}{\partial T} \int_0^{t_L} h_{0,i}(\tau)\mathrm{d}\tau \end{aligned} \tag{12.37}$$

进一步，

$$\begin{aligned} \frac{\partial N_{i,k+n}}{\partial T} = {} & a_i^{N^z_{\bar{i},k+n}} \ln a_i \frac{\partial N^z_{\bar{i},k+n}}{\partial T} \int_{y_{i,k+n+1}-T}^{y_{i,k+n+1}} h_{0,i}(\tau)\mathrm{d}\tau + \\ & a_i^{N^z_{\bar{i},k+n}} [h_{0,i}(y_{i,k+n+1})(1+n\rho_i) - h_{0,i}(y_{i,k+n+1}-T)n\rho_i] > \\ & \ln a_i \frac{\partial N^z_{\bar{i},k+n}}{\partial T} \int_{y_{i,k+n+1}-T}^{y_{i,k+n+1}} h_{0,i}(\tau)\mathrm{d}\tau \geqslant \ln a_i \frac{\partial \hat{N}_{\bar{i},k}}{\partial T} \int_{y_{i,k+n+1}-T}^{y_{i,k+n+1}} h_{0,i}(\tau)\mathrm{d}\tau \geqslant \\ & \ln a_i \frac{\partial \hat{N}_{\bar{i},k}}{\partial T} \int_0^{t_L} h_{0,i}(\tau)\mathrm{d}\tau \end{aligned} \tag{12.38}$$

将式(12.38)中的 $i,\bar{i}$ 替换为 $\bar{i},i$，并将替换得到的表达式代入式(12.37)，可以得到

$$B_i(n) > \ln a_i \int_0^{t_L} h_{0,i}(\tau)\mathrm{d}\tau \ln a_{\bar{i}} \int_0^{t_L} h_{0,\bar{i}}(\tau)\mathrm{d}\tau \frac{\partial \hat{N}_{i,k}}{\partial T} \tag{12.39}$$

再结合 $N_L = \min_{N>N_0}\left\{N_0 \ln a_i \int_0^{t_L} h_{0,i}(\tau)\mathrm{d}\tau \ln a_{\bar{i}} \int_0^{t_L} h_{0,\bar{i}}(\tau)\mathrm{d}\tau > 1, N_0 \in \mathbf{N}\right\}$ 和式(12.39)考虑后有

$$N_L B_i(n) > N_L \ln a_i \int_0^{t_L} h_{0,i}(\tau)\mathrm{d}\tau \ln a_{\bar{i}} \int_0^{t_L} h_{0,\bar{i}}(\tau)\mathrm{d}\tau \frac{\partial \hat{N}_{i,k}}{\partial T} > \frac{\partial \hat{N}_{i,k}}{\partial T} \tag{12.40}$$

现在对所有 $N \geqslant N_L+1$，式(12.33)第二个等号右边的第二项为

$$\sum_{i=1}^{2} c_{\mathrm{m},i}\left[(N-1)\frac{\partial N_{i,k+N}}{\partial T}-\frac{\partial \hat{N}_{i,k}}{\partial T}-\sum_{j=1}^{N-1}\frac{\partial N_{i,k+j}}{\partial T}\right]$$

$$\geqslant \sum_{i=1}^{2} c_{\mathrm{m},i}\left(\sum_{n=1}^{N-1}B_i(n)-\frac{\partial \hat{N}_{i,k}}{\partial T}\right) \tag{12.41}$$

$$=\sum_{i=1}^{2} c_{\mathrm{m},i}\left(\frac{N-1}{N_L}\frac{\partial \hat{N}_{i,k}}{\partial T}-\frac{\partial \hat{N}_{i,k}}{\partial T}\right)\geqslant 0$$

因此，$A(N,T,\eta)$关于 T 的一阶导数在 $N \geqslant N_L+1$ 时为正。于是，$A(N,T,\eta)$在 $N \geqslant N_L+1$ 且 $\eta \in \Omega_\eta$ 时关于 T 为严格单调增函数。

最后，证明定理的第二部分。根据定理 12.3 易知，针对不同的 T_1 和 T_2，存在满足式(12.22)的$\overline{N}^*_{T_1,\eta}$和$\overline{N}^*_{T_2,\eta}$。于是，

$$A(\overline{N}^*_{T_1,\eta},T_1,\eta)\geqslant c_{\mathrm{r},1}+c_{\mathrm{r},2}-c_{\mathrm{p}}$$

鉴于$\overline{N}^*_{T_1,\eta}>N_L$ 以及 $A(\overline{N}^*_{T_1,\eta},T,\eta)$在 $\eta \in \Omega_\eta$ 时关于 T 的单调性，可以推断而得

$$A(\overline{N}^*_{T_1,\eta},T_2,\eta)\geqslant A(N^*_{T_1,\eta},T_1,\eta)\geqslant c_{\mathrm{r},1}+c_{\mathrm{r},2}-c_{\mathrm{p}}$$

其中，$T_1 \leqslant T_2$。因此，可得$\overline{N}^*_{T_2,\eta}\geqslant \overline{N}^*_{T_1,\eta}$。于是定理第二部分得证。证毕。

定理 12.6 令 $T_a \equiv c_{\mathrm{p}}/\min_{T\geqslant t_L}\{C(2,T,\eta_1\}$，且 $N_a \equiv \max\{\overline{N}^*_{T_a,\eta},\eta \in \Omega_\eta\}$。若假设 12.7 成立，那么 $\min\{C(N,T,\eta),N\geqslant 2,T\geqslant t_L,\eta\in\Omega_\eta\}$存在有限的最优解，且满足下式

$$C(N^*,T^*,\eta^*)=\min_{\substack{N\in\mathbf{N},T\geqslant t_L\\ \eta\in\Omega_\eta}}\{C(N,T,\eta)\}=\min_{2\leqslant N\leqslant N_a}\{\min_{\eta\in\Omega_\eta}\{\inf_{T\geqslant t_L}\{C(N,T,\eta)\}\}\} \tag{12.42}$$

证明：这里采用由 Zhang 和 Jardine 在文献[37]中提出的方法进行证明。根据式(12.12)和不等式 $c_{\mathrm{r},1}+c_{\mathrm{r},2}>c_{\mathrm{p}}$，可推断出：对任意 $T(t_L\leqslant T\leqslant T_a)$，有

$$C(N,T,\eta)=\frac{(N-1)c_{\mathrm{p}}+\sum_{i=1}^{2}\left[c_{\mathrm{m},i}\left(\hat{N}_{i,k}+\sum_{j=1}^{N-1}N_{i,k+j}\right)+c_{\mathrm{r},i}\right]}{NT-t_L}$$

$$>\frac{c_{\mathrm{r},1}+c_{\mathrm{r},2}+(N-1)c_{\mathrm{p}}}{NT}>\frac{c_{\mathrm{p}}}{T}\geqslant\frac{c_{\mathrm{p}}}{T_a}$$

$$=\min_{T\geqslant t_L}\{C(2,T,\eta_1)\}\geqslant \inf\{C(N,T,\eta),N\geqslant 2,T\geqslant t_L,\eta\in\Omega_\eta\}$$

因此，

$\inf\{C(N,T,\eta),N\geqslant 2,T\geqslant t_L,\eta\in\Omega_\eta\}$

$$
\begin{aligned}
&=\inf\{C(N,T,\eta),N\geqslant 2,T\geqslant T_a,\eta\in\Omega_\eta\}\\
&=\inf_{T\geqslant T_a}\{\min_{N\geqslant 2}\{\min_{\eta\in\Omega_\eta}\{C(N,T,\eta)\}\}\}\\
&=\inf_{T\geqslant T_a}\{\min\{\min_{2\leqslant N\leqslant N_L}\{\min_{\eta\in\Omega_\eta}\{C(N,T,\eta)\}\},\min_{N>N_L}\{\min_{\eta\in\Omega_\eta}\{C(N,T,\eta)\}\}\}\}\\
&=\min\{\inf_{T\geqslant T_a}\{\min_{2\leqslant N\leqslant N_L}\{\min_{\eta\in\Omega_\eta}\{C(N,T,\eta)\}\}\},\\
&\quad\inf_{T\geqslant T_a}\{\min_{N>N_L}\{\min_{\eta\in\Omega_\eta}\{C(N,T,\eta)\}\}\}\}\\
&=\min\{\inf_{T\geqslant T_a}\{\min_{2\leqslant N\leqslant N_L}\{\min_{\eta\in\Omega_\eta}\{C(N,T,\eta)\}\}\},\\
&\quad\min_{\eta\in\Omega_\eta}\{\inf_{T\geqslant T_a}\{\min_{N>N_L}\{C(N,T,\eta)\}\}\}\}\\
&=\min\{\inf_{T\geqslant T_a}\{\min_{2\leqslant N\leqslant N_L}\{\min_{\eta\in\Omega_\eta}\{C(N,T,\eta)\}\}\},\min_{\eta\in\Omega_\eta}\{\inf_{T\geqslant T_a}\{C(\overline{N}^*_{T,\eta},T,\eta)\}\}\}
\end{aligned}
$$

进一步,根据定理 12.5 及 N_a 的定义可得,当 $T\geqslant T_a$ 时,有 $N_L<\overline{N}^*_{T,\eta}\leqslant\overline{N}^*_{T_a,\eta}\leqslant N_a$。因此,

$$
\begin{aligned}
&\inf\{C(N,T,\eta),N\geqslant 2,T\geqslant t_L,\eta\in\Omega_\eta\}\\
&=\min\{\inf_{T\geqslant T_a}\{\min_{2\leqslant N\leqslant N_L}\{\min_{\eta\in\Omega_\eta}\{C(N,T,\eta)\}\}\},\\
&\quad\inf_{T\geqslant T_a}\{\min_{N_L<N\leqslant N_a}\{\min_{\eta\in\Omega_\eta}\{C(N,T,\eta)\}\}\}\}\\
&=\min\{\inf_{T\geqslant T_a}\{\min_{2\leqslant N\leqslant N_a}\{\min_{\eta\in\Omega_\eta}\{C(N,T,\eta)\}\}\}\}\\
&=\min\{\min_{2\leqslant N\leqslant N_a}\{\min_{\eta\in\Omega_\eta}\{\inf_{T\geqslant T_a}\{C(N,T,\eta)\}\}\}\}\\
&=\min_{2\leqslant N\leqslant N_a}\{\min_{\eta\in\Omega_\eta}\{\inf_{T\geqslant T_a}\{C(N,T,\eta)\}\}\}\geqslant\\
&\quad\min_{2\leqslant N\leqslant N_a}\{\min_{\eta\in\Omega_\eta}\{\inf_{T\geqslant L}\{C(N,T,\eta)\}\}\}
\end{aligned}
\tag{12.43}
$$

然而,

$$
\min_{2\leqslant N\leqslant N_a}\{\min_{\eta\in\Omega_\eta}\{\inf_{T\geqslant t_L}\{C(N,T,\eta)\}\}\}\geqslant\inf\{C(N,T,\eta),N\geqslant 2,T\geqslant t_L,\eta\in\Omega_\eta\}
\tag{12.44}
$$

所以,由式(12.43)和式(12.44)联立可得

$$
\begin{aligned}
C(N^*,T^*,\eta^*)&=\inf\{C(N,T,\eta),N\geqslant 2,T\geqslant t_L,\eta\in\Omega_\eta\}\\
&=\min_{2\leqslant N\leqslant N_a}\{\min_{\eta\in\Omega_\eta}\{\inf_{T\geqslant t_L}\{C(N,T,\eta)\}\}\}
\end{aligned}
$$

于是,定理得证。证毕。

在以上定理的基础上,下面给出当前时刻为 t 时的详细维修优化算法。

算法 12.1　维修目标优化算法

步骤 1: 给定 $h_{0,i}(\cdot)$, a_i, b_i, ϕ_{th}, $c_{r,i}$, $c_{m,i}$, c_p, Ω_η, k, t_k, t_L, $\overline{N}^z_{i,k}$, $\overline{N}_{i,k}$ 和 $R_i(t_{k+1}\mid t)$。

步骤 2:通过定理 12.4 获得 T^*_{2,η_1},并计算 T_a。

步骤 3:针对每一个 $\eta_l(l=1,\cdots,q)$,根据定理 12.5 寻找$\overline{N}^*_{T_a,\eta_l}$,然后根据 N_a 的定义获得其值。

步骤 4:针对每一个 $N(1\leqslant N\leqslant N_a)$,①若 $N=1$,那么找到满足式(12.14)的 T_1^* 并计算 $C(T_1^*)$;②若 $N\geqslant 2$,则首先针对每个 $\eta_l(l=1,\cdots,q)$,根据定理 12.4 寻找 T^*_{N,η_l},并计算 $C(N,T^*_{N,\eta_l},\eta_l)$,然后找到 $C(N,T^*_{N,\eta_l},\eta_l)(l=1,\cdots,q)$ 中的最小值并将取最小值时的决策变量 T^*_{N,η_l},η_l 分别记为 $T^*_{N,\eta(N)},\eta_{(N)}$。

步骤 5:找出 $C(T_1^*)$ 和 $C(N,T^*_{N,\eta(N)},\eta_{(N)})(N=2,\cdots,N_a)$ 中的最小值,并按如下规则确定决策变量的值:

① 若 $C(T_1^*)$ 为其中的最小值,那么 $N^*=1$,且 $T^*=T_1^*$。

② 若 $C(T_1^*)$ 并非最小值,那么将与最小值对应的 $N(2\leqslant N\leqslant N_a)$、$T^*_{\eta(N)}$ 和 $\eta_{(N)}$ 分别记为 N^*、T^* 和 η^*。

在获得了最优值 $N^*(t)$、$T^*(t)$ 和 $\eta^*(t)$ 后,即可以做出适当的维修决策。若 $T^*(t)-t_L>\Delta t$,那么不采取任何维修动作,而是让其自主运行至下一个决策时刻。当获取了性能变量在 $t+n\Delta t,n\in\mathbf{N}$ 时刻的测量值,将再次启动维修优化算法。在上一个时刻 $t+(n-1)\Delta t$ 优化得到的最优值将分别被 $N^*(t+n\Delta t)$、$T^*(t+n\Delta t)$ 和 $\eta^*(t+n\Delta t)$ 替换掉。一直重复这个过程直到 $T^*(t+n\Delta t)-(t_L+n\Delta t)\leqslant\Delta t$。一旦上述终止条件满足,那么将根据下列规则推荐一个合适的维修动作(预防性维修或替换):如果 $N^*(t+n\Delta t)>1$,那么将实施第$(k+1)$次预防性维修;若 $N^*(t+n\Delta t)=1$,那么则有必要实施替换操作。若预防性维修动作被推荐后,用于失效模式 1 的维修资源为 $c_p\times\eta^*(t+n\Delta t)$。

而且,第$(k+1)$次预防性维修实施完成后的决策过程与第 k 次维修后的过程完全一样。详细的合作预测维修决策过程请参考 12.2 或下面的算法。

算法 12.2　合作预测维修决策算法

步骤 1:第 k 次维修后让系统运行 t_L 个单位时间以获取足够的性能退化数据。

步骤 2:在当前时刻 $t=t_k+t_L$,计算在 t 时刻前失效模式 i 已经发生失效的次数,并根据$[t_k,t]$内的性能退化数据进行可靠性预测以获得 $R_i(t_{k+1}\mid t)$[34]。

步骤 3:实施算法 12.1,并输出 $N^*(t)$、$T^*(t)$和 $\eta^*(t)$。

步骤 4:根据获得的最优值做出合理的决策:

① 若 $T^*(t)-t_L\leqslant\Delta t$ 且 $N^*(t)=1$,或者 $T^*(t)<\Delta t$,那么实施替换措施,并令 $k=0$,然后返回步骤 1;

② 若 $T^*(t)-t_L\leqslant\Delta t$,且 $N^*(t)>1$,那么实施第$(k+1)$次预防性维修。之后令 $k=k+1$,并返回步骤 1;

③ 若 $T^*(t)-t_L>\Delta t$，那么令 $t_L=t_L+\Delta t$，并返回至步骤 2。

12.3 数值仿真

本小节将研究上节提出的 CPdM 模型在一类含有两个相互依赖失效模式的系统中的仿真应用。不失一般性，假设从设备安装运行后到目前为止还没有对其进行过任何预防性维修，也就是 $k=0$。因此，$t_k=0$ 且 $t=t_L$。在该仿真中，两个失效模式的性能退化数据用如下仿真模型生成：

$$\phi_i(t)=\phi_0(t)+\mu_i t+\omega_i(t) \tag{12.45}$$

式中：$\mu_1=0.02$；$\mu_2=0.019$；$\phi_0=0.3$；$\omega_i(t)$ 为高斯白噪声，均值皆为 0，方差分别为 0.04^2 和 0.038^2。然后，利用指数平滑算法[34]对与每个失效模式相关联的性能退化数据进行分析，进而进行可靠性预测。这里，两个失效模式对应的失效阈值分别为 $\phi_{1,th}=0.6$ 和 $\phi_{2,th}=0.6$。然后，针对系统已经安全运行至 t_L 和 $t_L+n\Delta t$ 这两种情形，分别给出这两种情况下每个失效模式的可靠性预测值，具体预测结果如图 12.2 所示。其中，采样间隔 Δt 为 0.01 个单位时间，$t_L=3$ 个单位时间，且有 $n=40$。

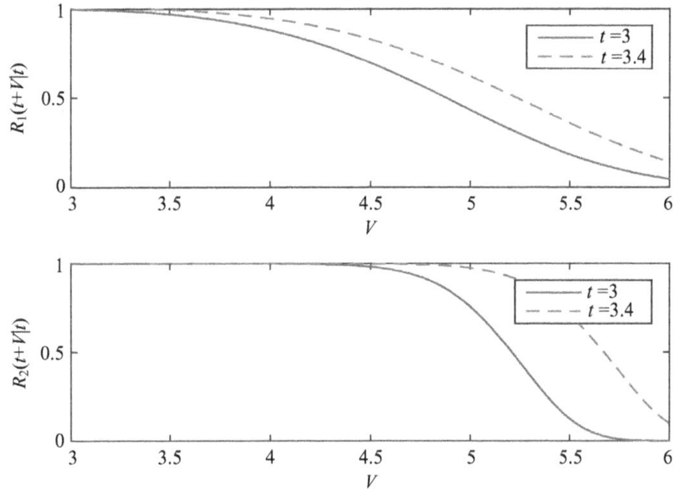

图 12.2　已经安全运行至时刻 t 后各个失效模式的可靠性预测曲线

一旦获得了预测可靠度 $R_i(t_{k+1}\mid t)$，就可以据此来估计在 $(t,t_{k+1}]$ 内的期望失效次数，而 t_{k+1} 后的期望失效次数可以通过失效率函数 $h_{0,i}(s)$ 来估计。在这里，假设失效率函数具有如下形式

$$h_{0,i}(s)=\frac{\alpha_i}{\beta_i}\left(\frac{s}{\beta_i}\right)^{\alpha_i-1}$$

其中，$\alpha_i>1$。令 $\alpha_1=2,\alpha_2=1.5,\beta_1=1.05,\beta_2=1.02$。进一步，两个失效模式的最小维修费用 $c_{m,1}=1.8,c_{m,2}=2$，预防性维修费用 $c_p=45$，替换费用 $c_{r,1}=100,c_{r,2}=85$。用于描述失效模式之间相关性的参数分别为 $a_1=1.006$ 和 $a_2=1.007$。与失效模式 1 相对应的资源分配比例属于集合 $\Omega_\eta=\{0.1\times(l-1),l=1,\cdots,11\}$。其他参数分别为 $b_1=0.75$ 和 $b_2=0.5$。

根据与每个失效模式相对应的预测可靠度，可以通过算法 12.1 获得当前时刻最优值分别为 $N^*(t)$、$T^*(t)$和 $\eta^*(t)$。图 12.3、12.4、12.5 和表 12.1 分别给出了详细的结果。图 12.3 和图 12.4 给出了 $N=5$ 时的结果，并可以据此寻找最小的费用率 $C(5,T^*_{5,\eta_{(5)}}(t),\eta_{(5)})$。图 12.3 给出了当前时刻分别为 $t=3$ 和 $t=3.4$ 且 $\eta=0.5$ 时期望费用率 $C(5,T,0.5)$ 随变量 T 变化趋势。由图 12.3 可以获得：当 $t=3$ 时，有 $T^*_{5,0.5}(t)=5.01$，$C(5,T^*_{5,0.5}(t),0.5)=32.3313$；当 $t=3.4$ 时，有 $T^*_{5,0.5}(t)=5.4$，$C(5,T^*_{5,0.5}(t),0.5)=32.8099$。通过类似的方法，可以针对不同的 η 获得相应的 $T^*_{5,\eta}(t)$ 和 $C(5,T^*_{5,\eta}(t),\eta)$，具体结果如图 12.4 所示。从图 12.4 可以获得最小值 $C(5,T^*_{5,\eta_{(5)}}(t),\eta_{(5)})$。

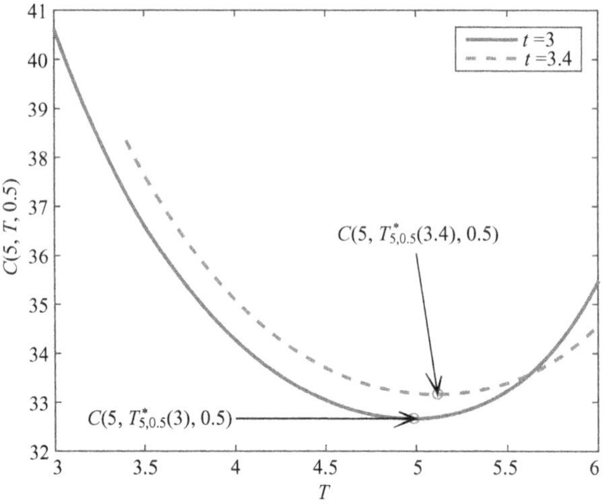

图 12.3　时刻 t 时期望费用率 $C(5,T,0.5)$ 随 T 变化曲线

当 N 取其他值时，同样可以找到对应的最小费用率 $C(N,T^*_{N,\eta_{(N)}}(t),\eta_{(N)})$。具体如图 12.5 所示。该图中给出了 $C(N,T^*_{N,\eta_{(N)}}(t),\eta_{(N)})$ 随 $N(1\leqslant N\leqslant 10)$ 变化曲线。据此就可以获得在时刻 t 的最小费用率 $C(N^*(t),T^*(t),\eta^*(t))$ 及对应的最优值 $N^*(t)$、$T^*(t)$ 和 $\eta^*(t)$。当 t 取不同值时，更为详细的优化结果如表 12.1 所列。通过该表可以观察发现最优值是随着设备的健康状态的变化而不断更新。此外，还可以看出维修的频率会随着时间的增长而加快。在时刻 $t=5.33$，有 $T^*(t)-$

$t_L=0.01\leqslant\Delta t, N^*(t)=4$，这意味着必须立即实施预防性维修。

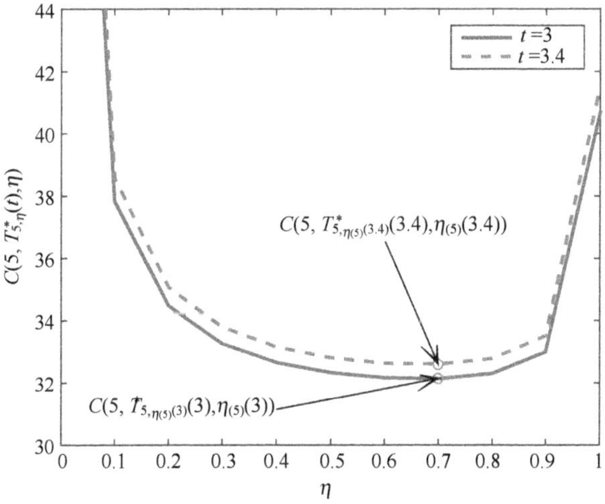

图 12.4　时刻 t 时期望费用率随 η 变化曲线

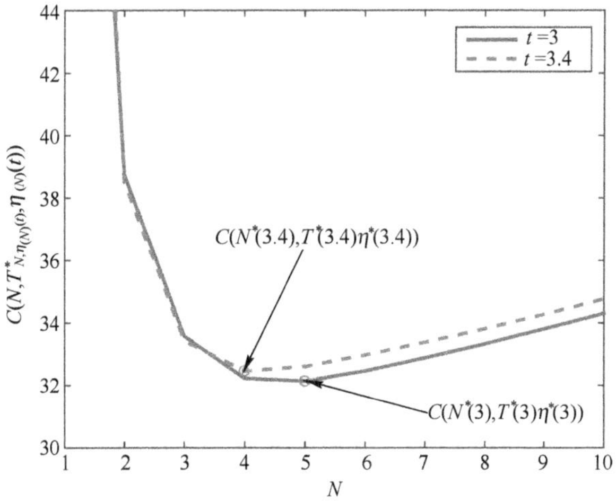

图 12.5　时刻 t 时期望费用率 $C(N,T^*_{N,\eta_{(N)}(t)},\eta_{(N)}(t))$ 随 N 变化曲线

表 12.1　不同时刻 t 对应的优化结果

t	$N^*(t)$	$T^*(t)$	$\eta^*(t)$	$C(N^*(t),T^*(t),\eta^*(t))$
3	5	5.01	0.7	32.1391
3.4	4	5.71	0.7	32.4618
3.8	4	5.67	0.7	34.3378
4.2	4	5.65	0.7	36.0363
5.33	4	5.34	0.6	46.6026

由以上可以看出,仿真结果验证了针对存在相互依赖失效模式设备所提的CPdM模型的有效性。

12.4 本章小结

本章针对存在双向影响失效模式的系统,提出了一种合作预测维修模型,用来解决在维修资源有限的情况下,如何根据实时监测得到的性能退化数据去预测未来一段时间内期望失效次数,并在此基础上合理分配有限的维修资源、确定最优的预防性维修时间间隔以及所需要预防性维修的最大次数,达到使系统的剩余替换周期内期望费用率最低的目的。与传统模型不同的是,该模型建立在预测维修框架下,同时利用了实时可靠性预测信息与系统的失效率统计信息,这使得决策结果能够随着系统实际健康状态的变化而变化。

需要注意的是,本章提出的CPdM模型中具有在未来的时间内对设备进行周期性维修的假设。但实际上,周期性维修自身存在一个本质缺点,就是由于维修间隔固定从而带来维修过度和不足。因此,下一步的一个研究方向就是取消预防性维修时间间隔相等的限制,而引入序贯维修的概念。

参考文献

[1] Fan H D,Xu Z G,Chen S W. Optimally maintaining a multi-state system with limited imperfect preventive repairs[J]. International Journal of Systems Science,2013,2015,46(10):1729-1740.

[2] Chen M Y,Fan H D,Hu C H,et al. Maintaining partially observed systems with imperfect observation and resource constraint,IEEE Transactions on Reliability,2014,63(4):881-890.

[3] 樊红东,周志杰,杨威. 不完美维修情形下部分可观测系统的最优维修策略[J]. 上海应用技术学院学报(自然科学版),2015,15(2):102-106.

[4] 樊红东,胡昌华,陈茂银,等. 存在竞争失效和不完全维修时的预防性维护[J]. 南京理工大学学报,2011,7,35(sp2):29-33.

[5] 樊红东,胡昌华,陈茂银,等. 基于退化数据的最优预测维护决策支持方法[J]. 华中科技大学学报(自然科学版),2009,8(sp1):45-50.

[6] Fan H D,Hu C H,Chen M Y,et al. Predictive condition-based replacement and spare ordering policy for dynamic systems suffering hidden degradation[C]// IFAC Symposium on Fault Detection,Supervision and Safety of Technical Processes. Sants Hotel,Spain,2009:1623-1628.

[7] Lin D,Zuo M,Yam R. Sequential imperfect preventive maintenance models with two categories of failure modes[J]. Naval Research Logistics,2001,48(2):172-183.

[8] Murthy D N P,Nguyen D G. Study of two-component system with failure interaction[J]. Naval Research Logistics Quarterly,1985,32(2):239-247.

[9] Scarf P A,Deara M. On the development and application of maintenance policies for a two-com-

ponent system with failure dependence[J]. IMA Journal of Management Mathematics,1998,9(2):91-107.

[10] Scarf P A,Deara M. Block replacement policies for a two-component system with failure dependence[J]. Naval Research Logistics,2002,50(1):70-87.

[11] Nakagawa T,Murthy D N P. Optimal replacement policies for a two-unit system with failure interactions[J]. RAIRO. Recherche Opérationnelle,1993,27(4):427-438.

[12] Lai M T,Chen Y C. Optimal periodic replacement policy for a two-unit system with failure rate interaction[J]. The International Journal of Advanced Manufacturing Technology,2006,29(3):367-371.

[13] Lin D,Zuo M J,Yam R C M. Sequential imperfect preventive maintenance models with two categories of failure modes[J]. Naval Research Logistics,2001,48(2):172-183.

[14] El-Ferik S,Ben-Daya M. Age-based hybrid model for imperfect preventive maintenance[J]. IIE Transactions,2006,38(4):365-375.

[15] Zequeira R I,Berenguer C. Periodic imperfect preventive maintenance with two categories of competing failure modes[J]. Reliability Engineering and SystemSafety,2006,91(4):460-468.

[16] Aven T,Castro I. A minimal repair replacement model with two types of failure and a safety constraint[J]. European Journal of Operational Research,2008,188(2):506-515.

[17] Castro I T. A model of imperfect preventive maintenance with dependent failure modes[J]. European Journal of Operational Research,2009,196(1):217-224.

[18] Murthy D N P,Nguyen D G. Study of a multi-component system with failure interaction[J]. European Journal of Operational Research,1985,21(3):330-338.

[19] Satow T,Osaki S. Optimal replacement policies for a two-unit system with shock damage interaction[J]. Computers and Mathematics with Applications,2003,46(7):1129-1138.

[20] Zequeira R,Bérenguer C. Periodic imperfect preventive maintenance with two categories of competing failure modes[J]. Reliability Engineering and SystemSafety,2006,91(4):460-468.

[21] US Department of Defense. MIL-HDBK-217F Reliability prediction of electronic equipment[S]. Washington DC:US Department of Defense,1991.

[22] Barlow R,Hunter L. Optimum preventive maintenance policies[J]. Operations Research,1960,8(1):90-100.

[23] Lin D,Zuo M J,Yam R C M. General sequential imperfect preventive maintenance[J]. International Journal of Reliability,Quality and Safety Engineering,2000,7(3):253-266.

[24] Wu S,Zuo M. Linear and nonlinear preventive maintenance models[J]. IEEE Transactions on Reliability,2010,59(1):242-249.

[25] Liu Y,Huang H,Zhang X. A data-driven approach to selecting imperfect maintenance models[J]. IEEE Transactions on Reliability,2012,61(1):101-112.

[26] Fan H D,Hu C H,Chen M Y,et al. Cooperative Predictive Maintenance of Repairable Systems with Dependent Failure Modes and Resource Constraint[J]. IEEE Transactions on Reliability,

2011,60(1):144-157.

[27] Li L,Asme M,You M,et al. Reliability-based dynamic maintenance threshold for failure prevention of continuously monitored degrading systems[J]. Journal of Manufacturing Science and Engineering,2009,131(3):1010-1018.

[28] Kim Y,Kolarik W. Real-time conditional reliability prediction from on-line tool performance data[J]. International Journal of Production Research,1992,30(8):1831-1844.

[29] Lu S,Tu Y,Lu H. Predictive condition-based maintenance for continuously deteriorating systems [J]. Quality and Reliability Engineering International,2007,23(1):71-81.

[30] Chinnam R. On-line reliability estimation of individual components,using degradation signals [J]. IEEE Transactions on Reliability,1999,48(4):403-412.

[31] Lu H,Kolarik W,Lu S. Real-time performance reliability prediction[J]. IEEE Transactions on Reliability,2001,50(4):353-357.

[32] Xu Z,Ji Y,Zhou D. Real-time reliability prediction for a dynamic system basedon the hidden degradation process identification[J]. IEEE Transactions on Reliability,2008,57(2):230-242.

[33] Nakagawa T. Maintenance theory of reliability[M]. London:Springer,2005.

[34] Lu S,Lu H,Kolarik W. Multivariate performance reliability prediction in realtime[J]. Reliability Engineering and Systems Safety,2001,72(1):39-45.

[35] 曹晋华,程侃. 可靠性数学引论[M]. 北京:高等教育出版社,2006.

[36] Nakagawa T. Periodic and sequential preventive maintenance policies[J]. Journal of Applied Probability,1986,23(2):536-542.

[37] Zhang F,Jardine A K S. Optimal maintenance models with minimal repair,periodic overhaul and complete renewal[J]. IIE Transactions,1998,30(12):1109-1119.